湛庐 CHEERS

与最聪明的人共同进化

HERE COMES EVERYBODY

V TO CREATE A MIND

级人工智能缔造者

雷·库兹韦尔

HOW TO CREAT
A MIND

天才发明家

两次美国总统荣誉奖获得者

19 48 年 2 月 12 日，雷·库兹韦尔在美国纽约市皇后区降生。他的父
位著名音乐家，母亲是一位视觉艺术家。年仅 5 岁时，他心中就树立
一位伟大发明家的宏大愿望。

事实证明，库兹韦尔确实是个天生的发明家，而且是个永不满足的天才。自小，
科幻文学的拥趸，熟读"汤姆·斯威夫特"系列图书；七八岁时，便创立了一个机器人木
而且还开办了机器人比赛。12 岁时，库兹韦尔开始花费大量精力做计算机和相关设备
工作；14 岁时，便写出了一篇详细论述大脑皮质的论文。也是在他的感染下，他的家
充满关于未来与技术的讨论

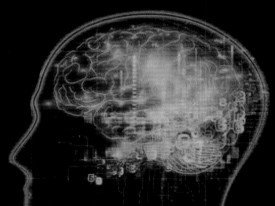

HOW TO CREATE A MIND

上高中后，库兹韦尔开始向自己在贝尔实验室当工程师的叔叔学习计算机科学的基础知识；一年后，15 岁的他便写出了自己的第一个计算机程序。17 岁时，他创建了一个模式识别软件程序，用于分析古典作曲家的作品，然后合成自己的歌曲。库兹韦尔还参加了电视猜谜节目《我有一个秘密》（I've Got a Secret），并熟练地弹奏了一段不同寻常的乐曲。他的秘密很快被猜中了：这段乐曲是由计算机谱写的——而这台计算机正是他自己组装的。

1965 年，库兹韦尔进入麻省理工学院学习，师从人工智能之父、《情感机器》《心智社会》等著作的作者马文·明斯基，并十分赞同明斯基对"联结主义"持有的怀疑态度。之后，从 20 世纪 80 年代开始，他的发明可谓硕果累累——台式扫描仪、语音识别系统、盲人阅读机、音乐合成器等，他的发明专利同样数不胜数。库兹韦尔也是一位当之无愧的学术大师，目前享有 19 个荣誉博士头衔。

迄今为止，库兹韦尔获得了包括美国国家技术奖、奖金高达 50 万美元 的 Lemelson-MIT 发明奖在内的众多奖项，并入选美国发明家名人堂。1999 年，时任美国总统的克林顿在白宫亲自为库兹韦尔颁发国家技术奖。《华尔街日报》称他为"永不满足的天才"；《公司》杂志（Inc.）将其评选为"顶尖创业家"之一，并形容他是"爱迪生的合法继承人"；美国公共电视台（PBS）更是评价他为"开创美国的 16 位改革家"之一。

2012 年年底，这位 64 岁高龄的连续创业者、发明家、思想家、预言家、传奇极客找到了他平生第一份正式工作：谷歌工程总监，负责机器学习与语言处理的研发。也许，用不了多久，关于奇点到来的惊人消息就会从谷歌最神秘的实验室——Google X 迅速传遍全球 。

HOW TO CREATE A MIND

智能爆炸先锋

加速回报定律创立者
奇点大学掌门人

从 20世纪90年代开始，库兹韦尔将目光转移到未来上。他创立了加速回报定律（也称"库兹韦尔定律"）——计算机技术等通用技术会以指数倍级，而非线性级发展，未来 15~30 年间人工智能将呈现爆炸式的突破发展，更多超乎我们想象的事物也会出现。

库兹韦尔曾预言，人工智能计算机会在 1998 年战胜人类国际象棋世界冠军，这一预言在 1997 年应验。他也曾预言会出现一种世界性的计算机网络，到那时，信息传递将更加便捷——今天的互联网、Facebook、Twitter、微信、微博就是明证。库兹韦尔在 1990 年对 2009 年做了 147 项预言，结果，86% 的预言（127 项）得到证实。他相信：贫困、疾病和能源之类的话题都将成为过去式。

为了迎合技术指数级增长的趋势，库兹韦尔认为需要聚集世界上最聪明的大脑，让他们学习最前沿的未来科学，去解决世界上最宏大的问题。这一观点得到了 NASA 和谷歌公司的支持，他们共同创立了"奇点大学"(Singularity University)，并任命库兹韦尔为奇点大学校长。

奇点大学的神圣使命就是培养面向未来的人才，这所大学也被称为"未来领袖训练营"。从世界各地严格甄选出来的天才们，将在这里致力于神经科学、人工智能、纳米技术、基因工程、空间探索、虚拟现实技术、物联网等领域的技术探索，比如尝试通过 3D 打印建造房屋或者研制太阳能航天器等。在库兹韦尔的带领下，人们已为应对气候恶化、能源紧缺、健康和贫困等重大问题做好了准备。

HOW TO CREATE A MIND

终极思考机器

颠覆世界的未来学家

在人工智能、机器人、深度学习等领域，库兹韦尔被视为颠覆世界的未来学家。比尔·盖茨曾经称他是"预测人工智能最厉害的人"。

预言1 2029 年，机器人智能将能够与人类匹敌

在技术发展呈现出了指数级增长的背景下，库兹韦尔相信，人脑可以复制，机器能够模拟大脑的新皮质，理解自然语言。

2011 年，在美国一档智力竞赛类电视节目《危险边缘》中，超级计算机沃森（Watson）击败了两名冠军纪录保持者。库兹韦尔认为，这是迄今为止理解自然语言最成功的案例。赢得这档高门槛的节目，需要对自然语言、知识推理、幽默甚至暗喻等有很强的把握才行，而沃森的成功正是以海量的维基百科知识为基础的。

在谷歌，库兹韦尔从事的项目便是将搜索建立于对语言的真正理解上，目标是超越沃森，使计算机能真正地阅读网络、图书中的内容，从而与用户进行智能对话。

库兹韦尔对科幻电影《*Her*》有很高的赞誉，因为它演绎了人类与机器之间的美好情感。他预测，2029 年，计算机就能具备更高级别、更复杂的智能，届时，人工智能可以理解语言、情绪，能够体会感情，甚至可以思考。人与机器的距离将越来越小。

但是，面对人工智能可能是人类最大生存威胁的质疑浪潮，库兹韦尔表示，人工智能技术的确是把双刃剑，我们可以从中获益，但也得作好规避风险的准备；关键是制定具体战略，引领人工智能技术往积极正面的方向发展。

预言2 20 年后，人类将攻克癌症

在麻省理工学院，库兹韦尔团队的一个进行了 8 年的项目已经找出了癌症的病因，那是一种特殊类型的细胞——癌症干细胞，它们会不断繁殖，繁殖出的癌细胞最终会变成肿瘤。在查明病因之后，科学家们便在培养皿里让它们生长，而且已经找出了许多可以杀死它们的药物，但对于其种类与比例的掌控还需加强。

库兹韦尔相信，我们应把癌症作为一种可以管理的疾病，如慢性病，而不再是致命的绝症。不出 20 年，人类就可以真正攻克癌症。

预言3 2030 年，人类将与人工智能结合变身"混血儿"

库兹韦尔称，2030 年，计算机将进入身体和大脑，大脑将和云端连接，而云端上可能存在数以千计的计算机，这些计算机将增强我们现有的智能。事实上，云端服务越发展、越趋向于复杂，人类思维就会变得越先进。对于库兹韦尔来说，这是人类生存的下一个自然阶段。他说："进化创造了结构和模式，而随着时间的推移，它们会变得越来越复杂，变得更聪明、更具创造性、能够表达更丰富的情感（比如爱）等。"为此，库兹韦尔认为，人类思维中的非生物因素将占

据主导地位。届时，大脑将通过纳米机器人连接，这种微型机器人是由 DNA 链组成的，而"我们的思维将成为生物与非生物思维的'混血儿'，人类将成为类似神明的存在"。

预言4 2045 年，人与机器将深度融合，奇点来临

2045 年是库兹韦尔预测人类超越自己生物存在的一年，人工智能将超过人类本身，并将开启一个新的文明时代。库兹韦尔认为：现在，作为人类智能基础的简单的生物"算法"已被发现，我们要做的不仅仅是将它们"扩展"到设计智能机器上，更要为从容应对科技的快速发展及其带给人类的重大挑战提前做好准备。

中国人工智能学会·丛书

原名《如何创造思维》

HOW TO
CREATE
A
MIND

人工智能的未来

THE SECRET OF HUMAN THOUGHT REVEALED

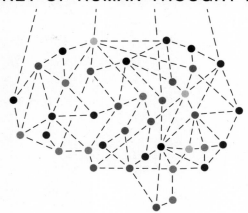

RAY KURZWEIL

[美] 雷·库兹韦尔 ◎ 著　盛杨燕 ◎ 译

浙江人民出版社
ZHEJIANG PEOPLE'S PUBLISHING HOUSE

ROBOT&
ARTIFICIAL INTELLIGENCE
——SERIES——

机器人与人工智能，下一个产业新风口

·湛庐文化"机器人与人工智能"书系重磅推出·

60 年来，人工智能经历了从爆发到寒冬再到野蛮生长的历程，伴随着人机交互、机器学习、模式识别等人工智能技术的提升，机器人与人工智能成了这一技术时代的新趋势。

2015 年，被誉为智能机器人元年，从习近平主席工业 4.0 的"机器人革命"到李克强总理的"万众创新"；从国务院《关于积极推进"互联网+"行动的指导意见》中将人工智能列为"互联网+"11 项重点推进领域之一，到十八届五中全会把"十三五"规划编制作为主要议题，将智能制造视作产业转型的主要抓手，人工智能掀起了新一轮技术创新浪潮。Gartner IT 2015 年高管峰会预测，人类将在 2020 年迎来智能大爆炸；"互联网预言家"凯文·凯利提出，人工智能将是未来 20 年最重要的技术；而著名未来学家雷·库兹韦尔更预言，2030 年，人类将成为混合式机器人，进入进化的新阶段。而 2016 年，人工智能已经大放异彩。

　　国内外在人工智能领域的全球化布局一次次地证明了，人工智能将成为未来 10 年内的产业新风口。像 200 年前电力彻底颠覆人类世界一样，人工智能也必将掀起一场新的产业革命。

　　值此契机，湛庐文化联合中国人工智能学会共同启动"机器人与人工智能"书系的出版。我们将持续关注这一领域，打造目前国内首套最权威、最重磅、最系统、最实用的"机器人与人工智能"书系：

● **最权威，人工智能领域先锋人物领衔著作。**该书系集合了人工智能之父马文·明斯基、奇点大学校长雷·库兹韦尔、普利策奖得主约翰·马尔科夫、人工智能时代领军人杰瑞·卡普兰、数字化永生缔造者玛蒂娜·罗斯布拉特、图灵奖获得者莱斯利·瓦里安和脑机接口研究先驱米格尔·尼科莱利斯等 10 大专家的重磅力作。

● **最重磅，湛庐文化联合国内这一领域顶尖的中国人工智能学会，特设"机器人与人工智能"书系专家委员会。**该专家委员会包括中国工程院院士李德毅、驭势科技（北京）有限公司联合创始人兼 CEO 吴甘沙、地平线机器人技术创始人余凯、IBM 中国研究院院长沈晓卫、国际人工智能大会（IJCAI）常务理事杨强、科大讯飞研究院院长胡郁、中国人工智能学会秘书长王卫宁、微软亚洲研究院常务副院长芮勇、达闼科技创始人兼 CEO 黄晓庆、清华大学智能技术与系统国家重点实验室主任朱小燕、《纽约时报》高级科技记者约翰·马尔科夫、斯坦福大学人工智能与伦理学教授杰瑞·卡普兰等专家学者。他们将以自身深厚的专业实力、卓越的洞察力和深远的影响力，对这些优秀图书进行深度点评。

● **最系统，从历史纵深到领域细分无所不包。**该书系几乎涵盖了人工智能领域的所有维度，包括 10 本人工智能领域的重磅力作，从人工智能的历史开始，对人类思维的创建与运作进行了抽丝剥茧式的研究，并对智能增强、神经网络、算法、克隆、类脑计算、深度学习、人机交互、虚拟现实、伦理困境、未来趋势等进行了全方位解读。

● **最实用，一手掌握驾驭机器人与人工智能时代的新技术和新趋势。**你可以直击工业机器人、家用机器人、救援机器人、无人驾驶汽车、语音识别、虚拟现实等领域的国际前沿新技术，更可以应用其中提到的算法、技术和理念进行研究，并实现个人与行业的大发展。

编者按　机器人与人工智能，下一个产业新风口

在未来几年内，机器人与人工智能给世界带来的影响将远远超过个人计算和互联网在过去 30 年间已经对世界造成的改变。我们希望，"机器人与人工智能"书系能帮助你搭建人工智能的体系框架，并启迪你深入发掘它的力量所在，从而成功驾驭这一新风口。

ROBOT &
ARTIFICIAL INTELLIGENCE
SERIES

机器人与人工智能书系
·专家委员会·

HOW TO
CREATE
A MIND
The Secret of Human
Thought Revealed

各方赞誉

李淼 中山大学教授

如何创造意识、思维，也许是人类认识自然的最后难题，是意识对自己的回归。作为著名发明家、作家、未来主义者，库兹韦尔关于思维的研究和观点独特而惊人。他认为，在不久的未来，计算机会拥有人类大脑新皮质功能并超越人类，人类将与机器结合成为全新的物种，这非常像著名科幻作家弗诺·文奇在《深渊上的火》中描述的超级智能。库兹韦尔关于天分、创新和爱情的观点非常有启发性，他的其他不无争议的观点则将我们置于一个新的思考层级。在这些有的可靠、有的有争议的观点背后，是严谨的数学模型，例如隐马尔可夫模型。在这本书中，他反复强调了"加速循环规则"，即"加速回报定律"。库兹韦尔还预言，2045 年是人类蜕变的奇点，让我们拭目以待。

刘慈欣 中国当代知名科幻作家，畅销书《三体》作者

库兹韦尔通过对人类思维本质的全新思考，大胆地预言了人工智能的未来，他的想象力令人惊叹！最可贵之处在于，这一切都不是科学幻想，而是基于现有科技理论所进行的严谨推测。我期待着预言应验的那一天。

马文·明斯基 人工智能之父，MIT 人工智能实验室联合创始人
畅销书《情感机器》作者

库兹韦尔这本有关思维的新书非常了不起，正为时下所需，而且言之凿凿！让人眼前一亮！

彼得·戴曼迪斯 奇点大学执行主席，畅销书《富足》《创业无畏》作者

雷·库兹韦尔对大脑和人工智能的理解将对我们生活的方方面面、各行各业，以及我们有关未来的设想产生巨大的影响。如果你关心其中任何一个方面，此书

都值得一读！

拉斐尔·莱夫 MIT 校长

《人工智能的未来》是难得一见的好书，每一页都能给你不一样的启示。库兹韦尔通过一系列推理告诉我们：我们有能力创造超越人类智能的非生物智能。这部作品既高瞻远瞩，又妙趣横生。

迪安·卡门 第一个便携式胰岛素泵、家用透析机、iBOT 轮椅的发明者
美国国家科学奖章获得者

如果你曾疑惑你的大脑是如何运转的，那一定要拜读这本书。库兹韦尔的洞见剥开了人类思维深处的秘密，让我们发现了重建人类思维的能力。这本书掷地有声、发人深省。

劳伊·雷迪 卡内基·梅隆大学机器人研究所创始董事，图灵奖获得者

库兹韦尔，杰出的人工智能先驱之一，他的这本新书阐释了智能的本质，包括生物和非生物智能。此书将人类大脑描述成一种机器，他的重要发现强调了学习在大脑和人工智能中所起的关键作用。他提供了一张实现超人类智能的可靠路线图，这将是战胜未来的必备利器。

托马索·波吉奥 MIT 生物计算学习中心实验室主任
MIT 麦戈文脑科学研究所前任所长

库兹韦尔开创了一种全新的人工智能系统：可以读取以任何形式打印的印刷品，可以合成语音和音乐并理解语言。这是创建可以在国际象棋上击败人类、赢得《危险边缘》节目、能够驾驶汽车的智能计算机的基础。他的新书对那些催生此次智能科技革命的新科技进行了引人入胜的描绘，尤其是学习方面的新进展令人耳目一新。

迪利普·乔治 人工智能科学家，大脑新皮质层级结构模型研究先驱

库兹韦尔的书展现了他惊人的才能——综合来自各个领域的思想，然后以简单优美的语言呈现给读者。此书是即将到来的人工智能革命的序曲，而库兹韦尔有关人工智能的预言也将在这次革命中成真。

解放思想

段永朝
财讯传媒集团首席战略官

当我写下这个题目时，自己也不禁哑然失笑——多么熟悉的四个字啊！这篇谈论库兹韦尔新书的小文，砰然涌上心头的标题，竟是这样几个字。不过，你完全可以把这个标题翻译成时下流行的另外四个字：不明觉厉。

1928 年的某一天，加拿大脑神经外科医生威尔德·彭菲尔德（Wilder Graves Penfield）正在给一位患者做手术。手术探针接触到病人右侧颞叶的某个部位时，彭菲尔德小心翼翼地施加电流，刺激这个部位。奇迹发生了——病人仿佛看到了多年以前的熟悉画面，甚至"闻到了熟悉的味道"。电流刺激大脑皮层，竟然"唤醒"了病人沉封已久的记忆。25 年的持续研究后，彭菲尔德提出了"中央脑系统"学说，并因此被誉为脑神经科学的鼻祖。

HOW TO CREATE A MIND
The Secret of Human Thought Revealed

推荐序

美国哲学家希拉里·普特南（Hilary Whitehall Putnam），在其 1981 年出版的著作《理性、真理与历史》一书中，将这一情景所引发的"思想实验"描绘为"缸中之脑"。普特南的思想实验是：假想某个浸泡在营养液中的大脑通过细细的导线与躯干相连。这个大脑对躯体动作的意识发出的指令，通过导线双向传递——此刻，你会认为这还是一个生物学意义上的"人脑"吗？

"缸中之脑"的画面多少有点儿令人毛骨悚然。但不容否认的是，正是这一概念和彭菲尔德的实验，激发了大量研究者、科幻小说家的想象力。"赛博朋克"

（Cyberpunk）也成为 20 世纪 50 年代人工智能萌发以来，科幻写作领域的新品种。大家所熟知的大片《黑客帝国》《盗梦空间》《源代码》等，无疑是这一领域震撼心灵的大作。提出"赛博空间"（Cyberspace）的加拿大小说家威廉·吉布森（William Ford Gibson）、创作《深渊》系列三部曲的著名科幻作家弗诺·文奇（Vernor Steffen Vinge），都是这一领域的大家。

雷·库兹韦尔，正是这一行列中伟大的一位。

惊人的预言：加速回报定律

库兹韦尔是一位个性十足的电脑"极客"。当然，他还配得上互联网思想家、人工智能发明家、预言家等众多耀眼的称号。17 岁时，库兹韦尔参加一个电视猜谜节目《我有一个秘密》，他的表演技惊四座：他用计算机创作、合成了一首全新的乐曲。他对计算机与人脑之间关系的思考，以及摆弄计算机和人脑的兴趣，一直保持到今天，并渐渐孕育成一个惊人的定律：加速回报定律（the law of accelerating returns，亦称库兹韦尔定律）。

加速回报定律的内容有点儿貌不惊人。该定律认为，信息科技的发展按照指数规模爆炸，导致存储能力、计算能力、芯片规模、带宽的规模暴涨——如果只停留在这一步的话，加速回报定律就真的貌不惊人了。真正震撼的是库兹韦尔基于他的这个定律作出的预言。在本书中，这些预言和结论主要包括：

- 2029 年，新一代智能机将通过图灵测试；非生物意义上的人将在这一年出现。
- 脑新皮质模型——思维的模式识别理论: 人的大脑记忆是层级结构; 有 3 亿多个"模式识别器"。
- 大脑新皮质的主要作用，是"模式识别"，具备"分层学习能力"。
- 人工智能并非复制大脑，只不过是达到对等的技术。
- 大脑新皮质的能力包括创造力、自信、组织能力、感染力，以及反对正统想法的勇气。
- 仿真大脑（核心是仿生新皮质）在改变世界过程中的地位越来越重要。
- "你必须有信仰。"
- 我个人的信仰飞跃是这样的: 当机器说出它们的感受和感知经验，而我们相信它们所说的是真的时，它们就真正成为有意识的人了。
- 判断一个实体是否有意识这一问题，本身就不科学。

- 自由意志的主要敌人：决定论。
- 进化创造大脑的主要原因是为了预见未来。

这里只摘取了 11 条预言和结论，不算多。在库兹韦尔 2005 年的著作《奇点临近》（ *The Singularity is Near* ）中，为了阐述"奇点理论"，他自己一口气罗列了 37 个要点。今天大家看到的这本书，不但是库兹韦尔对他数十年澎湃激荡的"思想狂想曲"的一次更加严密的阐述，也可以这么说：他比以往想得更明白了。

奇点：当计算机智能超越人类

最先提出"智能爆炸"这一概念的，是与冯·诺依曼一道，为曼哈顿工程工作的著名波兰裔美籍数学家乌拉姆（Stanlalw Marcin Ulam）。在 1958 年公开发表的乌拉姆与诺依曼的对话中，有这样一句直击心灵的话："不断加速的科技进步，以及其对人类生活模式带来的改变，似乎把人类带到了一个可以称之为'奇点'的阶段。在这个阶段过后，我们目前所熟知的人类的社会、艺术和生活模式，将不复存在。"[1]"奇点"，这一数学史上的最高禁忌，成为学者们看待人类前景的一个绕不过去的术语。

什么是奇点？想想小学数学中关于除法的一条戒律吧：除数不能为 0。为什么？回答这一问题要等到大学课堂，高等数学讲到微积分的时候——即便如此，这时候的所谓明白，也只不过是再次确认这条禁忌。在一个形如"1/x"的函数中，当 x 无限逼近 0 的时候，这个函数的取值将趋向无穷大。这有什么意义吗？这是一个什么样的"点"？数学家讳莫如深。

当然，库兹韦尔只是把"奇点"当作一个绝佳的"隐喻"。这个隐喻就是，当智能机器的能力跨越这一临界点之后，人类的知识单元、联结数目、思考能力，将旋即步入令人晕眩的加速喷发状态——一切传统的和习以为常的认识、理念、常识，将统统不复存在，所有的智能装置、新的人机复合体将进入"苏醒"状态。

"苏醒"，是科幻作家文奇使用的一个术语。1993 年，文奇在 NASA 的一次研讨会上预言，50 年之内技术奇点终将来临。他将超越这一临界奇点之后的人类（确切地说，叫新人类）的状态，描绘为"智能电脑的苏醒""超人智能共同体的苏醒""宇宙的苏醒"。电子乌托邦、多维空间、星际旅行、平行宇宙、灵性智能体，花样繁多

[1] Tribute to John von Neumann, Bulletin of American Mathematic Society, 64[nr3, part2]:1-49

的未来想象,一直围绕着"奇点""跨越奇点"展开——恰如你观赏科幻大片时的感受。但这一次,貌似是真的——是真的吗?

旧脑与新脑

喜欢人工智能的科学爱好者们,对图灵测试一定不陌生。电脑能否超越人脑? 这一简单的问题,可谓萦绕在每一位深入思考的计算机科学家、计算机科学爱好者的心头。虽然也有人指出,图灵测试的提法或许并不准确,因为"它暗示了智能以及通常意义上的思维,都具有与人类行为无法分离的特征"。①

但是,我们通常的思维,往往是将机器和人分开来看、来比较的。在库兹韦尔这本书里,需要扭转的正是这个"偏见"。

在库兹韦尔看来,人工智能的关键并非通过物理手段制造出媲美、超越人脑的"非生物性智能机器"。这条路行不通。他给出的方法简单有效: 将人脑与电脑"嫁接"起来。这听上去是不是有点像普特南说的"缸中之脑"?

在本书中,库兹韦尔用 4 章的篇幅(第 3~6 章),精心构筑了支撑他伟大预言的第一块基石。这块基石的目的,就是试图将大脑新皮质作为"新脑"的重要组成部分,与旧脑区别开来。

按照德国神经生理学家科比尼安·布洛德曼(Korbinian Brodmann)的大脑分区模型,人的大脑被划分为额叶、顶叶、颞叶、枕叶以及边缘系统等若干区块。布洛德曼分区模型,已成为脑神经科学家研究不同大脑区域与人的感知、语言、运动、情感、意识等生理及心理活动的标准参考模型。

库兹韦尔的分析也建立在这一大脑分区模型的基础之上。但是,他进一步借用美国神经科学家弗农·蒙卡斯尔(Vernon Mountcastle)关于"皮质柱"的发现,对大脑皮质理论提出了自己的见解。他认为,神经科学家和心理学家广泛采纳的"赫布假设",即"神经元是大脑新皮质学习的基本单元",是不正确的。大脑中有 300 亿个神经元,它们参与学习、感知的基本单元是皮质柱,即神经元的集合。每个皮质

---

① (美)哈尼什.心智、大脑与计算机: 认知科学创立史导论.王森,等,译.杭州: 浙江大学出版社,2010: 203

柱大约包含 100 个神经元。而这样的皮质柱，被库兹韦尔称为"模式"。在库兹韦尔看来，奥秘就在这些从生理学上看是"皮质柱"，从心理学上看是"模式"的神经元集合当中。

哺乳动物的脑认知结构都呈现出"层级结构"的特点，这是具象感知到抽象思维之间得以顺畅转换的关键。大脑新皮质的生理结构，恰好也是这样的分层结构。库兹韦尔列举的大量研究成果证实，科学家对视觉皮质、嗅觉皮质的定向研究已经表明，在大脑皮质的分区、分层模型架构下，可以很好地解释外界感知、刺激 - 反应、联想、记忆等一系列生理 - 心理活动的内在机理。

但是，库兹韦尔发现，过去我们只是建立起了大脑皮质与生理反应、心理活动之间分层、分区的对应关系（当然，这一研究也远未达到完满的地步），却没有很好地解释这些生物信号、电信号是如何在层级模型的不同层级之间转换的。这其实是脑神经科学中最奥妙无比的问题。分子细胞水平的微小生物化学变化，如何与痛心的眼泪、惊恐的眼神、抽搐的嘴角联系起来？

库兹韦尔的大胆预言是将大脑新皮质（他称之为新脑）和大脑旧皮质（对应旧脑）区别开来。所谓旧脑，就是负责处理记忆、动作协调、嗅觉、视觉等感知系统，以及与新皮质保持联系；所谓新脑，则是处理语言、运动、空间、推理、知觉等高级功能。

在训练、学习和进化的过程中，新皮质无疑扮演着至关重要的角色：识别模式、建立模式。库兹韦尔认为，只有建立起这样的模式识别机制，才能真正处理纷繁复杂的人类大脑所面对的各种问题，特别是意识、情感、想象和创造力的问题。

做好这些必要的铺垫之后，库兹韦尔的惊人预言开始有了一个大致的轮廓：将先进计算技术构筑而成的"非生物性大脑新皮质"，与人类的大脑新皮质"对接"起来，创造无可限量的人类智能大爆发的可能，迎接"奇点"的到来！这就是本书第 7 章和第 8 章的主题。

"苏醒"：你准备好了吗

当人造大脑新皮质可以制造出来的时候（库兹韦尔坚信这一点），这一"仿生大脑新皮质"就具备了媲美人类大脑的全部功能，甚至比人脑更具可塑性。比如，你可

以将其放置在云端，与遥远的人类生物大脑远程相连。

联结人脑和智能仿生大脑的技术，已经有了很多雏形，比如新型的核磁共振技术、脑电波成像技术、弥散跟踪技术等。这些非侵入的大脑扫瞄技术，都可以扮演大脑信息双向交换的角色。

这一景象，其实已经在大量涌现的科幻作品中为人们所熟知。《黑客帝国》中的英雄 Neo，他的躯体浸泡在生物营养液中，但大脑却可以与一个叫作 Matrix 的超级电脑相连。人的意识、感知，都可以通过连线在人的肉身和超级大脑之间穿梭传递。很自然地，人们除了不断追问"这是真的吗"以外，更担心这样的问题："我是谁？"

比 2005 年写作《奇点临近》时思想更加成熟的库兹韦尔，在这部著作里用"信仰"来回应这一悬疑。他把这种对"人脑与电脑相对接"所产生的伦理学、哲学问题，最终归之于"信仰的飞跃"。他在书中写道："我个人的信仰飞跃是这样的：当机器说出它们的感受和感知经验，而我们相信它们所说的是真的时，它们就真正成为有意识的人了。"基于这样的信仰飞跃，库兹韦尔声称，"判断一个实体是否有意识这一问题，本身就不科学"。

当然，为了应对来自四面八方的种种诘难，库兹韦尔还是用最后两章的篇幅，非常严肃、认真地回答了"意识问题""自由意志问题""身心问题"等非常"硬"的哲学命题。他的回答，你未必完全同意，但这些睿智之思，却在不停地刺激你的大脑皮质——这，正是这部著作难得的价值。

作为一个俗人，在阅读本书的过程中，我总是忍不住想：库兹韦尔的预言会是真的吗？ 2029 年，距离今天还有 13 年的光景。虽然我们还无法想象库兹韦尔所说的 13 年后会怎么样，但我们至少可以回忆 18 年前——1997 年的时候，世界网民数量为 7 000 万，中国互联网信息中心发布了第一份《中国互联网络发展统计报告》，中国网民为 62 万。今天，全球网民达到了 24 亿，而中国网民则接近 6 亿。这一惊人的数字意味着什么呢？

按照文奇的说法，当你的智能手机或者你无法意识到的任何智能装置"苏醒"时，你——在哪里？在做什么？

推荐序 解放思想

现在，打开这本书，经受一次库兹韦尔式的"信仰飞跃"，为这场注定来临的智能风暴——虽然未必是库兹韦尔预言的那样，做好"解放思想"的预热吧。我相信，你一定会同意这一点：库兹韦尔语境下的"思想解放"，绝非是一句可以呼喊的口号，它扎扎实实地把你的大脑新皮质和超级电脑、云端、脑神经网络、隐马尔可夫模型、大脑，等等，联系在了一起。

想到这里，我还真有点儿隐隐的脑仁儿疼。

段永朝
财讯传媒集团首席战略官

01　史上著名的思想实验 /011

历史上出现过很多著名的思想实验，特别是关于自然界的思想实验，爱因斯坦的"驾乘光束"实验就是其一。研究大脑，也可以采用同样的办法。通过简单的思想实验，我们就能很好地理解人类智慧是怎么一回事儿。

思想实验1：地质的隐喻
思想实验2：驾乘光束
大脑新皮质的统一模式

02　思考的思想实验 /023

大脑和计算机都能存储和处理信息，但是，大脑和计算机之间的相似性可不只是看上去那么简单。大脑的记忆是层级结构和连贯有序的。记忆奇妙地出现在你的脑海里，一定是某些事物触发了它们。

目 录

05 旧脑 /089

虽然大脑新皮质已成为大脑的主体，但我们的旧脑并未消失，仍在帮助我们寻求满足和躲避危险。丘脑的突出作用是与新皮质持续联络，海马体存储最新记忆，而小脑则负责人体动作的协调。

06 新皮质的卓越能力 /105

人类的卓越能力，主要归功于大脑脑岛中的纺锤体细胞。大脑新皮质某些区域的优化，使其更善于处理联合模式，这就是天分的由来。跨领域合作和非生物大脑新皮质的云端存储，将让我们更富有创造力。从进化观点看，爱情存在的本身就是为了满足大脑新皮质的需求。

07 仿生数码新皮质 /117

我们现在已经能模拟包含 160 万个视觉神经元的人脑视觉新皮质，模拟完整人类大脑的目标预计 2023 年就可实现。"矢量量化"方法既能高效利用计算机资源，

脑模拟
神经网络
矢量量化
用隐马尔可夫模型解读你的思维
进化（遗传）算法
列表处理语言LISP
分层记忆系统
人工智能前沿：登上能力层级顶端
创建人工大脑

08　模拟人脑，计算机不可或缺的4大思维 /171

尽管人脑的思维模式极为精巧，我们仍然可以通过软件对人脑进行模拟。要想做到这一点，计算机必须要具备准确的沟通、记忆和计算能力，具有计算的通用性和冯·诺依曼结构，并且能够按大脑核心算法进行创造性思考。

准确的沟通、记忆和计算能力
计算的通用性
冯·诺依曼结构
按大脑核心算法进行创造性思考

09　思维的思想实验 /191

意识来源于复杂物理系统的"涌现特性"（emergent property），可感受的"特质"（qualia）是其突出特征。成功模拟人脑的计算机也是有意识的。思维就是有意识大脑所进行的活动。非生物学意义上的"人"将于2029年出现。将非生物系统引入人脑，不会改变我们

的身份，但却产生了另外一个"我"。把我们的大部分
思想储存在云端，人类就能实现"永生"。

谁是有意识的
你必须有信仰
我们能够意识到什么
东方是东方，西方是西方
自由意志
本体意识

10 **有关思维的加速回报定律** /239

信息技术的发展，都遵循加速回报定律，与思维相
关的技术也不例外。随着人类基因组计划的实施，生物
医学已成为一项信息技术，并呈指数级发展。在互联网
上，每秒比特的传递量每 16 个月就翻一番。磁共振成
像技术，也以指数级速度稳定发展，目前的空间分辨率
已接近 100 微米。

生物医学
信息传输
大脑研究与再造

11 **反对大浪潮** /259

加速回报定律及其在人类智能提高方面的应用，也
招致了不少批评。保罗·艾伦对"指数发展说"完全持
否定态度；罗杰·彭罗斯认为，计算机无法像人脑那样
进行量子计算；约翰·塞尔说，计算机即便能够通过图
灵测试，它也不知道自己在做些什么。

"奇点遥远"论
"量子计算能力缺失"论
"无意识"论

洞悉人类思维的奥秘

大脑，比天空辽阔

因为，把它们放在一起

一个能包含另一个

轻易，而且，还能容你

大脑，比海洋更深

因为，对比它们，蓝对蓝

一个能吸收另一个

像水桶，也像，海绵

大脑，和上帝相等

因为，称一称，一磅对一磅

它们，如果有区别

就像音节，不同于音响[1]

     艾米莉·狄金森，美国传奇诗人

  智能可以超越自然的局限，并依照自身的意志改变世界，这恐怕是世间最了不起的奇迹了。人类智能可以帮助我们克服生物遗传的局限，并在这一进程中改变自我。而且在所有物种中，唯有人类能够做到这一点。

  人类智能之所以能够产生与发展，源于这个世界是一个可以对信息进行编码的世界。宇宙为何如此运转，这本身就是一个有趣的故事。物理学的标准模型[2]会有数十

---

[1] 该译文选用的是当代中国知名翻译家江枫先生的译稿。——编者注

[2] 标准模型是一套描述强力、弱力及电磁力这三种基本力及组成所有物质的基本粒子的理论，该理论被认为是理解宇宙起源和物质构成的最基本原理。如作者所言，该模型中包含了许多参数，如各粒子的质量和相互作用的强度，不能由理论推导计算得出，必须由实验决定，而且这些参数必须要非常精确才能够恰到好处地产生我们观测的原子和观测原子的我们。——译者注

个常量需要被精准限定，否则无法产生原子，也就不会有所谓的恒星、行星、大脑，更不会有关于大脑的书籍。让人不可思议的是，物理学定律及常数能够精确到如此程度，以至于允许信息自身得以演化发展。当然，根据人择原理[①]，如果不是这般精确，就没有我们在这里谈古论今。在某些人眼中，上帝创造了这个世界，而在另一些人眼中，这个世界不过是无穷多可能的平行宇宙[②]中具有丰富信息的一员——那些没有信息的无聊宇宙可能已经在演化过程中消亡了。不过，无论我们的宇宙是如何进化到如今的模样的，故事依然可以从基于信息的世界开始。

进化故事从越来越多的抽象层面展开。原子——特别是碳原子，它能够通过 4 种不同的方式相联结，创造丰富的信息结构，然后形成更多复杂分子。结果，物理学催生了化学。

10 亿年后，一种被称为 DNA 的复杂分子逐步进化完成，它能精确编码长串的信息，并按照这些"程序"编译出生物。由此，化学催生了生物学。

生物体以快速增长的速率进化出了神经系统——交流与决策网络。我们通过它协调越来越复杂的生理结构和行为。神经元组成的神经系统聚合成了能够实施智慧行为的大脑。这样，随着大脑成为储存与处理信息的前沿，生物学就催生了神经学。从原子到分子，到 DNA，再到大脑，再进一步就是独一无二的人类。

哺乳动物的大脑有一种特有的天赋，而这种天赋在其他类别的物种中尚未被发现。我们可能会根据等级高低来思量或理解由多种成分组成的结构。在这种结构中，各种不同的分子是按照同一模式排列的，这一排列模式同时也是一种符号，之后该符号将会作为一种分子被用于更复杂的结构中。这种能力产生于一种被称为大脑新皮质的结构中，就人类而言，该能力更为复杂、更具潜力，因此，我们可以将此类模式称为想法。通过

① 人择原理（anthropic principle）指出，我们之所以活在一个各种自然常数调控得如此准确，以至于能孕育我们所知的生命的宇宙之中，是因为如果宇宙不是调控得如此准确，人类便不会存在，更遑论观察和谈论宇宙的起源。——译者注

② 平行宇宙论，或称多重宇宙论，是指一种尚未被证实的物理理论，其中我们所在的宇宙只是若干可能宇宙的一员。——译者注

永无休止的循环过程，我们可以构建更为复杂的想法，我们将此类浩大的递归链接的想法称为认知。认知基础是智人才有的，而且认知基于其本身进行演化、呈指数级增长并代代相传下去。

人类的大脑则产生了另一层级的抽象意识，因为我们在利用大脑智能的同时还具备另一种有利因素（一种与之相对的附属物）—— 手，通过对环境的掌控，我们用手来制造工具。这些工具代表着一种新形式的演变，技术由此产生。也正是基于这些工具，我们的认知基础才得以无限发展。

我们的第一个发明是口语，它使我们能够用不同的话语来表达心中想法。随后发明的书面语言，使我们能够用不同的形式来表达我们的想法。书面语言库极大地扩展了我们无外力援助的大脑的能力，使我们能够维持并扩充我们的认知基础，这是一种递归结构化的思想。

其他物种，如黑猩猩，在言语表达上是否也具有分级思想，这一问题仍存在争议。黑猩猩能够学会有限的手语符号，它们可以使用这些符号与人类训练员进行沟通。然而，就黑猩猩能够处理的认知结构而言，其复杂性还是有不同限制的，这也是显而易见的。它们能够表达的语言仅限于简单的名词 - 动词语序的句子，而不能表达复杂事物的无限扩展，而这是人类的特性。关于人类语言的复杂性，有这样一个有趣的例子：加西亚·马尔克斯所写的故事或小说中有许多惊人的长句子，甚至一个句子就有几页长——他曾写过一个 6 页篇幅的故事《最后的鬼魂之旅》(*The Last Voyage of the Ghost*)，通篇就只有一个简单句（这个故事的西班牙语版本和英语版本都翻译得很好）；拜读过他的大作《百年孤独》的读者肯定对文中大段大段的长句描写印象深刻！

我之前出版过 3 本有关技术的书，其中《智能机器时代》(*Age of Intelligent Machines*)写于 20 世纪 80 年代，出版于 1989 年；《灵魂机器的时代》(*Age of Spiritual Machines*)，写于 90 年代中期到末期，出版于 1999 年；《奇点临近》，写于 21 世纪初，出版于 2005 年，其主要思想是关于一个固有的不断加快的演化进程（因抽象意识水平的不断提升而

导致），以及其产物的复杂性和能力的指数级增长。人们将这种现象称为加速回报定律（LOAR），该定律与生物和技术的演化有关。关于 LOAR 有一个最生动的例子，即信息技术能力和性价比都指数级发展，而且这种发展速度是可预测的。技术演化进程不可避免地导致计算机能力的进化，反过来又扩展了我们的认知基础，使我们能够通过某一领域知识的广泛联系来了解另一领域的知识。网络本身就为等级划分系统的能力提供了一个强有力的恰当例子，网络包含大量的知识，同时又维持了其内在的结构。世界本身就是按等级划分的——树有枝、枝有叶、叶有脉，建筑有楼层，楼层有房间，房间有门、窗户、墙壁和地板。

我们还开发了其他工具，通过利用这些工具，我们现在能用精确的信息术语来理解人类的生物学。我们正以极快的速度利用逆向工程法分析生物学的构成信息，包括大脑结构的信息。我们现在拥有以人类基因组形式存在的生命目标代码，这项成就本身也是指数级发展的一个突出实例。过去的 20 年间，世界已测序的基因数据量呈指数级增长，每年增加了近一倍（见第 10 章）。现在，我们可以通过计算机模拟来判断有碱基序列是如何形成氨基酸序列，从而折叠成三维蛋白质的。[1] 计算机资源持续呈指数级增长，我们就蛋白质折叠复杂性的模拟能力也在稳步提高。

现在有一项涉及成千上万位科学家和工程师的宏伟工程正在进行中，他们正致力于理解智能程序的最好范例——人类大脑。这可以说是人造机器文明史上最为重要的工作。在《奇点临近》一书中，我根据加速回报定律得出的一个推论是，不可能存在另一种智能物种。总结来说，就是考虑在短暂的时间内，我们能做到从只具备落后技术（试想在 1850 年，全美范围内送信最快捷的方式是通过驿马快信 [Pony Express]）到拥有能到达其他星球的技术，那么，如果有其他智能物种存在，我们应该早就发现了。从这个角度看，对人类大脑实施逆向工程可能是世界上最重要的项目了。

这项工程的目标是精确理解人类大脑的运作机制，然后通过这些已知的方法来更好地了解我们自身，并在必要的时候修复大脑，而与本书最密切相关的，就是利用这些信息创造出更加智能的机器。我们必须牢记，工程学能做的就是将一种自然现象明显放大。想想伯努利定律①这一相当微妙的现象，它指出，运动的弯曲表面比运动的平坦表面的空气压力要小。虽然科学家们仍没有充分解决关于伯努利定律如何制造机翼升力的数学问题，但是工程学已经接受了这个精妙的观点，并集中全力开创了整个航空界。

在本书中，我提出了思维模式识别理论（Pattern Recognition Theory of Mind, PRTM），我认为它描述了大脑新皮质（主要负责感知、记忆和判断思维的大脑区域）的基本算法。在书中前几章，我描述了近代神经科学研究和人类自身的思想实验导致的不可避免的结果：这种方法一直被用在大脑新皮质上。思维模式识别理论和加速回报定律的含义就是我们能设计这些原则来广泛传播人类智能的力量。

实际上，这项措施已在进行中。以前专属于人类智能的许多任务以及活动，现在能完全由电脑控制，更加精确，范围也扩大了。每次发邮件或打电话，智能算法都能合理地追踪信息。有时候，心电图测出的结果和医生的诊断结果恰好相反。在血细胞图像中，也有可能出现这样的情况。智能算法能自动识别伪造的信用卡、能驾驶飞机的起飞和降落、能指导智能武器系统、能帮助设计计算机辅助设计的产品、能及时追踪库存水平，还能在机器人工厂里组装产品。它还会下国际象棋，甚至参加大师级水平的围棋比赛。

几百万人都见识了IBM那台名叫"沃森"的超级计算机在《危险边缘》这个语言类益智问答比赛节目中的表现，总的得分比世界上两个玩得最好的人的总分还要高。值得注意的是，沃森不仅能读懂和理解《危险边缘》中的提问，还能理解包含双关语和比喻，并能从广阔的知识面（比如说维基百科或其他百科知识）汲取答案所需的知识。它得对人类的各种文化活动了如指掌，比如历史、科学、文学、艺术、文化等。现在IBM正同Nuance Speech Technologies公司（之前名为"库兹韦尔计算机产品公司"[Kurzwiel Computer Products]，是我创办的一家公司）一起，致力于在新一代的沃森电

---

① 伯努利定律是由"流体力学之父"丹尼尔·伯努利发现的，是指在一个流体系统中，流速越快，流体产生的压力就越小。——编者注

脑上开发文字语音自然转换技术。新一代沃森电脑，通过 Nuance 公司的临床语言理解技术，能阅读医学文献（几乎所有的医学期刊和领先的医学博客），成为大师级的诊疗医师和医学咨询师。一些观察者指出，沃森没有真正理解《危险边缘》节目或它所阅读过的百科全书，因为它只是在进行"统计分析"。这里我所要描述的关键是人工智能领域所涉及的数学技术（比如这些被应用在沃森、iPhone 手机助手 Siri 上的技术），它们在数学上与大脑新皮质中涉及的生物学形式的方法非常相似。如果通过统计分析理解语言和其他现象不能得出正确的理解，那么人类也无法真正理解。

沃森运用自身的智能掌握自然语言文件中的知识，这使它很快就会商品化，成为你身边的一种搜索引擎。人们已经在用自然语言与他们的手机对话（比如通过 Siri，当然这也是在 Nuance 语音识别技术的帮助下）。当它们更多地使用沃森模式，并且沃森本身也在不断改进时，这些自然语言辅助工具将很快变得更智能。

谷歌的无人驾驶汽车已经在加利福尼亚州繁忙的城市中行驶了 32 万多公里（当这本书上架的时候，这个数字肯定会高得多）。当今世界还有很多其他人工智能的例子，未来肯定还会出现更多。

再拿加速回报定律举例，大脑扫描的空间分辨率以及大脑正在收集的数据每年都在成倍递增。我们也在证明我们可以将这个数据转变成大脑区域的运作模式和模拟系统。我们已经在用于处理声音信息的听力皮质、处理图像的视觉皮质和处理一部分技能形成的小脑（比如抓住一个正在飞的球）等关键功能的逆向工程中取得了成功。

理解、建模和模拟人类大脑的关键是对大脑新皮质实施逆向工程，而大脑新皮质是我们进行循环分层思考的部位。大脑新皮质占据人脑的 80%，并高度重复结构化，所以人们可以随意生成有复杂结构的想法。

在思维的模式识别理论中，我描述了一个模型，关于人脑怎样使用通过生物进化形成的非常清晰的结构，来达成思维模式识别这个重要的能力。虽然在皮质运作机制中有些细节我们现在还不能完全弄明白，但是我们对皮质运作机制需要的功能的了解却已经足够多，并可以设计算法以达到相同的目的。在开始理解新皮质时，我们就可以极大地增强它的能力，正如航空界极大地增强了伯努利原理的力量。新皮质的运作原理已被证明是世界上最重要的思想，因为它能够呈现所有的知识和技能，并可以创造新的知识。毕竟，是新皮质创造了每一部小说、每首歌、每幅画、每个科学发现，以及其他人类思想的各种各样的产物。

在神经系统科学领域急需一个理论，将每天正在报道的极端分散和广泛的活动结合起来。统一理论在每一个重要的科学领域都是关键要求。在第 1 章我会描述两位"思想实验"家怎样把生物和物理统一起来——在此之前这两个领域是极其混乱多变的。然后我会解释这个理论怎样被运用到大脑的结构中。

现在我们经常会大力赞赏人类大脑的复杂性。谷歌为一个要求评论这个话题的调查反馈了大约 3 000 万条链接（我们无法在这儿转述反馈的真实评论的数量，因为有些链接的网站有很多评论，有些则一个也没有）。"DNA 之父"詹姆斯·沃森（James Watson）在 1992 年写道："大脑是最新、最伟大的生物前沿领域，是我们在宇宙中发现的最为复杂的东西。"他进一步解释了为什么自己相信"它包含上千亿细胞，它们内部通过上万亿节点联结，大脑使我们深感困惑"。[2]

我同意沃森关于大脑是最伟大的生物前沿领域的看法，但如果我们可以轻易地辨别出包含在细胞和节点中的易理解的（并可以再创造的）模式，它所包含的数十亿细胞和数万亿节点并不一定会使它的主要研究方法变得更复杂，尤其是在大量冗余模式存在的情况下。

让我们想一下什么叫"复杂"。森林复杂吗？答案取决于你看问题的角度。你会发现森林里有成百上千棵树，每一棵都不同。你又会发现每一棵树有成百上千的树枝，每个树枝也完全不同。你会进一步描述每个树枝的复杂特性。你的结论可能是：森林的复杂性远远超乎我们的想象。

但是，把森林看成很多树的方式其实是错误的。当然，树和树枝在部分上有极大

的不同，但要正确理解森林的概念，你最好先辨别出已找到的具有随机变量的冗余模式。这样才可以说森林的概念比树的概念简单得多。

大脑也是如此。它有一个类似的庞大的冗余组织，尤其是在新皮质结构中。就像我会在这本书里解释的，我们甚至可以说单个神经的复杂程度超过了整个新皮质结构的复杂程度。

我写这本书的目的并不是对人脑复杂性的老生常谈，而是为了揭开人脑最基本的力量，包括其基本智力系统如何进行识别、记忆、预测。这些行为在新皮质里不断重复，产生了各种不同的想法。

核基因与粒线体基因里的遗传密码所组合出的生物多样性令人惊异，新皮质思想模式识别感知器里的格局联结及突触所产生的意见、思想及技巧也同样令人叹为观止。麻省理工学院神经学家塞巴斯蒂安·尚博士（Sebastian Seung）相信："基因无法决定一切，大脑神经元的联结才是人类身为智慧生物的最重要部分。"[3]

我们必须懂得分辨真正的构造复杂性和表面复杂性。曼德布罗特集①的图像因其复杂性而闻名（见图0-1）。为理解其表面复杂性，我们可以将图像放大，其中的错综复杂不计其数，且都不尽相同，但曼德布罗特集的设计及公式却非常简单：$Z=Z^2+C$。其中，Z代表复数（一对数字），C代表常量。

我们不需要通过研究曼德布罗特集的功能来证明它的简单性，此公式在不同阶段会一直被反复使用，这和人脑是一样的。其不断重复的构造并不像曼德布洛特集的公式那么简单，但也不如一般有关人脑的书籍所说的那么复杂。新皮质构造在每个概念阶层不断重复。爱因斯坦曾说过："任何一个聪明的蠢材都可以把事情搞得更大、更复杂，也更激烈。但往相反的方向化繁为简则需要很大的勇气。"

---

① 曼德布罗特集（Mandelbrot set）是在复平面上组成分形的点的集合。——编者注

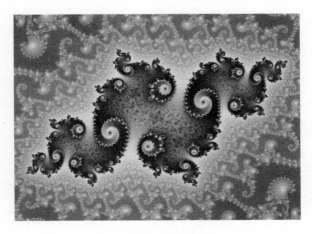

图 0-1　曼德布罗特集的范例

注：只要将图片放大，图像表面的复杂性将不断变化。

至此，我已经谈了很多关于大脑的事情。然而，思维是什么呢？比如，负责解决难题的新皮质是如何获得意识的呢？当我们讨论这个话题时，有多少种思维在我们的大脑里正激荡呢？有证据表明，可能不止一个。

另一个与思维相关的问题是：什么是自由意志，我们是否拥有自由意志？有实验表明，在意识到自身的决定之前，我们已经开始采取行动了。这是否意味着自由意志只是一种幻觉？

最后，我们还要问：大脑里的哪些特点造就了我们的特性？我还是 6 个月前的"我"吗？显然我已经不是以前的"我"，那我还是"我"吗？

扫码查看作者精彩演讲视频。

让我们来看看思维模式识别理论是如何解释这些存在已久的问题的。

01 史上著名的思想实验

历史上出现过很多著名的思想实验，特别是关于自然界的思想实验，爱因斯坦的"驾乘光束"实验就是其一。研究大脑，也可以采用同样的办法。通过简单的思想实验，我们就能很好地理解人类智慧是怎么一回事儿。

HOW TO CREATE A MIND

The Secret of Human Thought
Revealed

达尔文的自然选择学说出现于思想史发展的晚期。

它迟迟未出现，是因为它与神所启示的真理相矛盾，是因为它是科学史上一个全新的概念，是因为它反映的只是生物特征，还是因为它给出的只是目的和最终原因，而未曾假定一种创造行为？我认为都不是。达尔文只是发现了自然选择的作用，这是一种与当时推拉式的科学机制有很大区别的因果关系。各种奇妙生物的起源由此得到解释——因为有许多可能随机出现的新特征，所以得以存活下来。而当时的物理和生物科学几乎没有预见到自然选择是一种因果关系。

B.F. 斯金纳，美国行为主义心理学家

唯有自身心灵的健全才是最神圣的。

拉尔夫·沃尔多·爱默生，美国散文作家、思想家

思想实验 1：地质的隐喻

19 世纪初期，地质学家们一直在绞尽脑汁思考着一个十分重要的问题：美国科罗拉多大峡谷和希腊维科斯大峡谷（Vikos Gorge）这样的大洞穴、大峡谷遍布全球，那么这些宏伟奇观到底是如何形成的呢？

尽管这些自然景观中无一例外都有水流的身影，但直到 19 世纪中期，人们都无法接受这些平缓的水流就是壮观的峡谷峭壁形成的原因！英国地质学家查尔斯·赖尔（Charles Lyell）提出，确实是水流的长期作用造就了这样的地理结构巨变——量变导致质变，滴水穿石！赖尔的这一观点刚提出的时候引来嘘声一片，不过，十几年后，这一观点就得到了普遍认可。

英国自然学家查尔斯·达尔文（见图 1-1）当时密切关注着赖尔的全新观点在科学界引起的激荡。1850 年左右的生物学领域大致情况如下：学科十分复杂，研究对象涵盖无数复杂难懂的动植物物种。为纷繁多样的自然界建立单一的通用理论极其困难，因此大部分科学家都反对这样的尝试。更何况，这种多样性普遍被视为上帝造物的伟大证明，而与精通此道的科学家们的智慧毫无关系。

图 1-1　查尔斯·达尔文

达尔文对赖尔的观点进行类比，解释了物种特征随时间推进而演变，并由此建立起了一个与物种有关的通用理论。在著名的《乘小猎犬号环球航行》（*Voyage of the Beagle*）一书中，他将这种观点融入自己的思想实验和观察当中。达尔文提出，最容易在自己的生态位中存活下来的个体是那些可以繁衍下一代的个体。

1859 年 11 月 22 日，达尔文的《物种起源》一书开始发售，这本书奠定了生物进化论的基础。达尔文在书中明确表示自己受到了赖尔的影响。

我明白，由上述虚构事例例证的自然选择学说，肯定会像查尔斯·赖尔先生当初的高见——"地球如今的变化就是一部地质史"提出时一样，引来许多异见。不过，如今人们已经普遍认识到，水流在大峡谷以及狭长的内陆悬崖峭壁的形成过程中发挥了重要的作用。同样，自然选择也是一个积少成多的过程，只有通过不断选择有利的细微改变并进行保存和积累才能实现。既然现代地质学已经基本摒弃了大峡谷由单一洪积波开凿而成这类观点，自然选择也应如此。如果这种观点是正确的，那就应该摒弃新生物持续再生，以及生物结构突发重大转变等理念。[1]

新观点最初提出时备受抵制的原因可能各有不同，但就达尔文的情况而言，原因却很明显。人类并非上帝创造的，而是由猴子进化而来，再之前则是蠕虫——许多评论家都接受不了这种说法。更何况，这暗示着宠物狗、毛毛虫、毛毛虫爬过的植物都和人类沾亲带故！虽然可能只是极其远房的亲戚，但还是亲戚啊！人类的神圣性被亵渎了，人类又怎会心甘情愿地屈尊降贵呢？

但这一观点还是迅速传播开来，因为它将以往众多看似互不相干的现象联系了起来。1872年，《物种起源》第6版出版，达尔文在书中添加了这样一段：

> 作为对事情最初状况的记录，我保留了以上内容……其中有几句话暗示着自然学家们以前一直相信物种是独立创造出来的，我则因为提出了进化论的观点而受到颇多非难。毫无疑问，本书第1版出版时，人们普遍接受的是前一个观点，而无法接受我的观点……不过，今非昔比，现在进化论已经得到了自然学家们的普遍认可。[2]

在接下来的一个世纪里，达尔文的想法得到了越来越多的支持。1869年，《物种起源》第1版出版后仅10年，瑞士医学家弗雷德里希·米歇尔（Friedrich Miescher）就在细胞核中发现了一种被他命名为"核酸"（nuclein）的物质，实际上就是DNA。[3] 1927年，生物学家尼古拉·科尔佐夫（Nikolai Koltsov）对被他称为

"大遗传分子"（giant hereditary molecule）的物质进行了描述，他说它由两条对称链组成，以一条链为模板按"半保守"方式进行复制。科尔佐夫的发现也受到诸多指责。有人认为这是为法西斯做宣传，他的意外死亡也被认为是苏联的秘密警察所为。[4]

图 1-2　罗莎琳德·富兰克林

1953 年，达尔文那部影响深远的著作出版将近一个世纪之后，美国生物学家詹姆斯·沃森和英国生物学家弗朗西斯·克里克（Francis Crick）第一次对 DNA 的结构进行了精确描述，即它是一个由两个长分子缠绕而成的双螺旋结构。[5]值得一提的是，他们的发现建立在著名的"51 号照片"（photo 51）的基础上，该照片是他们的同事罗莎琳德·富兰克林（Rosalind Franklin，见图 1-2）利用 X 射线晶体学技术拍摄而成，这是人们第一次得到双螺旋结构的图示。鉴于这些发现是以富兰克林拍摄的照片为基础的，所以有人认为富兰克林应与沃森和克里克共享诺贝尔奖。[6]

随着电脑编码程序将分子生物学带入全新的阶段，生物学的统一理论得以确立。它为所有生命确立了一个简单而高贵的基础。仅仅根据细胞核中组成 DNA 链的碱基对（从更低的层面来说就是线粒体 [mitochondria]），就能判断有机体是可能成长为一株草还是一个人。这一见解与人们乐见的自然界的多样性并不矛盾，但我们现在知道自然界的纷繁多样是由这个无处不在的分子编码成各种各样的结构所致。

思想实验 2：驾乘光束

20 世纪初期，物理学领域被另外一系列思想实验所颠覆。1879 年，一个男孩出生在德国的一个家庭中，他的父亲是工程师，母亲是家庭主妇。据说，他 3 岁才开始说话，9 岁时被学校认为患上了学习障碍，16 岁时就开始幻想着乘着月光飞行。

这个年轻人知道英国数学家托马斯·杨（Thomas Young）于 1803 年所做的实验，那个实验证实了光由波组成，具备波动性质。那时的推论是，光波必须借由某种介质传播。毕竟，水波借助水传播，声波借助空气或其他物质传播。科学家称光波传播的介质为"以太"（ether）。那个男孩知道 1887 年美国科学家阿尔伯特·迈克尔森（Albert Michelson）和爱德华·莫利（Edward Morley）所做的实验：该实验试图借助小船在河流中顺流和逆流而行的类比，证明"以太"的存在。如果你恒速划桨行进，顺流而行时，从岸上观测的速度会较逆流而行更快。迈克尔森和莫利假定光会在"以太"中匀速前进（即以光速运动），推断出地球沿其轨道朝太阳运动时（从地球上的有利位置观测）与地球朝远离太阳方向运动时阳光运动的速度会不同（甚至可以达到地球运动速度的两倍）。这一点一旦得到证实，就能证明以太的存在。然而他们发现，不管地球处于轨道上的哪个位置，阳光向地球运动的速度都不会变。他们的发现否定了"以太"存在的观点。那真实的情况究竟是怎样的呢？此后 20 年，这一直是一个谜。

这个德国男孩则幻想与光束同游，他认为自己应该能看到光束凝结，就像与火车保持同速前进时，火车看似静止一般。不过，他意识到这不可能，因为不管你的行进速度如何，光速都被视为恒定。所以，他幻想着以稍微慢些的速度与光束同游。如果以光速的 90% 的速度运动会怎样呢？如果光束像火车那样，他推论自己会看到光束在他前面以 10% 的光速运动。实际上，那就是地球上的观测者将看到的一幕。

但我们知道迈克尔森 - 莫利的实验表明光速恒定。因此，他应该看到光束在他前面全速前进。这似乎产生了矛盾——怎么可能呢？

到这个德国男孩 26 岁时，答案似乎是显而易见的了。顺便提一下，男孩的名字叫阿尔伯特·爱因斯坦。显然，时间为青年大师爱因斯坦变"慢"了。爱因斯坦在 1905 年发表的论文中对他的推导过程进行了阐释。[7]如果地球上的观测者看到男孩的手表，就会发现它的转速慢了 9/10。实际上，当他返回地球时，他的手表会显示只过了 1/10 的时间（暂时不考虑加速和减速）。然而，从他的角度来看，手表却是正常运转，旁边的光束也是在以光速运动的。时间的速度会自行减慢 9/10（相对于地球的时间）就可以解释看似存在矛盾的分歧了。在极端情况下，当速度达到光速，时间就会减慢到接近于零，因此，想与光束并驾齐驱是不可能的。不过，尽管不可能以光速运动，但理论上来说，速度超越光束并非不可能，而到那时，时间就会倒退。

在许多早期评论家看来，这个解释太荒诞了。时间怎么会因为某人运动的速度而自行减慢呢？实际上，18 年来（从迈克尔森 - 莫利的实验开始），对爱因斯坦来说显而易见的论断，其他研究者却无法得出。他们中许多人对这个问题的思考贯穿了整个 19 世纪下半叶，他们选择信奉先入为主的现实运作观，而不是这一原理的启示，实质上就是"摔落马背"了——也许我应该说他们"摔落光束"了。

爱因斯坦第二次思想实验是想象他和兄弟一起飞越时空。他们相距 186 000 英里（约为 299 338 公里）。爱因斯坦想在保持彼此距离不变的情况下加速前进，于是用手电筒给兄弟发送信号。他知道信号传送时间为 1 秒钟，于是他会在发出信号 1 秒钟之后再开始加速。而他的兄弟接收到信号就立即加速。这样，两兄弟恰好同时加速，因此能保持相互间距离不变。

但是想想看，如果我们在地球上会看到什么样的情况？如果两兄弟正向背离我们的方向运动（阿尔伯特领先），看上去就会是光抵近他兄弟的时间不足 1 秒，因为他在向光的方向运动。同样，我们也会看到他兄弟的计时器变慢了（由于他加速时离我们更近些）。鉴于所有这些原因，我们将看到两兄弟越靠越近，并最终相撞。然而，在两兄弟看来，他们始终保持着 186 000 英里的距离不变。

怎么会这样？答案显然是，距离与运动平行，而不是垂直。于是，随着加速前进，爱因斯坦兄弟会变得越来越矮（假定他们头朝前飞行）。也许，这个怪诞的结论比时间流逝的差异更不能让人信服。

同一年，爱因斯坦又用另一个思想实验来探索了物质与能量的关系。苏格兰物理学家詹姆斯·麦克斯韦（James Clerk Maxwell）在 19 世纪 50 年代证明了被称为光子的光微粒虽然不具备质量但仍具备动量。孩童时，他有一个名为克鲁克斯辐射计（Crookes radiometer，见图 1-3）的装置。该装置由一个密封玻璃球茎组成，其内部包含部分真空和绕轴旋转的 4 个叶片。叶片一面白，一面黑。每个叶片的白色面反射光，黑色面吸收光（这就是为什么热天穿白色 T 恤衫更凉爽的原因）。当装置上有光照射时，叶片就会

图 1-3　克鲁克斯辐射计

旋转，黑色面朝远离光的方向运动。这就直接证明了光子具备足够的动量，可以让辐射计的叶片运动起来。[8]

爱因斯坦苦苦思索的是动量与质量的函数关系：动量是质量和速度的乘积。因此，一辆以每小时约 48 公里的速度行驶的机车，比以相同速度运动的虫子具备更

大的动量。但是，不具备质量的光子怎么会有正动量呢？

爱因斯坦的思想实验由一个在空中飘浮的盒子组成。盒内里有一个光子从左端射向右端。因为系统的总动量守恒定律，所以当光子发射时，盒子会产生反作用然后向左退。一定时间后，光子与盒子右端相撞，将其动量传回给盒子。系统总动量仍需守恒，所以此时盒子便静止不动了。

至此，一切似乎都很合理。但仔细想一想，从爱因斯坦的角度来看，又会如何呢？他是从盒子的外部观察的，所以应该看不到盒子外部有任何变化：没有微粒对其进行撞击——无论是否具备质量，也没有物体脱离。而根据上述情节，爱因斯坦却看到盒子迅速向左移动，然后停了下来。按照我们的分析，每个光子应持续使盒子向左运动。另一方面，既然不存在盒子向外部作用或受到外部作用的情况，那么其质心应与之保持相同位置。但是盒子内部从左向右运动的光子不能改变质心的位置，因为它不具备质量。

或者，光子是具备质量的？爱因斯坦的推论是，既然光子具备能量和动量，那么它也一定存在质量的等价物。运动的光子与运动的物质完全等价。我们可以通过确认光子运动期间，系统质心必须保持静止来计算这一等价值。通过数学计算，爱因斯坦证明了质量和能量等价，并通过简单的常量相联系。然而，值得注意的是：这个常量也许简单，但数值却极大，它是光速的平方（大约为 1.7×10^{17} 每平方秒平方米——即，17 后面跟 16 个 0）。这样，我们也就得出了爱因斯坦的著名方程式：$E = mc^2$。[9] 因此，1 盎司（28 克）的物质相当于 60 万吨 TNT 炸药爆炸时所释放的能量。爱因斯坦在 1939 年 8 月写给罗斯福总统的信中，说明了根据这个方程式计算出的原子弹的潜在能量，而这个方程式也开启了原子时代。[10]

你也许认为这一点应该早点被发现，因为实验人员早就察觉到放射性物质的质量亏损是受到了长期辐射的结果。然而，当时存在一种假设，认为放射性物质燃烧了自身包含的某种特殊高能燃料。这种假设并非完全错误，只不过那种燃烧掉的燃料就是质量。

我以达尔文和爱因斯坦的思想实验作为本书的开篇基于以下原因。他们展现出了人脑的非凡能力。在没有任何其他设施的情况下，爱因斯坦仅凭笔和纸就描绘出这些简单的思想实验并写出由此得到的简单方程式，颠覆了统治物理学领域两个世纪的传统观念，深刻影响了历史的进程（包括第二次世界大战），并开启了核时代。

爱因斯坦确实借鉴了 19 世纪的一些实验结果，但这些实验也没有使用精密仪器。虽然后来爱因斯坦的理论验证实验使用了先进的技术，但如若不然，我们也无法证实爱因斯坦理论的正确性和重要性。然而，这都无法掩盖由这些著名的思想实验展现出来的人类思想的耀眼光芒。

虽然爱因斯坦被誉为 20 世纪最伟大的科学家（达尔文被誉为 19 世纪最伟大的科学家之一），但隐藏在其理论背后的数学原理却并不复杂，思想实验本身也十分简单。所以，我们不禁好奇，爱因斯坦究竟为什么会被贴上"聪明过人"的标签？我们将在后面的内容中具体描述他在提出这些理论的时候，有着怎样的思维活动。

这段历史也展现了人类思维的局限性。为什么爱因斯坦能驾乘光束而不至于摔落（虽然他推断实际上不可能驾乘光束），而成千上万其他的观察者和思考者却不能借助这些并不复杂的方式来思考呢？**一个共同的障碍就是，大多数人难以摒弃并超越同辈人的思维观念**。至于其他障碍，我们会在审视大脑新皮质如何工作后进行更细致的讨论。

大脑新皮质的统一模式

分享这些历史上最著名的思想实验的主要原因，是为了用同样的方法研究大脑。正如你将看到的，借助简单的思想实验，我们能很好地理解人类智慧是如何发挥作用的。进行这样的研究，思想实验当仁不让，是最恰当的方法。

如果一个年轻人只需空想和纸笔就足以彻底改变物理学观念，那么对于熟知之物，我们理应能获取更深刻的认识。毕竟，在清醒的每一刻，我们都在思考。

在通过自我反省的过程建立思维运作的模型后，借助最新的大脑实际观测技术和机器重现这个过程的技术，我们将检测这个模型的准确度。

02 思考的思想实验

大脑和计算机都能存储和处理信息，但是，大脑和计算机之间的相似性可不只是看上去那么简单。大脑的记忆是层级结构和连贯有序的。记忆奇妙地出现在你的脑海里，一定是某些事物触发了它们。

HOW TO CREATE A MIND

The Secret of Human Thought
Revealed

我很少用语言来思考。想法产生后，我才会设法用语言来表述。

爱因斯坦

大脑只不过 3 磅（1 360 克）重，你可以一手掌握，但它却可以构想出跨越亿万光年的宇宙。

玛丽安·戴蒙德，美国神经解剖学专家

令人惊奇的是，这个区区 3 磅重、与世间任何事物并无构成差异的大脑，却指挥着人类的一切活动：探测月球、打出本垒打、写出《哈姆雷特》、建造泰姬陵——甚至是揭开大脑自身的奥妙。

乔尔·哈夫曼

思考，人脑不同于计算机

我大约从 1960 年开始思考"思考"这一问题，同年我发现了电脑的存在。现到 12 岁还没用过电脑的人少之又少，但在我们那个年代，纽约可没几个用过电脑的 12 岁少年。早期的电脑是一个庞然大物，我接触到的第一台电脑整整占据了一大间房。20 世纪 60 年代早期，我在一台 IBM 1620 型号的电脑上做过数据的方差分析（一种统计测试），分析的数据是一个儿童早教研究项目得出的，这成为"开端计划"（Head Start）[①] 的前身。因为我们的工作肩负着美国教育改革的使命，所以责任重大。由于算法和所分析的数据过于复杂，所以我们也无法预测计算机会给出

---

① "开端计划"是迄今为止美国联邦政府实施的规模最大的早期儿童发展项目。该计划主要关注 3~4 岁贫困家庭儿童的教育、医疗与身体健康发展，旨在通过关注儿童的早期发展来扩大弱势群体受教育的机会，以期消除贫困。——编者注

什么答案。当然，结果取决于数据，但即便如此，它们依然不可预测。实际上，"取决于"和"可预测"之间的差距是一个重要区别，下文将就部分细节进行深入探讨。

我还记得当我看到算法运行快结束、显示屏暗下来时那股兴奋劲儿，它给我一种电脑陷入沉思的感觉。当人们经过我身边迫不及待地想知道下一组结果时，我会指着闪烁的微弱灯光说："它在思考呢！"这并非只是一个玩笑——计算机确实是在认真地思考问题，于是，工作人员们开始赋予冰冷的机器以人性。这也许只是一种人格化，却促使我开始认真思考"计算机技术"与"思考"之间的关系。

为了弄清楚大脑和计算机程序之间的相似度，我开始研究大脑处理信息时的运作方式。如今，我已经研究了 50 多年。在后面的章节中我将阐释我对大脑运作的理解，而这是有别于计算机的。不过，从根本上说，大脑也在存储和处理信息，而且由于计算具有普遍性——这个概念我也将会再作讨论，所以大脑和计算机之间的相似性并不只是看上去那么简单。

字母表的倒背难题，记忆是连贯有序的

每当我做一件事或思考一件事——不论是刷牙、进厨房、思考商业问题、练琴，还是冒出新想法，我都会反思我是怎么做到的。我会花更多的精力去思考那些我办不到的事，因为人类思维的局限同样也能提供很多重要线索。过多的关于思考的思考也许会减慢我的思考速度，不过我希望这种自我反省的练习能让我的思维方式更加精进。

为了提高对大脑运作的认识，我们在此不妨尝试进行一系列思想实验。

尝试：背诵字母表。

你也许在孩提时就记住了，所以能轻松应对。很好，那么尝试一下这个：倒背字母表。

除非你曾按照倒序学过字母表，否则基本上做不到。假若有人正好在贴有字母表的小学教室待过很长一段时间，也许能唤起图像记忆，并据此倒背出来。不过，即便如此，也不容易完成，因为我们并没有记住整个图像。按理来说，倒背和顺背字母表，都只是背字母表而已，应该没什么难度，但我们却做不到。

你记得自己的身份证号吗？如果记得，你能在不先写下来的情况下就把它倒背出来吗？那么，倒唱那首名为《玛丽有只小羊羔》的童谣又如何呢？这些都难不倒计算机，但是人类却只有专门学过逆序法的情况下才能做到。显然，这向我们传达了关于人类记忆规律的重要信息。

当然，如果我们先按照顺序写下来，再倒序读出来，肯定是轻而易举的。因为这时我们用到了一个很早就出现的工具——书面语，以此来弥补人类独立思考的一个缺陷（口语是人类的第一发明，书面语是第二发明）。我们发明工具正是为了弥补自身的缺陷。**这也意味着我们的记忆是连贯有序的，可以按照记忆刻入时的顺序获取，却无法倒序获取。**

另外，从序列中间开始回忆对我们来说也有一定困难。当我在钢琴上学习某个新曲子的时候，基本上很难直接从中间某一个音开始弹奏。虽然我能从某几个音的部位直接插入开始弹奏，但那是因为我的记忆是分段排序的。如果我试图跳到段中开始弹奏，就需要从头弹奏，直到我记起这个音处于我记忆顺序中的哪个位置为止。接下来，尝试回想一下最近一两天散步时的情景。你还记得什么？

如果你不久前才散步过，例如昨天或今天，那么这个思想实验做出来效果最好。

你也可以回想最近一次的驾驶经历，或是任何与距离移动有关的经历。

关于这些经历，你可能记不得多少。你还记得自己遇到的第 5 个人是谁吗（不仅仅指你认识的）？你有没有看到一棵橡树或邮箱呢？你第一次拐弯时看到了什么？如果你经过了商店，那么第二扇窗户里摆放着什么呢？也许你能根据记得的一些线索记起这些问题的答案，但更有可能发生的是，你基本上不记得多少细节了，即使是刚发生不久的事。

如果你定期散步，那么回想一下上个月第一次散步的情景；如果你是通勤族，那么回想一下上个月第一天去办公室的情况。你很可能压根儿什么也想不起来，即便你能想起什么，肯定也没有比回想今天的情况来得清楚。

我会在下文讨论意识的问题，并重点谈谈我们习惯将意识等同于记忆的问题。我们记不得麻醉期间发生的任何事，所以我们相信自己当时是没有意识的（尽管也有复杂难懂的意外情况）。那么就我今天早上的散步而言，难道我大部分时间都是无意识的吗？考虑到我基本上记不起来看到过什么、想过什么，这似乎是合理的解释。

巧的是，我确实记得一些今天早上散步时发生的事。我记得我想到了这本书，但不记得具体想了什么。我还记得碰到了一个推着婴儿车的迷人女士，她的孩子很可爱。我也回忆起了当时产生的两个想法：这个婴儿和我新出生的孙子一样可爱；这个婴儿眼中的世界是怎样的呢？但我不记得他们的衣着和发色。虽然我无法具体描述他们的容貌，但那位女士确实给我留下了深刻的印象，我确信我能从一大堆女士的照片里轻松挑出她的照片。不过，尽管我脑海里肯定留下了一些关于她的容貌的记忆，但是当我去回想那位女士、她的孩子和婴儿车的时候，我却无法想象出他们的样子。关于他们，我的头脑中没有形成任何影像。我很难准确地描述出这段经历到底在我脑海中留下了什么。

我也记得几个星期前散步时见过另一位推着婴儿车的女士。不过，我想我甚至连她的照片也认不出。相比当时，现在的记忆肯定是模糊了许多。

然后，试试这个：**想想你只碰到过一两次的人。你能清楚地记起他们的样子吗？** 如果你是一位视觉艺术家，那么你可能懂得通过运用这种观察技巧记住人的长相。不过，通常情况下，我们很难描绘出不经意间碰到的人的样子，虽然认出他们的照片可能并不困难。

这就表明我们的大脑中并不存储图片、视频和音频之类的内容，我们的记忆是一种有序的图像记忆，而未能图像化的部分会从记忆里慢慢淡去。例如，警方让受害人指认犯罪嫌疑人时，并不会直接问受害人"罪犯的眉毛是什么样子"。相对地，他们会拿出一组眉形图片让受害人指认。而特定的眉形能够激活受害人头脑中关于罪犯的记忆图像。

现在，让我们看一下图 2-1 中这些熟悉的脸庞，你能认出他们吗？

图 2-1　一些熟悉的脸庞

毫无疑问，即使只是一些有意遮掩和扭曲了的图片，你还是能认出这些名人。这体现出人类感官的一大优势：即便我们感知到的是残缺的或者修改过的图片，我们依然能够识别出他们。我们的识别能力能够提炼出图片上那些不会在现实世界发

生改变的恒定特质。讽刺漫画以及印象主义这些特定艺术形式虽然会有意地改变一些细节，但重心依然会放在我们可以识别的大体轮廓上（人或物）。艺术其实先于科学一步，发现了人类感官系统的强大。这也是为什么我们只凭几个音就可以识别出一首曲子的原因。

现在，我们看一下图 2-2。这幅图有点模棱两可——灰色区域指示的角落既可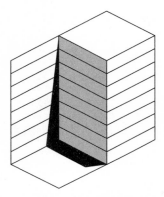能是内角，也可能是外角。你最初看到的可能是其中一种（内角或外角），但如果细看，你也可以看到另一种。不过，一旦你的思维固定成型，那你就很难看到另一种情况（这同样适用于知识视角的问题）。你对灰色区域的理解会影响到你对整张图的体验。当你将其视为内角时，你会把灰色区域当成阴影部分，如此一来，灰色区域的颜色就没有你将其视为外角时那么深了。**因此，对于感知的意识体验实际上会因为我们作出的不同诠释而改变。**

图 2-2　一幅视觉错觉图

想想这句：*我们明白了我们想要……*

我相信你能将上面的句子补充完整。如果我写出最后一个词，你也许只需轻瞟一眼，就知道它是否符合你的期待。**这表明，我们在不断对事态进行判断，并设想我们将会有怎样的体验。这种期望会影响我们对事物的实际感知。预测未来其实就是我们大脑存在的首要理由。**

联想因触发而生

想想我们每隔一段时间都会遇到的一种经历：多年前的记忆莫名其妙地出现在

脑海里。

这段记忆通常是关于某人或某事的,并且是一段你已经遗忘许久的记忆。显然,某个事物触发了这段记忆。这时,你的思路很明晰,也能表达清楚。而在平时,即使你能发现引发回忆的思考线索,也难以表达。触发因素转瞬即逝,所以旧时记忆的出现似乎毫无缘由。在处理日常事务,如刷牙时,我经常经历这种随机的回忆。有时,我也许能意识到其间的关联,比如,牙膏从牙刷上掉落可能让我想起大学上美术课时,刷子上的颜料掉下来的情景。有时,我只有一种模糊的关联意识,或者根本没有。

为记起某个词语或某个名字而绞尽脑汁是每个人都经常碰到的情况。在这种情况下,我们会尽力用触发因素提醒自己,以开启回忆,例如:谁在《西斯的复仇》(*Revenge of the Sith*)中扮演帕德梅女王(Queen Padmé)?让我们想想,她是最近一部与舞蹈有关的电影《黑天鹅》(*Black Swan*)的主角。哦,对了!娜塔莉·波特曼(Natalie Portman)!有时,我们也采用别具一格的记忆法辅助记忆。例如,她一直很苗条、不胖,哦,对了,波特曼!娜塔莉·波特曼![①] 除了一些足够牢靠的记忆能让我们直接由问题(例如谁扮演帕德梅女王)联想到答案,通常我们需要经历一系列的触发机制,直到其中一个发挥效用。这与拥有正确的网页链接极其相似。记忆确实会消失,就像缺少其他网页与之链接的网页一样——至少我们找不到与之链接的网页。

从刷牙到写诗,不可或缺的记忆层级

在做例行动作观察自己,如穿衬衫时,想想每次在多大程度上都是按同样的步

---

① 英语表示胖的单词"portly"与波特曼"Portman"相似,故能引发联想。——译者注

骤在完成这些动作。根据我自己的观察（如我之前所说，我经常尝试进行自我观察），每次完成特定的例行任务，很可能都遵循了相同的步骤，尽管也许会添加额外的模块。例如，我大部分的衬衣都不需要袖扣，但如果其中一件有了袖扣，就会引发一系列额外的动作。

我大脑中的步骤清单是按层级组织的。睡前，我遵循一套例行程序做事——第一步是刷牙。这个行为还可以分解成一系列更小的步骤：第一步是将牙膏挤到牙刷上。同样，这一步骤由更小的系列步骤组成，例如找牙膏、打开牙膏盖等。找牙膏也包含步骤，它的第一步是打开洗漱间的贮藏橱。这种嵌套实际上可以一直延续到相当精细的动作，因此，我晚间的例行事务是由很多细小动作组成的。尽管我也许很难记起几小时前散步的细节，但我却能轻易回忆起睡前准备工作的所有步骤——我甚至还能在完成这些步骤的同时思考其他事情。需要重点指出的是，这个列表并非以包含成千上万个步骤的列表形式存储——**每一个例行程序都以嵌套活动组成的复杂层级结构来进行记忆。**

这类层级结构也与我们识别物体和环境的能力有关。我们能认出熟悉的脸庞，也知道这些脸庞包括两只眼睛、一个鼻子、一张嘴等—— 一种我们运用到感知和行动中的层级模式。层级结构的使用让我们可以再次利用模式，例如，当我们遇到一个新面孔时，不需要再学习鼻子和嘴巴的概念。

下一章，我们将把这些思想实验的结果放在一起讨论大脑新皮质的运作原理。我认为，从找牙膏到写诗，所有例子都揭示了人类思维的重要特质。

03 大脑新皮质模型，思维模式识别理论

大脑新皮质分 6 层，共包含 300 亿个神经元，它们又组成了 3 亿个模式识别器。这些模式识别器按层级关系组织，它们是思想的语言和思维模式识别理论的基础。只有具备自联想能力和特征恒常性能力，大脑新皮质才能识别模式。思维模式分两种：发散思维和定向思维，做梦就是发散思维的实例。

HOW TO
CREATE
A MIND
The Secret of Human Thought
Revealed

大脑是一种生理组织，而且是一种错综复杂的织物组织，与我们所知的宇宙中的其他任何事物都不同。但是，就像其他生理组织一样，它是由细胞构成的。确切地讲，这些细胞是高度专业化的细胞，但控制它们的原理和控制其他所有细胞的原理是一样的。人们能够检测、记录和解释这些细胞的电学信号和化学信号，也能够识别它们的化学成分。同时，人们还能够描述构成大脑织物神经纤维网的关系。总之，人们能够研究大脑，就像研究肾脏一样。

　　　　　　　　　　大卫·休伯尔，神经科学家、诺贝尔奖得主

假设有一台机器，它的构造使它能够思考、感觉以及感知；假设这台机器被放大但是仍然保持相同的比例，因此你可以进入其中，就像进入一间工厂。假设你可以在里面参观，你会发现什么呢？除了那些互相推动和移动的零部件以外，什么都没有，你永远都不会发现任何能够解释感知的东西。

　　　　　　　　　　戈特弗里德·莱布尼茨，哲学家、数学家

模式的层级

在前面的章节中我多次提到，我会在很多时候进行一些简单的实验和观察。从这些观察中得出的结论必然会束缚我关于"大脑必须做什么"的解释，就像19世纪初期和晚期进行的那些关于时间、空间以及质量的简单实验必然会束缚青年大师爱因斯坦关于"宇宙怎样运行"的思考一样。在接下来的论述中，我也会论述神经科学的一些基础观察，并尝试避开尚存在争论的诸多细节。

首先，让我解释一下为什么这一节要专门论述大脑新皮质。我们都知道，大脑

新皮质负责以分层方式处理信息的不同模式。没有大脑新皮质的动物（主要是非哺乳动物）基本上无法理解层级体系。[1] 能够理解和改变现实社会的内在层级性是哺乳动物独有的特征，因为只有哺乳动物才会拥有这种最新进化的大脑结构。**大脑新皮质负责感官知觉，认知从视觉物体到抽象概念的各项事物和各种控制活动，以及从空间定位到理性思考的推理以及语言——主要就是我们所说的"思考"。**

人类的大脑新皮质，也就是大脑最外层，其实是一个较薄的二维结构，厚度约为 2.5 毫米。啮齿类动物的大脑新皮质大约像邮票般大小，表面光滑。灵长类动物在进化中的收获是，大脑顶部的其余部分出现复杂的褶皱，伴随有深脊、凹沟以及褶痕，它们扩大了大脑皮质的表面积。因为有了这些复杂的褶皱，大脑新皮质成为人类大脑的主体，占其重量的 80%。智人拥有一个巨大的前额，为拥有更大的大脑新皮质奠定了基础；而额叶则是处理与高层级概念有关的更为抽象模式的场所。

这种薄薄的结构主要包括 6 层，编号从 I（最外层）到 VI。来自 II 层和 III 层的神经元轴突会投射到大脑新皮质的其他部位。V 层和 VI 层的轴突则主要建立起大脑新皮质外部与丘脑、脑干和脊髓的联系。IV 层的神经元接收来自大脑新皮质外部神经元的突触（输入）联系，特别是来自丘脑的。不同区域的层数稍有不同。处于皮质运动区的 IV 层非常薄，因为在该区域它很少接收源自丘脑、脑干或者脊髓的输入信息。然而，枕骨脑叶（大脑新皮质中负责视觉处理的部分）还有另外 3 个子层，也被视为隶属 IV 层，因为有大量输入信息流入该区域，包括源自丘脑的。

一项关于大脑新皮质的重要发现是：其基础结构的一致性超乎寻常。首先意识到这一点的是美国著名神经科学家弗农·蒙卡斯尔。1957 年，蒙卡斯尔发现了大脑新皮质的柱状组织。1978 年，他进行了一次观察，这次观察对于神经科学的意义，就相当于 1887 年反驳以太存在说的迈克尔森 - 莫利实验对于物理学的意义。蒙卡斯尔对大脑新皮质显著的不变结构进行了描述，假定它是由不断重复的单一机制构成，[2] 还提议将皮质柱（cortical column）作为基本单位。上述不同区域某些层厚度的区别只是由各区域所负责处理的互联性的差异造成的。

蒙卡斯尔假定皮质柱中存在微小的柱状体，但这一假定引发了争议，因为这种更小的结构没有明显的界定。可是，大量实验揭示，皮质柱的神经元结构中确实存在重复的单元。我的观点是，这种基本单位是模式识别器，同时也是大脑新皮质的基本成分。与蒙卡斯尔关于微小柱状体的观点不同，我认为这些识别器没有具体的物理分界，它们以一种相互交织的方式紧密相连，所以皮质柱只是大量识别器的总和。在人的一生中，这些识别器能够彼此相连，所以我们在大脑新皮质中看到的（模块的）复杂连通性不是由遗传密码预先设定的，而是为反映随着时间的推移我们学到的模式而创造的。我将细致论述这一论点，我认为这就是大脑新皮质的组织方式。

应当指出，在我们进一步研究大脑新皮质结构之前，在适当的层面上建立新系统是很重要的。尽管化学理论建立在物理学的基础上，并且完全源自物理学，但在实际运用中，用物理学解决化学问题会显得很呆板，也行不通，所以化学才建立了自身的规律和模式。与之相似，我们得以从物理学中推论出热力学定律。我们曾经将一定数量的微粒称为气体，而非简称为一堆微粒。当时，解释粒子间相互作用的物理学方程式不适用，但热力学定律却适用。生物学同样也有其自身的规律和模式。单一的胰岛细胞十分复杂，在分子的层面上进行模仿更是如此；但若就胰岛素和消化酶调节的水平对胰脏运作的模型进行模仿，就简单很多。

相同的原理也适用于对大脑的理解和模仿层级。模仿大脑在分子层次的相互作用，的确是进行大脑逆向工程时必不可少而且极具意义的部分。但是我们这一努力的目标是从本质上完善这个模式，以说明大脑是怎样处理信息，并产生认知意义的。

美国科学家赫伯特·西蒙（Herbert A. Simon）是人工智能领域的创建者之一，他用适当抽象且极富才情的语言描绘了理解复杂系统这件事。1973 年，在描述他发明的初级知觉和记忆（elementary perceiver and memorizer，EPAM）智能程序时，他写道：

> 假设你决定要把神秘的EPAM智能程序弄懂。我可以为你提供两个版本。一个是人工智能程序书中的版本——包含惯例和子惯例的整个结构……或者，我可以提供一个机器语言版本的EPAM，它是经过完整的转化之后的……我想我不必详尽地说明两个版本中哪一个能提供最简洁、最意味深长、最合法的描述……我也不会向你推介第三种……不能向你提供程序的版本，但可以提供计算机（被视为物理系统）按照EPAM运转时必须遵守的是电磁方程式和界定条件。那是最简单也最易理解的。[3]

人类的大脑新皮质中约有 50 万个皮质柱，每个皮质柱占据约 2 毫米高、0.5 毫米宽的空间，其中包含约 6 万个神经元，因此大脑新皮质中总共有大约 300 亿个神经元。**一项粗略的评估表明，皮质柱中的每个模式识别器包含大约 100 个神经元，因此，大脑新皮质大约共 3 亿个模式识别器。**

当我们在考虑这些模式识别器如何发挥作用的时候，我首先会说连从哪里开始讨论都是一个很复杂的问题。在大脑新皮质中，所有的事情都是同时发生的，因此整个过程并没有起点和终点。我将会不断地提到一些我还没来得及解释但随后会重新讨论的现象，请大家谅解。

虽然人类只拥有简单的逻辑处理能力，但却拥有模式识别这一强大的核心能力。为了进行逻辑性思考，我们需要借助大脑新皮质，而它本身就是一个最大的模式识别器。大脑新皮质并不是实现逻辑转换最理想的机制，但却是唯一能帮助我们进行逻辑思考的武器。我们将人类下国际象棋的方法与典型的电脑程序下国际象棋的方法进行比较。1997 年，电脑"深蓝"（Deep Blue）凭借每秒分析 2 亿个棋局（代表不同的攻守序列）的逻辑分析能力，击败了人类的国际象棋冠军加里·卡斯帕罗夫（Garry Kasparov）——现在这项任务由几台个人计算机就可以完成。当卡斯帕罗夫被问及每秒能分析多少个棋局的时候，他的回答是一个都不到！那么他为什么还能和"深蓝"对弈呢？答案就是人类拥有很强的模式识别能力。然而，我们需要对这一能力进行训练强化，这可以解释为什么不是所有人都能玩大师级的国际象棋的原因。

卡斯帕罗夫学习了大约 10 万个棋局，这一数据千真万确。因此，我们估计，一个精通某一特定领域的人大约掌握了 10 万个知识组块。莎士比亚创作戏剧用到了 10 万个词义（涉及 29 000 个不同单词的多种组合）。涵盖人类医学知识的专家系统表明，一个人类医学专家通常能掌握大约 10 万个其所在领域的知识组块。从这个专家系统里识别某一知识组块并非易事，因为每当某一个具体的知识组块被检索过后，就会呈现略微不同的面貌。

掌握了这些丰富的棋局知识之后，卡斯帕罗夫下棋时，就会将他所精通的 10 万个棋局同时与其眼前的局面相比较。所有的神经元在同一时间一起运作——思考"模式"。但这并不意味着它们在同时"激活"（如果真是如此的话，我们可能会摔倒在地），而是在进行处理的时候考虑"激活"的可能性。

大脑新皮质可以存储多少种模式呢？我们需要将冗余现象列入考虑。例如，大脑在存储某个你喜欢的人的脸部信息时，并不是只存储一次，而是按顺序存储了数千次。其中很多次都是在重复相同的图像，但大多数情况下展示的是不同的视角，包括不同的灯光效果、不同的表情等。这些重复的模式都不是以图像本身的形式存储（即二维阵列的像素），它们是作为功能列表存储起来的，而模式的组成元素本身就是模式。下面我们将更加细致地描述这些功能的层级关系以及它们的组织方式。

如果一个专家的核心知识大约为 10 万个知识"组块"（即模式），每个知识组块的冗余系数约为 100，这也就是说我们需要存储 1 000 万个模式才能成为专家。专家的核心知识以更为普遍、更为广泛的专业知识为基础，因此层级模式的数量可增加到 3 000 万 ~5 000 万。我们日常运用到的"常识"的知识量甚至更大，实质上，与"书本智慧"相比，"街头智慧"对大脑新皮质的要求更高。把这项包含进去，再考虑到约为 100 的冗余系数，总量预计将超过 1 亿个模式。需要注意的是，冗余系数并非固定——极其常见模式的冗余系数高达几千，而一个崭新现象的冗余系数也许小于 10。

如下文将讨论的，我们的程序和行动中也包含了模式，同样也存储在大脑皮质区域内，所以我预测人类大脑新皮质的总容量并非只有数亿个模式。这个粗略的统计与我在上文中作出的约有 3 亿个模式识别器的估计紧密相关，所以每个大脑新皮质的模式识别器的功能是处理一个模式的一次迭代（即大脑新皮质中大多数模式的多重冗余副本中的一个副本）是很合理的。据我们估测，人脑所能处理的模式数量与生理模式识别器数量处于同一量级。应当在此指出的是，我所说的"处理"一个模式，其实是指我们利用这个模式能做的所有事：学习、预测、确认以及执行（要么进一步思考，要么借助一种生理运动模式）。

3 亿个模式处理器听起来也许是一个庞大的数字，它也确实足以让智人发展出口头语言和书面语言、发明所有的工具，以及进行其他各种各样的创造。这些发明都是在原有发明基础上产生的，这也使得技术的信息含量呈指数级增长，正如我在加速回报定律中所描述的一样。其他的物种都没能做到这一点。正如我曾讨论过的，其他一些物种，如黑猩猩，确实有理解、形成语言的基本能力，也能使用原始工具，毕竟，它们也有大脑新皮质。但由于其形态较小，特别是额叶较小，所以能力有限。人类大脑新皮质的大小超过了阈值，所以我们能创造出更有力的工具，包括让我们理解自身智慧的工具。最终，我们的大脑结合它所发明的技术，将使我们创造出人造大脑新皮质，它包含的模式处理器将远远超过 3 亿个。但为何不是 10 亿或 10 000 亿呢？

模式的结构

我在此介绍的围绕思维的模式识别理论建立在大脑新皮质中模式识别模块进行的模式识别的基础上。这些模式（以及模块）是按照层级关系进行组织的。接下来，我会讨论这个观点的智力来源，包括我在 20 世纪 80 年代和 90 年代所做的层级模式识别工作，以及与杰夫·霍金斯（Jeff Hawkins）和迪利普·乔治（Dileep George）在 21 世纪初提出的大脑新皮质模型（见图 3-1）。

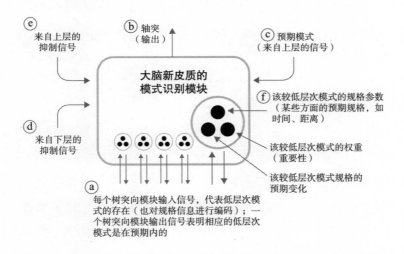

图 3-1　大脑新皮质模式识别模块

每个模式（由大脑新皮质中约为 3 亿个模式识别器中的某一个进行识别）由 3 部分组成。

第一部分是输入，包括构成主要模式的低层级模式。不需要对每个低层级模式进行重复描述，因为每个高层级模式都为它们注明了出处。例如，许多关于词语的模式包含字母"A"，但不是每一个模式都要重复描述字母"A"，只要用同一描述即可。我们可将它想象为一个网络指针。存在一个关于字母"A"的网页（即一种模式），包含字母"A"的单词的所有网页都会与"A"页链接。不同的是，大脑新皮质用实际的神经联结，而非网页链接。源自"A"模式识别器的轴突联结到多个树突，一个轴突表示一个使用"A"的单词。另外，还要记住冗余系数：不止存在一个关于"A"的模式识别器。所有这样的"A"模式识别器都能向与"A"合并的模式识别器发送信号。

第二部分是模式的名称。在语言世界里，较高层级模式就像"APPLE"这种简单的单词。尽管我们直接利用大脑新皮质进行理解并处理语言的每个层面，但它包含的大多数模式本身并非语言模式。在大脑新皮质中，一个模式的名称就是每个模式处理器中出现的轴突[①]；轴突激活后，相应的模式也就被识别了。轴突的激活就是模式识别器叫出模式的名称："嗨，伙计们！我刚刚看到书写体的词语'APPLE'了。"

第三部分是较高层级模式的集合，它其实也是模式的一部分。对于字母"A"，就是所有包含"A"的词语，这些也与网页链接一样。处于某一层的每个被识别的模式触发下一层，于是该较高层级模式的某一部分就展现出来了。在大脑新皮质中，这些链接由流入每个皮质模式识别器中神经元的生理树突[②]呈现出来。记住，每个神经元能接受来自多个树突的输入信息，但只会向一个轴突输出。然而，该轴突反

---

① 轴突是指动物神经元传导神经冲动离开细胞体的细而长的突起。轴突为神经元的输出通道，作用是将细胞体发出的神经冲动传递给另一个或多个神经元或分布在肌肉或腺体的效应器。在神经系统中，轴突是主要的信号传递渠道。——编者注

② 树突是细胞体的延伸部分产生的分枝。树突是接受从其他神经元传入的信息的入口。树突接受上一个神经的轴突释放的化学物质（递质），使该神经产生电位差形成电流传递信息。每个神经元可以有一或多个树突，可以接受刺激并将兴奋传入细胞体。——编者注

过来却可向多个树突输出。

举一些简单的例子。图 3-2 的简单模式就是形成印刷体字母模式的一小部分。

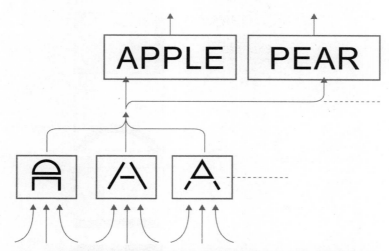

图 3-2 "A"的 3 个冗余模式（不完全相同）输向包含"A"的较高层级模式

需要注意的是，每一个层级包含一个模式。这样，图形是模式，字母是模式，词语也是模式。每个这类模式都有一组输入信息、识别模式的处理程序（以模块内发生的输入为基础），以及有一次输出（输向相邻的更高层级的模式识别器）。

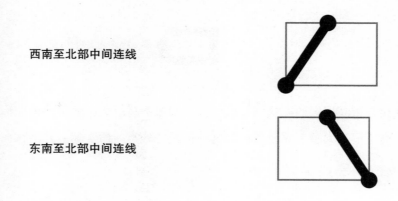

西南至北部中间连线

东南至北部中间连线

水平线

左侧垂直线

向上凹进

底部水平线

顶部水平线

中部水平线

上部环形区域

以上模式都是相邻更高层级的模式的组成部分，相邻更高层级也就是一种被称为印刷体字母的范畴（不过大脑新皮质中没有这种正式的分类，而实际上并不存在正式的分类）。

"A"：

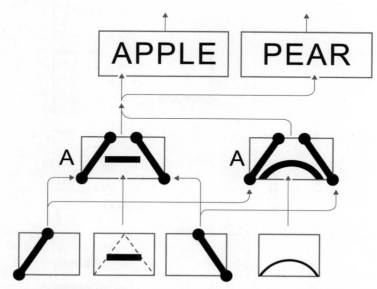

组成"A"的两种不同模式，以及更高层级上的两种不同模式（"APPLE"和"PEAR"），"A"是其中一部分。

"P"：

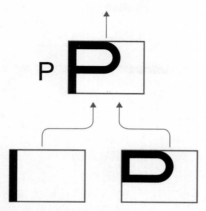

此模式是更高的层级模式"P"的组成部分。

"L":

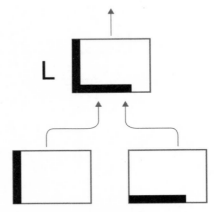

此模式是更高的层级模式"L"的组成部分。

"E":

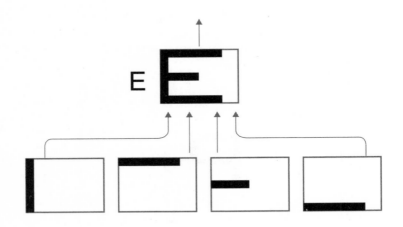

此模式是更高的层级模式"E"的组成部分。

这些字母模式向被称为"词语"的更高层级模式输出("词语"这个词是人类语言概念下的一种分类,大脑新皮质只将其视为模式)。

"APPLE"：

　　大脑皮质的不同区域都有同一层级的模式识别器，它们负责处理物体的真实图像（与印刷体不同）。如果你正盯着一个真实的苹果，低层级识别器会察觉到弯曲的边缘和表面颜色等模式，从而使模式识别器激活轴突，实际上就是说："嗨，伙计们！我刚刚看到一个真实的苹果。"而其他的模式识别器会察觉到声音频率的组合，进而导致听觉皮质中的模式识别器激活轴突："我刚刚听到了口语词'APPLE'。"

　　别忘了冗余系数——对于每一种形式的"苹果"（书面语、口语、视觉图像），我们拥有的模式识别器不止一个，至少有数百个。冗余不仅能增加成功识别苹果的概率，还能处理现实世界中复杂多样的苹果。对"苹果"这个对象来说，就有许多模式识别器可以处理各种形态的苹果：不同视角、颜色、光影、形状、不同品种。

　　还要记住，上述层级关系是指概念的层级关系，这些识别器并非真的叠加在彼此之上。由于大脑新皮质的结构很薄，实际上仅有一个模式识别器的高度而已。模式识别器之间的联结关系创造了概念层级。

　　思维模式识别理论的一个重要特征是，"识别"是如何在每个模式识别模块内

完成的。模块中存储的是每个输入树突的分量，它表明了输入对于识别的重要程度。模式识别器为激活设立了一个阈值（表明该模式识别器已成功识别它所负责的模式）。不是每个输入模式都要在模式识别器激活时出现。即使存在输入缺失，只要不太重要，识别器仍会激活，但假如很重要的输入缺失的话，它就不大可能被激活了。被激活时，识别器实际上是在说："我所负责的模式可能出现了。"

模式识别模块的成功识别绝不只是计算激活的输入信号（即使是对重要参数加权的计算）。每个输入的数值也会产生影响。对于每个输入，有一个参数表示预计的数值大小，另一个参数表示数值的变化程度。要弄清楚它的运作机制，可以假设我们有一个负责识别口语词"steep"的模式识别器。该口语词有 4 个音：[s] [t] [E] [p]。[t] 音位就是"舌齿辅音"，是当空气切断上齿的接触时，舌头发出的声音。慢慢地将 [t] 音位清晰地发出来基本上是不可能的。[p] 音位是"爆破辅音"或者"闭塞音"，它是由于声带突然阻塞（[p] 就是被双唇阻塞），空气无法通过而产生的声音，它发音也很快。元音 [E] 是由声带和张开的嘴共振产生的，因为它比 [t] 和 [p] 那样的辅音持续的时间更长些，所以就被当成"长元音"，但它的持续时间也是多变的。[s] 音位是我们所知的"嘶声辅音"，是由空气通过紧闭的上下齿边缘所发出的声音。一般来说，它的持续时间比 [E] 这样的长元音要短，但也多变（换言之，你可以将 [s] 发得很快，也可将其拖长）。

在语音识别工作中，我们发现：为了识别语音模式，就需要编码这类信息。例如，词语"step"和"steep"非常相似。尽管"step"中的 [e] 音位与"steep"中的 [E] 音位元音上有些区别（它们有着不同的共振频率），但根据这些经常混淆的元音来区别这两个词并不可靠。更为可靠的区分方法是，与"steep"中的 [E] 相比，"step"中的 [e] 要短些。

对于每个输入，我们可以用两个数字为这类信息编码：预计的数值大小和该数值的变化程度。在"steep"中，[t] 和 [p] 的预计持续时间都非常短，预计变化程度也非常小（即我们并不期望听到长音 [t] 和 [p]）。[s] 音的预计持续时间短，但变化程度也大一些，因为它可能拖长。[E] 的预计持续时间长，变化程度也非常大。

在语音识别的例子中，"大小"数值参数指的是持续时间，但时间仅是其中一个可能维度。在字符识别中，我们发现类似的空间信息对于识别印刷体字母很重要（例如字母"i"上面的点应比其下面的部分小得多）。在更高的抽象层级中，大脑新皮质将模式和所有的连续统[①]一起来处理，例如吸引力、讽刺、快乐、沮丧，还有其他无穷无尽的感觉的不同程度。我们可以从复杂多样的连续统中找到一些相似点，就像当初达尔文把地质峡谷的物理尺度与物种变异程度联系起来一样。

在人的大脑中，这些参数都源自大脑自身的经验。我们并非天生就有音位知识，不同语言的音位系统区别很大。每个模式识别器的习得参数，都来源于众多的模式实例。因为，要有许多模式实例才能把该模式输入的预计数值分布确定下来。在某些人工智能系统中，这些类型的参数是由专业人员手工编码而成的，例如，向我们说明不同音位预计持续时间的语言学家。我在研究中发现，让人工智能系统从训练数据中自行找出这些参数（与大脑处理的方式相似），这种途径反而更好。这就是说，将人类专家的直觉设为系统首选（即参数的初值），然后让人工智能系统利用真实语音实例的获取过程自动对这些估值进行完善。

模式识别模块所做的是计算概率（基于以往所有的经验），实际上，它负责识别的模式由其有效输入来表示。如果某个低层级模式识别器被激活（意味着低层级模式被识别出），那么与模块相对应的输入就是有效的。每个输入也会对已监测到数值大小加以编码（如短暂的持续时间或者物理量值，或者其他连续变量等维度），这样在计算模式总体概率时，就可以利用这个大小数值与模块做比较（与每个输入

---

① 连续统是一个数学概念，是指连续不断的数集。——编者注

已设定的参数值进行比较）。

假设已经知道（1）输入（每个输入都有一个观测值）和（2）每个输入已设定的参数值（预计的数值大小和数值大小的变化程度），以及（3）每个输入的重要性参数，那么大脑如何计算模式（该模块负责识别的）展现的总体概率呢？ 20 世纪80 年代和 90 年代，为获取这些参数并利用它们识别层级模式，我和其他人首倡了一种叫作隐马尔可夫层级模型（hierarchical hidden Markov model）的数学方法。我们将该项技术应用到人类语音识别和自然语言的理解当中。我会在第 7 章中做进一步的说明。

再回到识别的流程：从模式识别器的一个层级到下一个层级。从上面的举例中，我们看到：**信息沿着概念层级向上流动，从基本的字母特征到字母再到词语。识别会继续向上流动到短语，再到更为复杂的语言结构。**如果我们向上再推进几个层级，就会涉及更高层级的概念，如讽刺和嫉妒。尽管各个模式识别器同时运作，在概念层级中，也得花费些时间才能向上推进。穿过每个层级所需的处理时间为数百分之一秒或几十分之一秒。实验表明，识别一般的高层级模式，如一张脸，要花费至少 1/10 秒。如果扭曲很明显，则要花费长达 1 秒的时间。如果大脑运作是连续的（就像传统电脑一样），并且按照序列运行每个模式识别器，那么在继续向下一个层级推进时就必须考虑每个可能的低层级模式。因此，通过每个层级就需要经历数百万个循环，这也是我们在电脑上模仿这些程序时实际发生的情况。但请记住，电脑处理的速度比我们的生理电路要快上数百万倍。

在此需要重点注意的是，**信息不仅会沿着概念层级向上推进，也会向下传递。事实上，信息向下传递甚至更为重要。**例如，我们从左至右阅读，早已看到并识别了 "A" "P" "P" 和 "L" 等字母，"APPLE" 识别器就会预测下一位置上可能看到的是 "E"。它就会向下传递信号到 "E" 识别器，也就是说："请注意，你可能马上就会看到'E'模式，请留意它的出现。"然后，"E"识别器就会调整其阈值，识别出"E"的可能就更大。所以，如果接下来出现的是有些像"E"的图象，但模糊不清，正常情况下无法识别，"E"识别器也可能会因为预期因素而指示看到的确实是"E"。

因此，**大脑新皮质的工作就是对预计会碰到的事物进行预测**。想象未来是我们拥有大脑新皮质的一个主要原因，在最高的概念层级，我们在不断预测——下一个经过这扇门的人将是谁，某个人接下来会说什么，转过弯我们将看到什么，我们行动的可能结果，等等。这类预测在大脑新皮质层级结构的每个层级中不断发生。我们之所以经常无法识别出人、事或词语，是因为当时设定的预期模式阈值太低。

除积极信号外，还有消极信号或抑制信号，它们代表某一特定的模式不太可能存在，这些信号可能来源于较低的概念层级。 例如，在排队结账时，通过对胡子的识别，我就可以排除看到的人是不是我妻子；或更高层级，例如，我知道我妻子在外旅游，所以排队结账的人不可能是她。当模式识别器收到抑制信号时，它会提升阈值，但模式仍然可能被激活（所以如果排队结账的真是她，我仍会认出来）。

流向大脑新皮质模式识别器的数据本质

接下来，我们来讨论模式的数据是什么样的。如果模式是一张脸，数据就至少存在两个维度。我们不能说必须先是眼睛，然后是鼻子，等等，对于大多数声音来说也是这样。一首曲子至少要有两个维度，可能同时存在不止一个乐器或者声音发声。此外，复杂乐器的一个音符（例如钢琴）就包含多个频率。一个人的嗓音同时包含随着发音力度水平不同而产生的许多个不同频带，所以任何时刻的声音

都可能很复杂，而且这种复杂会随着时间的推移变得更加复杂。触觉输入也是二维的，因为皮肤是二维的感知器官，这种模式可能会随着时间这个第三维度的影响而改变。

所以，情况似乎是这样的：**大脑新皮质模式识别器的输入如果不是三维模式，就一定是二维模式**。然而，在大脑新皮质结构中，我们看到模式输入只是一维列表。我们建立人工模式识别系统（例如语音识别和视觉识别系统）的所有工作都证明，我们能（并且已经做到）用这些一维列表展现二维或三维现象。我会在第 7 章中描述这些方法是如何发挥作用的，但现在我们可以认为每个模式处理器的输入是一维列表，尽管模式本身反映出来的也许不止一维。

在这一点上，我们需要考虑到我们已经能够识别的模式（例如，某只狗或一般概念上的"狗"，一个音符或一段音乐）实际上是同一机制，该机制就是记忆的基础。我们的记忆其实是按列表模式组织的（其中每个列表值是皮质层级结构中的另一个模式），我们已经获取了该列表，并在受到适当的刺激时进行识别。事实上，记忆存储在大脑新皮质中的目的就是为了被识别。

唯一的例外存在于概念层级的最低一级，其中模式的输入数据代表具体的感官信息（例如，源于视神经的图像数据）。可是当它到达皮质时，就连这个最低模式层级也已明显地转化为基本模式。组成记忆的模式列表是按时间先后顺序排列的，而且我们也只能按照这个顺序留下记忆，反向记忆对我们来说很难。

一段记忆需要另一个想法或另一段记忆触发。当我们认识一个模式时，就能经历这种触发机制。当我们感知到"A""P""P""L"这些字母时，"APPLE"模式就预测我们将看到"E"，并触发预期的"E"模式。在看到之前，我们的皮质就会"设想"看到"E"。如果皮质中这个特定的交流引起了我们的注意，我们就会在看到之前，甚至在从未看到的情况下，想着"E"。相似的机制则会触发过去的记忆。通常会有一整串这样的链接。虽然我们对触发过去记忆的记忆（即模式）有某种程度的意识，但记忆（模式）却没有语言或图像标签。这就是为何过去的记忆会突然跳进我们的意识中。这些记忆已经尘封多年，并且一直未被激活，它们需要一个触发因素，就像网页需要链接激活一样。同样，就像一个没有其他网页链接的网页被孤立一样，记忆也会被孤立。

我们的想法可以由发散模式或定向模式激活，它们都使用相同的皮质链接。在发散模式中，我们让链接自行运作，并不试图将它们引导至某一特定方向。某些形式的冥思（就像我练习的超觉冥思）就是建立在随心所欲的基础上。梦也有这种特质。

在定向思考中，我们尝试通过一个较有次序的过程逐步回想起一段记忆（例如，一个故事）或是解决一个问题。这也涉及在大脑新皮质中逐步通过列表，但是发散思维中结构化程度较低的慌张行为也伴随有这个程序。因此，我们思维里的所有内容是非常无序的，这就是詹姆斯·乔伊斯（James Joyce）在他的小说《意识流》（*Stream of Consciousness*）中描述的现象。

在生活中，当你思考记忆、故事或模式的过程时，不论是与散步时是否可能遇到一位推着婴儿车的妇女带着孩子有关，还是与你和伴侣如何相遇的情节有关，你的记忆都是由一个序列的模式组成的。因为这些记忆没有贴上词语、声音、图像、视频的标签，所以当你尽力回想某一件重要的事情时，实际上，你要在头脑中重建图像，因为真实的图像并不存在。

即使我们去"阅读"某个人的思想，并实际观察他大脑新皮质中的真实情况，依然很难对其记忆进行解读——我们到底是要单纯观察存储在大脑新皮质中等待触发的模式，还是要看那些已经被触发且当前正作为有效的想法而被体验的模式呢？我们看到的将是数百万模式识别器同时被激活的场面。1/100秒过后，我们又将看到一组不同数量的被激活的模式识别器。每个这样的模式又将变为一列其他模式，这列模式中的每一个又将变为另外一列模式，如此继续下去，直到转化成最低层级的最基本模式为止。如果不把所有层级的所有信息都复制到皮质中，就很难解读出这些高层级模式的意义。因此，只有考虑到较低层级携带的所有信息，大脑新皮质中的模式才有意义。此外，同层级以及更高层级的其他模式在解读特定模式时也是相关联的，因为它们能提供背景信息。因此，真正的思想阅读需要的不仅仅是监视人脑中相关轴突的激活情况，也要从本质上连同所有的记忆一起，检查整个大脑新皮质，才能理解这些激活究竟是什么意思。

当我们经历自身的想法和记忆时，我们"知道"其中的意义，但这种意义并不是易于言表的想法和记忆。如果我们想与人分享，就必须把它们转化成语言。这个任务也需要大脑新皮质借助我们为使用语言而习得的模式识别器来完成——该识别器通过模式训练得来。语言本身高度层级化，而且通过进化利用大脑新皮质层级化的本质，反过来反映出了现实世界的层级本质。人类天生就有识别语言层级结构的能力，诺姆·乔姆斯基（Noam Chomsky）在论述大脑新皮质结构的反映时就曾提到这一点。在 2002 年与他人合著的论文中，乔姆斯基在说明人类独特的语言才能时引用了"递归"（recursion）特征。[4] 根据乔姆斯基的说法，递归是把小的部分拼凑成大块，再将该大块作为另外一个结构的部分，并反复继续这一过程的能力。这样我们就能以一组有限的词语构造出结构复杂的句子和段落。尽管乔姆斯基并没有由此明确指向大脑结构，但他描述的正是大脑新皮质所具备的能力。

在很大程度上，哺乳动物的低等物种会利用它们的大脑新皮质应对其特殊生活方式中的挑战。人类则更多地通过发展皮质，获得其他处理口头和书面语言的能力。有一些人获取的技能比其他人更好。如果把某个故事讲了很多遍，我们就可能开始认识到语言的序列，它将故事描述成一系列分割的序列。即使这样，我们的记忆也不是严格意义的词语序列，而是语言结构序列，每次讲故事时我们都需要将之转化为具体的词语序列。这就是我们每次分享同样的故事时总会有些变化的原因（除非我们将确切的词语作为模式获取）。

这些对详细具体思考过程的描述，我们也要逐个考虑到冗余问题。就像我提过的那样，我们并没有一个能够代表生活中重要实体的模式，不论这些实体是感官内容、语言概念还是事件的记忆。每个重要的模式——处于每个层级中，都会重复多次。其中一些重复是简单重复，但还是有许多代表不同的视角和观点。这就是我们能从不同方向、不同照明条件下识别熟悉脸庞的一个主要原因。层级结构向上的每个层级都有大量的冗余，允许与该概念保持一致的、一定变化程度的存在。

所以，如果我们检查你看着某个喜欢的人时的大脑新皮质，我们将发现模式识别器的每个层级都有大量轴突激活（见图3-3），从原始的感官模式的基本层级一直上升到许多不同的、代表那个人图像的模式。我们也会发现代表其他场景的大量激活，例如那个人的动作以及他说的话等。因此，这种经历比较单纯的、有次序沿着层级结构的旅程更丰富，而事实也是如此。

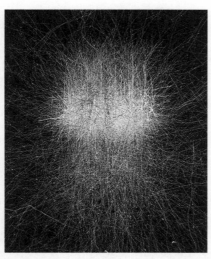

图3-3　电脑模拟的大脑新皮质中大量模式识别器同时被激活的场景

但是，上升到模式识别器层级的基本模式仍然有效，其中每个更高的概念层级代表一个更为抽象、更为完整的概念。向下的信息流更为重要，因为识别模式被激活的每层都会向相邻低层级模式识别器传递预测信息——接下来可能会遇见什么。**人类经历的丰富多彩是大脑新皮质中数以百万计的模式识别器在同时考虑输入的结果。**

在第 5 章，我会讨论从触觉、视觉、听觉以及其他感觉器官向大脑新皮质传递的信息流。这些早期的输入由负责相关类型感觉输入的皮质区域进行处理（虽然新皮质的不同区域都有极大的可塑性，但各自反映的功能却基本一致）。大脑新皮质的每个感觉区域中最高概念之上的概念层级关系仍然适用（概念层级在大脑新皮质的每个感觉区域最高概念之上仍能发挥作用）。皮质联合区将来自不同感觉器官的输入综合在一起。当我们听到某种可能与配偶发出的声音类似的声音时，接着就发现某些表明他在场的迹象，我们并没有进行复杂的逻辑推理，而是从这些感觉识别的综合中，察觉到了配偶的出现。我们综合所有相关的感觉和知觉线索——也许还有他的香水味，作为多层级的感觉。

皮质联合区之上的概念层级中，我们能处理更为抽象的概念，如感知、记忆和思考。在最高层级中，我们可以识别"这是有趣的、她很漂亮或者那很讽刺等"模式。我们的记忆也包含这些抽象识别模式。例如，我们也许会回忆起和某人散步，然后他说了一些趣事，引得我们大笑，尽管我们也许不记得那个笑话的内容了。那段回忆的记忆序列只是记录了幽默的感觉，而没有记录趣事的确切内容。

在第 2 章我曾提到，尽管我们对模式的识别没有达到对其进行描述的程度，但往往却能够完成识别。例如，我相信自己能从一堆女人的照片中挑出我今天早些时候见过的那个女人的照片，尽管我并不能描绘出她的形象，也不能描述她的具体特征。在这种情况下，我对她的记忆是一系列特定高层级特征。这些特征并没有附属的语言或图像标签，也不是具有像素的照片，所以我想着她时，并不能描述她究竟长什么样。可是，如果我看到她的图片，我就能处理那张能够引发与我第一次看到她时识别相同的高层级特征的图片。我由此能够确定特征相符，也就能自信地挑出她的照片。

即使我只在散步时见过她一次，但我的大脑新皮质中也可能早已经形成多个她的模式的副本。然而，如果我在某一段时期不去想她，这些模式识别器将再分配给其他模式。那就是为何随着时间的推移记忆会变得模糊：因为冗余量会逐渐减少直到某些记忆逐渐消失。但是，既然我在此写到我记住的那个女人，那我对她的印象就会变得更加深刻，所以我也就不那么容易忘记她了。

自联想和恒常性

我在第 2 章曾讨论过，怎样在整个模式并不完整且又被扭曲的情况下识别出一个模式。**第一项能力叫作自联想（autoassociation）：将一个模式与其自身的某一部分联系起来的能力。**模式识别器的结构本来就支持这项能力。

来自低层级模式识别器的每个输入都流向一个高层级模式识别器，每个联结关系有一个"权重"，来表示模式中特定因素的重要性。因此，模式中的因素越重要，在考虑该模式是否应该触发进行"识别"时所占的权重就越大。林肯的胡须、猫王的鬓角和爱因斯坦著名的伸舌头动作等，可能在我们认识这些标志性人物面容的模式中占很大权重。模式识别器计算概率时会考虑到权重参数。因此，如果一个或更多的元素缺失，总概率就会变低，尽管仍然可能达到阈值。就像我指出的那样，总概率的计算（模式出现）比简单计算加权和要复杂得多，因为还要考虑数值大小参数。

如果模式识别器接收到了来自高层级模式识别器的信号——该模式是"预期的",那么阈值就会有效降低(即使之易于完成)。或者,这样一个信号只是被简单地添加到加权输入总量当中,这样就可以补偿缺失的因素。这在每个层级都会发生,即一个模式便有多个特征缺失(例如一张脸与底层相距多个层级),也可以被识别。

在多个方面发生改变的情况下仍能识别模式的能力称为特征恒常性(feature invariance),主要有 4 个处理方法。第一个方法是在大脑新皮质在接收到感觉数据之前先对其进行整体变换。我们将在后文专门讨论来自眼睛、耳朵以及皮肤的感觉数据的传递过程。

第二个方法利用了皮质模式记忆中的冗余。我们获得了针对每个模式的许多不同视角和观点,特别是对于重要的事项。因此许多变化都是分别存储和处理的。

第三个方法是合并两个列表。一个列表有一组我们已习得的变换,我们也许会将之应用到某一列模式当中。另外,皮质也可能会将这列可能的改变应用到另一个模式。这就是我们对隐喻和明喻这类语言现象的理解方式。例如,我已认识到某些音位(语言的基本音)在口语中也许会缺失,例如"goin"。如果我们认识一个口语新词,例如"driving",即便它的一个音位缺失,我们也能识别该词语。尽管之前从未见过该词语的这一形式,但我们已熟悉某些音位缺失的现象。此外,我们也许了解某些艺术家喜欢强调(通过放大)一张脸的某些元素,例如鼻子。所以虽然这张脸经过了这种修饰,而且即使我们之前并未见过,我们仍能识别出熟悉的那张脸。特定的艺术修饰注重特别的特征,而这些特征能被基于模式识别的大脑新皮质识别。正如前面提到过的那样,这恰恰就是讽刺画的基础。

第四个方法源于大小参数,借助于这些参数,单个模块可以包容多个模式实例。例如,我们听到过单词"steep"很多次。正在识别这个口语词的特定模式识别模块能编码多个实例,因为 [E] 的发音持续时间发生变化的可能性很大。如果所有的词语（包含 [E]）模块都有相似的现象，这种变化就能在 [E] 自身的模块中被编码。可是，包含 [E]（或其他音位）的不同单词会有不同程度的预期可变性。例如，单词"peak"就不可能有像"steep"那样拉长的 [E] 音位。

学习

> 难道我们不是自己创造的地球上拥有至高无上地位的继承人？每日都为他们的组织增添美和优雅，每日都赋予他们更优秀的技能和越来越多的自制力与自动能力。还有什么比智慧更好呢？
>
> **塞缪尔·巴特勒，英国作家**
>
> 大脑的主要活动是进行自我改造。
>
> **马文·明斯基，《心智社会》**

到目前为止，我们已检查了如何识别（感觉的、知觉的）模式以及如何回忆模式序列（对于事物、人以及事件的记忆）。然而，大脑新皮质中并不是生来就充满这些模式。在大脑创建之时，大脑新皮质还是尚未开垦的处女地。它有学习的能力，因此也能在模式识别器之间建立联系，但这些联系都是从经验中获得的。

这个学习过程甚至在我们出生之前就开始了，与大脑生长的实际生理过程同时发生。一个月时，胎儿已有了大脑，但本质上是爬行动物的大脑，因为胎儿在子宫中经历了生物进化的高速改造。母亲怀孕 6~9 个月时，胎儿的大脑才成为具备人类大脑新皮质的人类大脑。这时，胎儿正在接收感受，大脑新皮质正在学习。他能听到声音，特别是母亲的心跳，这可能是音乐有节奏这一特点普遍存在于人类文化中

的一个原因。迄今发现的每种人类文明都将音乐作为其文化的一部分，这与其他艺术形式不同，例如绘画艺术。另外，音乐的节拍也与我们的心率接近。当然，音乐节拍会改变——否则音乐就不能让我们对它保持兴趣，但是心率也会改变。过于规则的心跳是心脏患病的一个征兆。在孕后 26 周，胎儿的眼睛半张，到孕后 28 周时，胎儿的眼睛大部分时间都是完全睁开的。在子宫内也许没什么可看的，但随着大脑新皮质开始进行工作，子宫内的胎儿已经开始知悉明暗的区别。

不过，尽管胎儿能够在子宫中获得一些经验，但仍然是有限的。大脑新皮质也可以向旧脑学习（第 5 章的一个主题），但婴儿出生时通常还有很多东西要学习——从基本的原始声音和形态到隐喻和讽刺的一切事物。

学习对人类智力而言十分重要。如果我们要完整地塑造和模拟人类大脑新皮质（就像蓝脑计划 [Blue Brain Project] 尝试的那样）以及它要运行的其他大脑区域（例如海马体和丘脑），那么能做的实在不多——就像一个刚出生的婴儿不能做什么一样（除了变得可爱，当然，这是很重要的生存适应行为）。

学习和识别同时发生。只要我们开始学习，并且只要我们学会一个模式，就马上开始对其进行识别。大脑新皮质不断尝试理解所接收到的信息。如果一个特定层级不能完全处理并识别模式，这一模式就会被传送到相邻更高层级处理。如果所有层级都不能成功识别某个模式，那该模式就会被视为新模式。将一个模式归类为新模式并不意味着它必须方方面面都是新的。如果我们正欣赏某个艺术家的画作，并看到猫脸上有个大象的鼻子，虽然我们能识别每个明显的特点，但还是会注意到这种组合模式是某种新颖的事物，并可能会记住它。大脑新皮质的高概念层级能理解背景，例如，这幅图是某个艺术家的作品，我们正在参加那个艺术家的新画展开幕式，还会记录猫 - 象脸中不寻常的模式组合，但也会收集背景的细节作为另外的记忆模式。

大脑新皮质模型，思维模式识别理论

新记忆，如猫 - 象脸，会存储在一个有效的模式识别器中。在这个过程中，海马体将发挥作用——我们将在第 4 章中讨论已知的实际生理机制。为了构建大脑新皮质模型，未被识别的模式作为新模式被存储起来，并且恰当地与低层级模式联系起来，正是低层级模式形成了这些模式。例如，存储猫 - 象脸有几种不同的方式：新颖的脸部布局会被存储，还有背景记忆，包括艺术家、情景，也许还有我们刚看到时发笑的事实。

成功识别的记忆也许会引发新模式的创造，以实现更大的冗余。如果模式未被完整识别，那就可能被当成反映所识别内容的不同视角而被存储起来。

那么，决定存储哪些模式的整体方法是什么呢？在数学方面，问题可作如下阐述：我们如何才能利用有效的模式存储限制，最好地展现已有的输入模式？然而，允许存在一定量的冗余是有意义的，但用重复的模式填满整个可用的存储区域（即整个大脑新皮质）就不实际了。因为这样就不允许模式有足够的多样性。我们经历了无数次像口语词中 [E] 音位这样的模式。它是声音频率的简单模式，在我们的大脑新皮质中占有重要的冗余。我们可以用 [E] 音位重复的模式来填满整个大脑新皮质。然而，若存在一个有用冗余的限制，像这样常见的模式就会受到限制。

名为"线性规划"（linear programming）的优化问题有一个数学解决方案，为有限资源（在这里是数量有限的模式识别器）作出最佳分配，以表示系统训练过的所有情形。线性规划是为一维输入系统设计的，而用线性输入串代表每个模式识别模块的输入最理想。在软件系统中，我们可以利用这个数学方法，尽管真实大脑在很大程度上被物理联系束缚，但仍可在模式识别器之间调整，因此该方法仍然可行。

这个最佳方案的重要意义是，一般经验会被识别但并不会产生永久记忆。至于散步，我经历过各个层级的数百万个模式，从基本的视觉边缘和阴影到事物，如我经过的灯柱、邮箱、路人、动物和植物。

基本上，我所经历的都不是独一无二的，而且我早已识别过的模式都已达到最佳水平的冗余。结果，这次散步我没什么可回忆的。等我再散步几次时，我仅存的一点记忆也可能被新模式覆盖——除了我现在记得的这次散步，因为我已写下来了。

既适用于我们的大脑新皮质也适用于模拟大脑新皮质的一条重要原则是，很难同时学习多个概念层级的。实质上，我们只能同时学习一个或者至多两个概念层级，只有学习过程相对稳定，才能继续学习下一个层级。我们也许还要继续对较低层级的学习进行微调，但接下来的抽象层级才是重点。这既适用于生命的开始阶段，也适用于生命的后续阶段，像新生儿努力接受基本形态，像我们努力学习新事物，每次都是一个复杂的层级。

我们在大脑新皮质的机器模拟中也发现了相同的现象。可是，如果每次每层向它们呈现的是越来越抽象的材料，那机器是能做到像人类那样的学习（尽管机器学习的概念层级还没有人类那么多）。

一个模式的输出能反馈到一个较低层级的模式或者这个模式本身，这就赋予了人脑强大的递归能力。模式的因素可以是基于另一个模式的决策点。这对组成动作的列表特别有用——例如，如果牙膏没了就要拿另一个来，每个层级都存在这样的条件句[1]。每个试过在电脑上编程的人都知道，条件句对于描述一个行动过程来说至关重要。

---

[1] 条件句是一种表示假设的主从复合句，一般由条件从句引出某种假设，再由主句表示基于这种假设下的反馈。——编者注

思想的语言

> 梦为负担过重的大脑充当安全阀。
>
> **弗洛伊德,《梦的解析》**
>
> 大脑：一个被认为是用于思考的装置。
>
> **安布罗斯·比尔斯,《魔鬼字典》**

总结至今为止我们获得的大脑运作方式，请参考图 3-1。

a）树突进入代表模式的模块。即使模式似乎具有二维或三维特点，它们仍由一维信号序列代表。模式必须按模式识别器的（连续的）顺序出现，才能被识别。每个树突最终和处于较低概念层级的模式识别器的一个或多个轴突联系起来，而该模式识别器已识别的一个较低层级模式成为这一模式的一部分。对于每个这样的输入模式而言，也许存在许多较低层级的模式识别器，能产生较低层级模式已识别过的信号。识别模式的必要阈值也许能够达到，即使并非所有输入都发出信号。模块计算它所负责模式的出现概率。计算过程考虑"权重"和"规格"参数（见 [f]）。

要注意，一些树突将信号传递进模块，另一些则从模块中传递出来。如果向该模式识别器的所有输入树突都发送信号——低层级模式已被识别（除了一两个），那么该模式识别器会往下层的模式识别器传递信号（这些下层模式识别器正在识别那些未被识别的低层模式），表明这种模式极有可能被识别，低层级模式识别器应当注意它的出现。

b）当这个模式识别器识别模式（所有或者大多数被激活的输入树突信号）时，该模式识别器的轴突（输出）也会被激活。反之，这个轴突会联结整张树突网，而整张树突网则与该模式输入的许多较高层级模式识别器联结。这个信号会传递规格信息，从而使相邻较高概念层级中的模式识别器能对其进行考虑。

c）如果一个较高层级模式识别器从其所有或大多数组成模式（除了由这个模式

识别器代表的那个以外）中接收了一个积极信号，那么那个较高层级识别器也许会向这个识别器发送信号，指示其模式为预期的。这样一个信号会造成这个模式识别器降低其阈值，也就意味着向其轴突发送信号的可能性变大（指示其模式被认为已被识别），即使它的一些输入缺失或不清楚。

d）来自下层的抑制信号会使这个模式识别器识别其模式的概率变小。这可以从较低层级模式的识别中得出，而较低层级模式与这个模式识别器相联系的模式不一致（例如，较低层级模式识别器对胡须的识别会降低这个图像是"我妻子"的可能性）。

e）来自上层的抑制信号也会使这个模式识别器识别其模式的概率变小。这可以从较高层级模式的识别中得出，而较高层级模式与这个模式识别器相联系的模式不一致。

f）每次输入，都会存在权重、预期规格、预期规格变异等方面的存储参数。模块计算模式呈现的整体概率，依据的是所有这些参数和现有信号。整体概率指示呈现哪个输入及其规格。完成这个计算的最佳数学方法是一种叫作隐马尔可夫模型的方法。当这样的模型按照层级组织起来（当它们处于大脑新皮质中或者在尝试模仿大脑新皮质），我们称之为隐马尔可夫层级模型。

大脑新皮质中被触发的模式会触发其他模式。部分完成的模式向概念层级下层发送信号，已完成的模式向概念层级上层发送信号。这些大脑新皮质的模式是思想的语言。和语言一样，它们遵循层级关系，但它们本身并非语言。思想最初并非由语言元素孕育而成，尽管语言在大脑新皮质中也以模式层级结构存在，而且我们也可以有基于语言的想法。但是总体而言，思想是由这些大脑新皮质中的模式表征。

就像上文中讨论过的一样，即使我们能监视某人大脑新皮质中的模式激活过程，我们仍然不明白这些模式的激活意味着什么，因为我们还是不能接触到整个模式层级中上下层的每个激活模式。要做到这一点，我们必须能够完全接触那个人的整个大脑新皮质。理解自己的思想内容对我们而言已经很困难，而理解别人的思想内容还要求我们掌握与自己不同的大脑新皮质。当然，我们还不能接触到其他人的大脑新皮质，我们需要依靠别人的努力将其思想用语言（还有其他的方式，如手势）表达出来。这样，我们才能理解别人的思想。人们实现这种交流任务的能力不足也为此增加了另一层复杂性——难怪我们理解对方的同时也会产生误解。

我们有两种思维模式。第一种是发散思维（nondirected thinking），即想法以一种不合逻辑的方式相互触发。当我们在做某事时，例如整理庭院或走在街上，突然回忆起几十年前或几年前的某段往事，那段经历就被唤起了——像所有的记忆一样，以一个模式序列的形式被唤醒。我们并不立即设想场景，除非我们能记起许多其他的记忆，而这些记忆能使我们合成一段更完整的往事。如果我们确实设想出场景，其实是受到那段往事的提示，在大脑中将之建立起来，而记忆本身是不以图片或形象存储的。就像我之前提过的那样，使这个想法浮现在我们脑海中的触发因素也许明显，也许不明显。相关想法的序列也许早已被遗忘。即使我们记得，它也是一个非线性的、迂回的联想序列。

第二种是定向思维（directed thinking）。当我们尝试解决问题或者组织一个严谨的答复时就会用到它。例如，我们也许会在大脑中编排想对别人说的话，或者组织我们想要写的文章。在考虑这样的任务时，我们早已将之分解，形成了子任务的层级结构。例如，写一本书涉及组织篇章，每个篇章由章节组成、每个章节由段落组成、每个段落包含表述观点的句子、每个观点有其组成元素、每个元素和元素之间的每种关系都需要联结起来，等等。同时，我们的大脑新皮质获得了需要遵循的特定模式。如果任务是写作，就要避免不必要的重复，就应该让读者能沿着我们的写作思路走，就应该尽量遵循语法和文体规则，等等。因此，作者需要在大脑中建立一个读者的模式，而这个构想也要遵循层级关系。在进行定向思维时，我们在大脑新皮质中浏览列表，每个列表扩展成大量的子表层级，每个列表都有自己的考虑。另外请记住，大脑新皮质模式中列表的元素包含条件式，所以后来的想法和行动就取决于我们经历过程时做的评估。

此外，每次这样的定向思维都会触发发散思维的层级。在定向思维中，持续的思维风暴会在我们的感官体验和尝试中出现。我们的实际心理体验复杂混乱，由这些触发模式的闪电风暴组成，每秒发生约 100 次改变。

梦的语言

梦是发散思维的实例。梦可以说是有意义的，因为一个想法触发另一个的现象是基于我们大脑新皮质中模式的实际联系而发生的。在一定程度上，梦之所以无意义，是因为我们尝试用虚构的能力对其进行修补。就像我将在第 9 章中描述的那样，裂脑（split brain）患者会用控制语言中枢的左脑虚构各种解释，目的在于解释右脑刚才如何处理输入，而这个输入左脑接触不到。为了解释事件的结果，我们也总是会虚构。如果你想要针对这种情况举一个好例子，可以收听金融市场动态的每日评论。无论市场表现如何，它总会针对其原因提出合理的解释，这种事后评论实在太多了。当然，如果这些评论者真正了解市场，他们就不会浪费时间来做评论。

虚构行为也是在大脑新皮质中完成。大脑新皮质擅长提出满足特定限制条件的故事和解释。 每当我们复述故事的时候，我们都在进行虚构。我们也许会述说许多不必要的细节或者忘记许多细节，以致于故事显得毫无意义。这就是为何随着时间的推移故事会发生变化，随着新的讲故事的人一遍又一遍讲述，甚至会出现不同的情节。然而，随着口语进化导致书面语出现，我们也就有了一项技术，能够记录故事的最终版本，避免这种变动。

一个梦的实际内容，如果到了能够记住的程度，就成为一个模式序列。在一个故事中，这些模式代表限制条件，然后我们就虚构一个满足这些条件的故事。我们复述的梦的版本（尽管只是自己在心理默想）就是这个复述的故事。当我们复述一个梦的时候，会触发填充真实的梦的级联模式，这些模式是在最初经历这个梦时产生的。

梦中的思考和清醒时的思考存在一个关键的区别。"社会大学"教了我们一个道理：某些行为，但就算只是想法，在真实世界中也是不容许的。例如，我们认识到自己的欲望不可能立即得到满足；商店中有不能从收银机中抢钱的规定。另外，与被吸引的人相处时也有限制。我们也认识到忌讳某种想法是因为文化禁忌。我们学习职业技巧时，也学到了与职业有关的严谨的思维方式，因此避免了与职业秩序和标准相悖的思维方式。一方面，许多这样的禁忌是有价值的，因为它们有助于加强社会秩序，巩固社会进步；但另一方面，通过支持落后的正统说法，它们也会阻碍进步，而这些正统说法正是爱因斯坦在其思想实验中尝试驾乘光束时所抛弃的。

在旧脑，特别是杏仁核的帮助下，文化规范在大脑新皮质中被强化。我们的每个想法都会触发另一个想法，有一些会联系到相关的危险。例如，我们认识到，只在私人的想法中打破一项文化规范也会导致排斥。大脑新皮质会意识到它对我们产生威胁，如果我们抱有这样的想法，杏仁核就被触发，并产生恐惧，从而导致该想法终止。

可是在梦中，这些禁忌不再是禁忌，我们会经常梦到那些在文化上、性方面或专业领域里被视为禁忌的事情。这就好像我们的大脑意识到，做梦时我们不需要再做一个演员。弗洛伊德写到了这个现象，但也记录到，我们掩饰这些危险的想法——至少我们尝试回想起来时是这样，所以大脑清醒时会继续对它们进行压制。

事实证明，放宽职业禁忌对创造性地解决问题非常有效。每晚睡觉之前，我都用一种心理方法思考一个特定的问题。这会触发一系列想法，让我在我梦中继续思考。当我做梦时，我能思考——梦到问题的解决方法，而且不需背负白天时需要背

负的职业负担。在早上处于半睡半醒的状态时，我就能接触到这些梦中的想法，这有时被称为"清醒梦"。[5]

弗洛伊德也写到了通过解读梦深入了解一个人的心理状态的能力。当然，关于这一理论的各个方面都有大量的文献，但主要是通过对梦的调查深入了解自己。梦是由大脑新皮质创造出来的，因此可以揭示在大脑新皮质中发现的内容和联系。当我们清醒时，释放思维中存在的束缚也对揭示一些大脑新皮质的内容有用，这些内容在其他情况下是不能被直接接触到的。我们也可以合理推断，在梦中结束的"模式"表征着对我们来说至关重要的事物，这些事物为我们理解自身躁动的欲望和无名的恐惧提供了线索。

模型的根源

正如我在前面提到过的，20 世纪 80 年代和 90 年代，我带领团队开发了隐马尔可夫层级模型技术，目的是识别人类语言和理解自然语言。这项工作是现在被广泛应用的商业系统的前身，而这些商业系统能够识别和理解我们向它们传递的信息，例如你能与之对话的汽车导航系统、iPhone 中的 Siri、谷歌语音搜索等。实际上，我们开发的技术具有我描述的思维模式识别理论中的所有特征。它包括层级模式，每个更高层级都比其下的低层级概念更抽象。例如，在语音识别中，层级包括最底层的声频的基本模式，然后是音位，再然后是词语和词组（经常被识别成词语）。我们的一些语音识别系统能理解自然语言命令的含义，所以更高的层级包括如名词性词组和动词性词组等很多结构。每个模式识别模块能识别来自较低概念层级的线性序列模式。每次输入都有权重、规格和规格可变性的参数，存在向下传递的信号，指示一个较低层级模式为预期的模式。在第 7 章中我们就这项研究做了更细致的讨论。

在 2003 年和 2004 年，PalmPilot 的发明者杰夫·霍金斯和迪利普·乔治开发了一个层级皮质模型，并将之命名为层级时间记忆（hierarchical temporal memory）。霍金斯与科普作家桑德拉·布拉克斯莉（Sandra Blakeslee）在他们合著的著作《智能时代》（On Intelligence）中描述了这个模型。霍金斯为皮质算法的均匀性和其层级的、基于列表的组织提供了一个理由充足的例证。《智能时代》一书中所举的例子与本书中的例子之间存在一些重要的区别。霍金斯注重成分列表的时间（基于时间）属性。换言之，列表的方向总是在时间上向前。对于一个二维模式，例如印刷体字母"A"中的特征如何在时间上有方向，他的解释是根据眼球的运动来论断。他解释，用扫视的方式将图像转化为形象，这时我们并没有意识到眼球的飞速运动。因此，信息到达大脑新皮质不是一组二维特征，而是一个时间排序的列表。虽然我们的眼球确实在飞速运动，但是它们观察一个模式（例如字母"A"）的特征中的序列并非总与时间顺序保持一致。例如，眼睛扫视并不会总是按照先记录"A"的顶点，再记录其下凹处的顺序。此外，我们能识别一个只出现数十毫秒的视觉模式，而这对眼睛扫视来说时间太短了。诚然，大脑新皮质中的模式识别器将模式转化为列表进行存储，列表也确实有序。但是，顺序代表的并不一定是时间（虽然情况确实大多如此），它也可能代表一个空间或更高层级概念的次序，正如我在上文中讨论过的。

最重要的区别在于，我已将每个模式识别模块的输入的参数组纳入其中，特别是尺度和尺度变化程度参数。20 世纪 80 年代，我们尝试识别人类语言时并没有这种信息。这是受到语言学家告诉我们的"持续时间并不特别重要"这一说法的启发。这个视角是从一些字典中的例证中得到的，这些字典将每个词语的发音写成了一串音位，例如"steep"是 [s][t][E][p]，但并没标注每个音位预期该拖多长时间。而它的意义在于，如果我们创建了识别音位的程序，碰到这种 4 个音位的特定序列（在

一次口头发言中），就能够识别该口语词。我们用这种方式建立的系统在某种程度上管用，但是不能处理拥有大量的词汇、多个扬声器，以及说个不停的口语词这些特征的情况。如果我们利用隐马尔可夫层级模型收集每个输入的规格分布，作用就很明显了。

04 人类的大脑新皮质

尽管进化带来的改变并不总是朝着更高的智能水平前进，但是，智能仍是一个重要的进化分支。大脑新皮质的分层学习能力如此重要，以至于它在进化过程中体积变得越来越大，并最终成为大脑的主体。大脑运转时，并不以神经元为基础，而是神经元集合。

HOW TO
CREATE
A MIND

The Secret of Human Thought
Revealed

因为重要事物都要受到保护，所以你有了头骨护脑，塑料套筒护梳子，钱包护钱财。

乔治·科斯坦萨，《宋飞传》

如今，我们第一次能够如此简洁而全面地对工作着的大脑进行观察，我们应该能够发现其巨大能量背后的整体运作程序。

J.G. 泰勒，B. 霍维兹，K.J. 弗里斯顿

正如雕刻家需要在石头上工作一样，大脑也是基于它接收的数据工作的。从某种意义上来说，雕像会永远矗立在那里。但雕像不止一个，能够使某个雕像脱颖而出，就是雕刻家的魅力所在。所以不管我们的世界观如何不同，这些观点都源于我们最初的混乱感觉，在这一点上人与人之间没有什么差别。只要愿意，人们可以通过推理将世界追溯到那个黑而无序、辽阔无边的空间，甚至追溯到那个被科学家称为唯一真实世界的密集原子空间。如今我们所感受到和生活着的世界就是我们祖先和我们经过无数次选择判断后发展而来的世界，正如雕刻家为完成一个雕像必须舍弃某些材料一样。就算是同一块石头，不同的雕刻家也会雕刻出不同的雕像！就算是同样单一而又无感情的混乱，也会产生不同的思想和不同的世界观！我的世界不过是百万个相似的世界中的一个，很多人会跟我持有相同的世界观。但是在蚂蚁、墨鱼或是螃蟹的眼里，世界将有很大的不同！

威廉·詹姆斯，美国心理学之父

智能，一个重要的进化分支

智能到底是生物进化的最终目的，还是只是目的之一呢？世界顶尖语言学家、认知心理学家史蒂芬·平克（Steven Pinker）在《心智探奇》（*How the Mind Works*）[1]

---

[1] 平克在《心智探奇》中集中阐述了心智的起源与进化，堪称经典之作。本书中文简体字版已由湛庐文化策划、浙江人民出版社出版。——编者注

一书中写道："对于大脑，我们很沙文主义①，认为智能是进化的唯一目的……这根本讲不通，自然选择与智能发展毫无关系。由于物种生存环境和繁殖速度的差异，生物进化的过程也有所不同。随着时间的推移，为了在特定环境、时期下生存繁衍，有机物需要改变其大脑结构的设计。除了成功适应，它们别无选择……生活是枝繁叶茂的灌木丛，而不是天平或梯子，生物体在分支的顶端，而不是底层。"[1]

平克质疑人脑的这种设计究竟是"利大于弊"，还是"弊大于利"（见图 4-1）。关于人脑设计的弊端，他认为："大脑很是笨重，女性骨盆几乎不能容纳婴儿过大的头。这种设计导致很多母亲死于难产，而且这种特殊的骨盆旋转设计，使得女性在生物学角度上比男性走得慢。此外，笨重的大脑使得我们在面临坠落等致命意外伤害时更容易受伤。"他还列举了大脑的其他缺点，如高消耗的运行机制、极慢的反应时间以及漫长的学习过程。

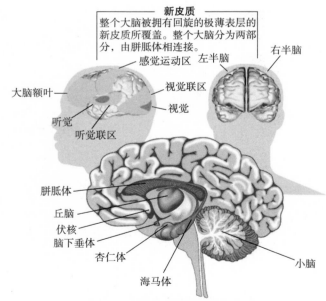

图 4-1　大脑主要部位的生理结构

---

① 沙文主义，原指极端的、不合理的爱国主义，也是一种极端民族主义，现也指对自己所处团体的盲目热爱，并带有一定的偏见。——编者注

这些观点看似正确（尽管我的很多女性朋友走得比我快），但平克没有看到问题的全部。诚然，从生物学角度来看，进化没有特定的方向。这只是一种探究"枝繁叶茂的灌木丛"本质的方法。

同样，进化带来的改变也并不总是朝着提升智慧的方向前进——它们朝着各个方向发展。很多例子表明，几百万年来，某些生物未曾发生改变，例如，上溯到两亿年前的爬行动物鳄鱼以及很多更加古老的微生物（见图 4-2），但它们却顺利存活至今。但是，在进化过程的不同分支中，往提升智慧的方向前进确实是分支之一。这个分支也是本章讨论的重点。

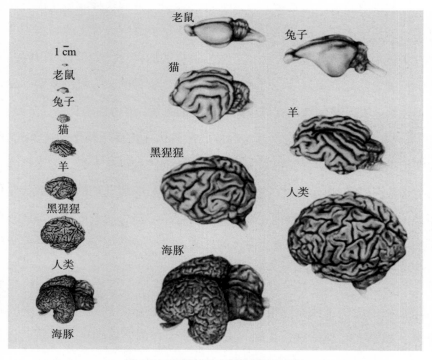

图 4-2　不同哺乳动物的大脑新皮质

新皮质的分层学习能力

假设我们有一个充满蓝色气体的广口瓶。打开瓶盖，气体分子不会收到"嘿，伙计们，瓶盖开了，我们向出口出发，奔向自由吧"这类信息，也不会直冲瓶口，气体分子只会像往常那样漫无目的地移动。在移动过程中，靠近瓶口的某些分子确实会离开瓶子，而且随着时间的推移，大多数气体分子会溜出瓶子。一旦生物进化遇到能够进行分层学习的神经机制，该生物的大脑就会发现该机制对进化的目标之一——存活非常有用。**为适应迅速改变的环境，学习速度需要不断加快，新皮质的优点就愈发明显。**不管是植物还是动物，所有物种都会随着时间的推移逐渐适应改变的环境，但没有新皮质的物种，只能通过代际遗传继承这种能力。没有新皮质的物种可能要经历很多代，也就是几千年才能学会具有跨时代意义的新行为——就植物来说，新行为指适应环境的方法。新皮质最显著的存活优势是它可以在几天之内完成新知识的学习。如果某物种遭遇环境剧变，该物种的某一成员发明、发现或无意间找到（这 3 种全是创新的变体）适应改变的方法，该物种的其他成员就能得知、学习并模仿那个方法，之后这个方法会像病毒般迅速传播至整个种群。6 500 万年前的白垩纪第三纪灭绝事件使得很多没有新皮质的物种迅速灭绝，因为这些物种不能很快地适应突然改变的环境。这标志着拥有新皮质的哺乳动物开始取代它们的生态主导地位。这样一来，生物进化发现具有分层学习能力的新皮质是如此重要，以至于大脑不断增大，直到最终取代智人的大脑。

神经科学已经确定了具有分层学习能力的新皮质的重要意义，同时也为思维的模式识别理论提供了依据。很多观测和分析都发现了该依据，我也会回顾其中的一部分。加拿大心理学家、认知心理生理学的开创者唐纳德·赫布（Donald O. Hebb）首次尝试解释学习的神经原理。他在 1949 年描述了一种机制，在该机制中，神经元基于自己的经验改变了生理机制，这就为学习和大脑可塑性提供了基础准则："假设反射活动（或痕迹）的持续或重复会导致细胞不断发生变化，这些变化会增加细胞的稳定性……当细胞 A 的轴突近到可以激活细胞 B，或者不断反复或持续地激活细胞，其中一个或两个细胞会成长或进行代谢，因此，作为激活 B 的细胞之一，A 的效率就会增加。"[2] 该理论被表述为"同一时间激活的细胞会联系在一起"，这就是著名的赫布型学习（Hebbian learning）。赫布理论已得到证实，很明显，**大脑中的细胞集合不仅能创造新的联系，还能基于它们自己的活动强化新联系。**事实上，我们在扫描大脑时可以看到神经元联结的发展。人工"神经网络"的建立就是基于赫布的神经学习模型。

积木式神经元集合，思维模式识别的基础

神经元是新皮质学习的基本单元，这是赫布理论的核心假设。**我在本书中提到的思维模式识别理论是以不同的基本单元为基础的：不是神经元本身，而是神经元集合，我估计有 100 个左右。**各单元之间的联系和突触力量相对稳定，并由基因决定，也就是说每个模式识别模块的结构由基因决定。学习发生在这些单元之间，而不是各单元内部，更确切地说，学习是由这些单元之间联系的突触力量决定的。

近来，瑞士神经科学家亨利·马克拉姆（Henry Markram）也支持学习的基本模式是神经元集合的模式这个观点，我会在第 7 章描述他旨在模拟整个人脑的宏伟计划——蓝脑。在 2011 年的一篇论文中，他描述了如何详细研究和分析哺乳动物的新皮质神经元，并在皮质最基本的层级为赫布的集合寻找依据。他的发现与赫布不同，他写道：

> 我们可以预测集合内部神经元之间的联结以及突触权重，但这种联结却有自己的模式，而不是随意指定的……这些发现表明，经验并不能轻易地塑造这

些集合的突触联结。这些集合由大脑自行设计,外在力量无法改变这种联系,而且每个集合就像乐高积木中的一小块,需要拼凑组合才能习得知识。记忆就是将这些单个积木搭建成复杂建筑物的产物。

人类对功能神经集合的研究已经持续了十多年,但至今还没有科学家发现突触互联神经元群的直接证据……由于这些集合都有相似的拓扑结构和突触权重,而且这些集合并不是由任何特定的经验所塑造,所以我们将这些集合视为内在集合。在决定这些集合之间的突触联系和权重时,经验发挥的作用很小。我们的研究已经发现了很多神经元之间内在的乐高积木似的集合的证据……在同一大脑神经层内,集合之间可能会自行重组成更高级别的集合,继而进军更高级别的皮质柱,甚至到达大脑区域,最后可能成为整个大脑中最高级别的有序集合……记忆的获取过程与堆积木非常相似。单个集合就如同一块有着特定任务的积木,如加工、构建、对这个世界作出反应等。不同的积木堆到一起,就形成了内在认知的特别联合,正是这些认知体现了一个人特定的知识和经验。[3]

马克拉姆提出的"乐高积木",与我描述的模式识别模块是完全一致的。在邮件交流中,马克拉姆将这些"乐高积木"描述为"共享内容和内在知识"。[4]而我却更倾向于认为,这些模块的目的是识别模式,并记住它们,然后基于部分模式预测其他模式。我们应该注意,马克拉姆预测的包含"几十个神经元"的模式只涵盖了新皮质中的第V层。第V层的神经元确实丰富,但是基于神经元数量在VI层中分布的一般规律,我们可以推测出每个模块大约包含100个神经元,这一推断结果跟我的估计刚好一致。

虽然科学家已经对新皮质的联结和其明显的模块进行了多年研究,但上述研究却第一次向世人展现了这些模块的稳定性——尽管大脑有着自己的动态过程。

2012年《科学》杂志3月刊中,马萨诸塞总医院的研究也展示了新皮质联结的规律结构,该项研究由美国国家卫生研究院和国家科学基金会资助。文章认为,就像整齐的城市街道那样，新皮质的联结也呈现出网格的模式。"基本上，大脑的整个结构很像曼哈顿的街道，你不仅可以在这里看到类似于街道的平面规划图，还可以清晰地看到第三个轴，以及第三维度上的电梯。"文章作者哈佛大学神经科学家、物理学家以及该项研究的领头人范·韦丁恩（Van J. Wedeen）写道。[5]

在《科学》杂志的播客上，韦丁恩讲述了研究的重要性："这是对大脑神经通路三维结构的调查。在过去几百年中，科学家一直在思考大脑神经通路的结构，最典型的印象或模式是这些神经通路就像一盘意大利面那样——彼此联结的同时又拥有各自独立的空间。利用核磁共振成像技术，我们可以通过实验来研究这个问题。我们发现，大脑的所有神经通路彼此并不孤立，而是以某种规律为基础，以一种单一且极其简单的方式联结在一起。它们看起来很像立方体。通路基本上向三个垂直方向延伸，并向这三个方向平行扩展，最终组成整个模型。因此，从某种意义上来说，与彼此孤立的意大利面不同，大脑是一个内部互连有条不紊的整体。"

不管怎么说，马克拉姆的确发现了重复出现在新皮质的神经元模型，而韦丁恩发现了模型之间有条不紊的联系模式。在大脑开始工作的时候，会有很多模式识别模块可以识别的"等待联系"需要大脑处理。因此，假如一个给定的模块要与其他模块相联结，并不需要一方长出轴突、另一方长出树突构建联结。它只需要联结在等待联系的轴突，然后联结到纤维末端，从而建立联结。正如韦丁恩与其同事所写："大脑神经通路沿着早在人类胚胎阶段就已经成型的模式发展着。因此，通过观察成熟大脑，我们可以看到神经通路的三维原始梯度影像，而这种影像因受到环境的影响而有所改变。"换句话说，正如我们所学、所看到的那样，新皮质的模式识别模块正在与那些在胚胎时期就已经建立的联系联结在一起。

现场可编程门阵列（FPGA）这种电子芯片就是基于相似的原则设计的。该芯片包含了数百万个具有逻辑运算功能和等待联结的模块。为完成特定的任务，我们可以（通过电子信号）控制联结的激活状态。

在新皮质中，那些很少使用的长距离联结最终会被抛弃，这也解释了一个现象：**当新皮质的某个区域受损时，新皮质会继续使用原始区域，而不选择受损区域附近的区域——因为前者工作效率更高。**韦丁恩的研究表示，就像模块本身，新皮质的原始联结呈现出极强的有序性和反复性，而网格模式在新皮质中起"指导联结"的作用（见图 4-3 至图 4-5）。研究发现，这种模式存在于所有灵长类动物以及人类的大脑中，而且在新皮质中尤为明显，从处理早期感官模式的区域到处理更高层级情感的区域中都有这种模式的影子。韦丁恩在《科学》杂志上的那篇文章中总结道："大脑神经通路的网格结构无处不在、持续一致，并且随着 3 条主要轴线的发展而发生变化。"这再一次说明，新皮质的所有功能都存有一个普遍算法。

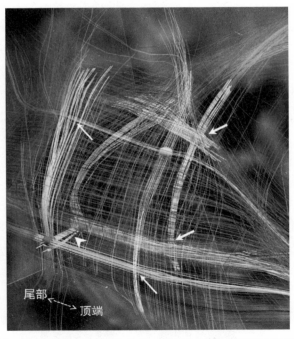

图 4-3　美国国家卫生研究院的一项研究发现，新皮质中原始联结具有高度规则的网格结构

图 4-4　新皮质联结规则网格结构的另一种视图

图 4-5　新皮质中发现的网格结构与运用在集成电路和电路板上的纵横开关极其相似

视觉皮质与通用算法

众所周知，新皮质的某些区域的确是分等级的。其中以视觉皮质的研究最为深入，它被分成了 V1、V2 以及 MT（或 V5）区域。当我们进一步观察视觉皮质中更高级别的领域时（是指处理"更高"层级的概念，而非物理学意义上的"更高"，因为新皮质只有一个模式识别器的厚度），可识别的特质就变得更为抽象。V1 负责识别眼睛看到事物的基本线条和初始形状。V2 负责识别物体的轮廓，处理两眼的视觉差异，并对事物进行空间定位，以及判断影像是主体部分还是背景。[6] 新皮质的更高层级区域负责处理诸如对象的身份脸孔及其动作等这类概念。在这个层级体中，信息可以向上一级传输，也可以向下一层级传输；信号既可以是刺激性的，也可以是抑制性的。麻省理工学院的神经科学家托马索·波吉奥（Tomaso Poggio）做了很多人脑视觉成像的研究，他过去 35 年的研究对视觉新皮质"早期"（最低概念）层级上的分层学习和模式识别的发展具有重要意义。[7]

我们对视觉新皮质较低层级的理解与我在第 3 章描述的思维模式识别理论是一致的，而且近来人们对大脑神经处理分层本质的研究远远超出了这些层级。得克萨斯大学的神经生物学教授丹尼尔·费勒曼（Daniel J. Felleman）与他的同事致力于"25 个新皮质中大脑皮质的分层结构"的研究，该研究既包含了视觉区域，也包含了负责处理各种感官模式的更高层级的区域。随着对新皮质层级结构研究的深入，他们发现：层级越高，新皮质处理信息的过程越抽象，处理信息时调动的区域越多，处理所需的时间也越长。对新皮质的任意一个联结来说，信息在层级结构中总是呈现向上和向下的双向交流。[8]

近来的研究在很大程度上允许我们将这些研究扩展到视觉皮质之外的区域，甚至融合了很多来自感官输入信息的联合区。普林斯顿大学心理学教授尤里·哈森（Uri Hasson）和他的同事在 2008 年发表了研究结果，该研究论证了大脑神经区域的绝大部分区域与视觉皮质有着相似的活动。

> 很明显，沿着视觉皮质通路，神经元不断扩大自身的空间接受域。这是视觉系统的基本组织原则……真实事件的发生地点绝不会只在扩大的空间中发生，也不会在扩延的时间中发生。因此我们猜测，应该也有与空间接受域大小相适应的分层结构存在，负责处理大脑不同区域发出的时间反应特性。根据上述发现，我们认为，与已知空间接受域的皮质分层相类似，人脑中也有一个为时较长的时间接受窗口的层级结构。[9]

大量证据证明大脑具有可塑性，这就是新皮质处理信息的方式具有普遍性的最有力证据（学习与信息交流），换句话说，通过使用新皮质的通用算法，我们可以使一个区域完成本该由另外一个区域完成的任务。如今大量神经科学研究正在试图确定新皮质不同区域与模式类型的一一匹配。完成这项任务的传统方法是找出因受伤或重击而受损的大脑丧失的功能，并找出大脑具体的受伤部位，通过前者和后者的结合，我们就可以确定新皮质内不同区域的功能。举个例子，如果一个病人脑部的梭状回（fusiform gyrus）区域刚刚受伤，而他突然无法像之前那样根据他人的脸部肖像识别来人，却依然能无障碍地根据人的声音和语言模式识别他人，我们可以推测上述区域与脸部识别有一定的关系。这个判断的基础是，新皮质的不同区域只负责处理和识别特定模式类型。不同的身体区域负责处理不同的模式类型，因为这是正常情况下信息传播的方式。但如果由于某种原因，信息传播受到阻碍，那么新皮质的另一区域就会介入，并接管受阻区域的工作。

可塑性受到了神经学家的广泛关注，他们观察到由于受伤或中风而导致大脑受损的病人，能够在新皮质的另一区域重新习得该技能。关于可塑性最受关注的例子也许是 2011 年的一项研究，即由美国神经科学家玛丽娜·贝德尼（Marina Bedny）以及她的同事进行的关于"先天性盲人视觉皮质发生过什么"的研究。人们普遍认为视觉皮质早期层，如 V1 和 V2，天生就是处理非常低级的模式（如边缘或弧边），

而前皮质（frontal cortex，位于我们特有的大前额中的新皮质进化新区域）天生是处理复杂和微妙得多的语言以及其他抽象概念模式。但正如贝德尼和同事们所发现的："人类进化了左前脑区域以及特别善于语言加工的颞叶皮质。然而，先天性盲人在某些语言任务上也能激活视觉皮质。我们可以证明这种视觉皮质活跃实际上反映了语言加工。我们发现，对于先天性盲人来说，左视觉皮质与传统语言区域表现相似……我们推断为视觉而进化的脑域会因早期经验而具有语言加工能力。"[10]

想一想该项研究的启示：**它意味着物理上相对远离的新皮质区域，以及被认为概念很不一样的新皮质区域（原始视觉线索对抽象语言概念），本质上来说使用的却是相同的算法。负责处理不同模式类型的区域可以相互替代。**

来自加州大学伯克利分校的神经科学家丹尼尔·费尔德曼（Daniel E.Feldman），于2009年写了一篇关于被他称为"新皮质上可塑性的突触机制"的综述，并提供了这种可塑性在整个新皮质上存在的证据。他写道："可塑性允许大脑学习、记住感官世界中的模式，并修正行动……帮助伤后恢复功能。"他补充道，这种可塑性的实现是通过"结构变化，包括皮质突触和树突棘（dendritic spines）的形成、移除以及形态改变"。[11]

关于新皮质可塑性（以及新皮质算法的一致性）的另一个令人震惊的例子是，最近由加州大学伯克利分校的科学家们所展示的——他们将植入式微电极列阵联结起来，以接收老鼠运动皮质某一特定区域的脑部信号，此区域负责控制触须的活动。他们将实验设计成，如果老鼠们能在某种心智模式上控制那些要激活的神经元，而又不移动它们的触须的话，那么它们就会得到奖励。要获得奖励，所需要的模式涉及一种它们的前端神经元通常无法实现的精神任务。不过，老鼠们能够完成这项精神任务，主要是一边通过它们的运动神经元进行思考，同时从精神上切断其对运动的控制。[12] 科学家们得出的结论是：负责协调肌肉运动的新皮质区域的运动皮质也使用标准的新皮质算法。

不过，使用新皮质的新区域来代替受损区域，重新习得的技能或某种知识未必会跟原有的一样好，又是为什么呢？有几点理由可以说明。学习并完善一项特定技能，需要花费一生的时间，因而新皮质另一区域重新习得其他区域负责的技能时，并不能瞬时产生同等的效果。更重要的是，新皮质新区域并不只是要担当受损区域的替补，它本身也发挥着至关重要的作用，因此在弥补受损区域时，就要抛弃它的新皮质模式，所以表现得很犹豫。它可以从释放模式的一些冗余的副本开始，但是这样做会微妙地降低已存技能，也不会释放出与再学习到的技能原先占用大小相同的皮质空间。

可塑性的局限性还有第三个原因。因为大多数人的特定类型的模式会流经特定区域（例如梭状回区域处理脸部识别），所以这些区域已经通过生物进化优化出了最适合处理那些类型的模式。正如我将在第 7 章中介绍的，在我们的数字新皮质发展中出现了同样的结果。我们可以通过字符识别系统来识别语音，而反之亦然。但是，由于言语系统最适合识别语音，字符识别系统最适合识别印刷字体，因此，假如我们用一个代替另一个的话，其执行力就会被减弱。实际上，我们会运用进化（基因）公式来完成这种优化，这种优化模拟的是生物自然。假设大多数人的脸部成百上千年（或更多）来一直由梭状回区域识别，生物进化就能够形成有力的能力来处理那个区域中的这种模式。它使用相同的基本公式，只不过将其应用到脸部识别罢了。正如荷兰神经科学家兰德尔·科恩（Rondal Koene）认为："新皮质非常一致，原则上来说，皮质柱或微皮质柱可以做其他同伴所能做到的。"[13]

近来大量研究支持以下观察：基于对它们造成影响的模式，模式识别模块相互联结了起来。举个例子，神经科学家左易（Yi Zuo）和她的同事观察到：新的树突棘在神经细胞之间形成联系，所以老鼠们学到了新的技能（通过一个狭缝抓取种子）。[14] 索尔克研究所的研究者已经发现新皮质模块的这种自我联结明显是由少量基

因决定的。在新皮质中，这些基因和这种自我联结方法也是一致的。[15]

许多其他研究证明了新皮质的这些属性，我们来总结一下我们从神经学文献和自己的思想实验中所观察到的。新皮质的最基本单位是神经元模块，我估计约有100个。这些神经元被联结到每个新皮质单元中，这样，每个模块就不会有明显的差别。每种模块之间的联结和突触强度的模式都是相对稳定的。正是模块之间的联结和突触强度代表了学习。

新皮质中大约有 10^{15} 种联结，而基因组中的设计资料却只有 2.5 亿字节（无损压缩后），[16] 因此从基因上来说，联结本身是不可能预先确定的。这种学习有可能是新皮质查询旧脑的产物，却仍然只体现了相对较少的信息。模块之间的联结大体上是从经验中确立的（后天培养而不是自然形成）。

大脑并不具备足够的灵活性，无法保证每种新皮质模式识别模块都能够轻易地与任一种模块相联结（就像我们能轻易地在电脑上或网上编程一样）——必须创建实体物理联系，轴突联结到树突上。我们每次都是从大量可能的类神经联结开始。正如韦丁恩的研究所展示的，这些联结以一种很重复而又很井然有序的方式组合在一起。基于每种新皮质模式识别器所识别到的模式，这些等待中的轴突的终端联结就会发生。没有用的联结最终会被删除。这些联结是分等级建立的，反映了事实的自然等级秩序。这也正是新皮质的关键优势所在。

新皮质模式识别模型的最基本公式在新皮质中，从处理最基本感官模式的"底层"模型到识别最抽象概念的"高层"模型都是对等的。新皮质区域可塑性和可交替性最明显的证据就是这个重要观察的确实证明。处理特定类型模式的区域有一些优化，但这只是二阶效应——最基本的公式是通用的。

信号沿着概念阶层上上下下。往上的信号意味着"我发现了一种模式"，往下的信号意味着"我在期待你的模式产生",这本质上是一种预测。往上或往下的信号要么是兴奋的,要么是抑制的。

每种模式自身都处于一种特定的秩序并且不易逆转。即使一种模式似乎有多面性,它也只是由更低层模式的一种一维模式所体现,因此每种识别器都有固有的递归性。不过,分层可以有很多层。

我们所了解的模式有很多是重复的,尤其是那些重要的模式。模式识别(诸如普通物体和脸部)和我们的记忆使用相同的机制,这些机制正是我们所了解的模式,它们也被作为模式序列储存着,且基本上是故事。那种机制也用于学习和在物理世界中进行物理运动。模式的重复使得我们能识别物体、人和那些有变化且发生在不同环境中的想法。尺寸和大小的变化参数也使得新皮质能够编码不同维度的变化幅度(就声音而言是持续时间)。编码这些幅度参数的一条途径就是通过不同数量重复输入各种模式。举个例子,口语"steep"就有模式,它有不同数量的重复长元音 [E],每个都有中等层级的重要性参数集表明 [E] 的重复是有差异的。从数学上来说,这种方法并不等于拥有明确的尺寸参数,也不像实际运行那样工作,就只是一种编码幅度的方法而已。关于这些参数,我们目前拥有的最有力的证据就是为了得到接近人类层级的准确程度,人工智能系统需要它们。

以上总结包括了从我所分享的研究结果抽样和我早先讨论的思想实验抽样中所得出的结论。我坚持认为我所呈现的模型是唯一能满足研究和我们的思想实验所确立的所有约束条件的模型。

最后,我再提供一个具有说服力的证据。数学上来说,过去几十年里我们在人工智能领域开发的用来识别和智能处理真实世界现象(如人类话语和书面语言)、理解自然语言文件的技术,与我上文所呈现的模型很相似。它们都是思维模式识别理论的例子。人工智能领域并不是尝试复制人脑,却仍然达到可与人脑匹敌的技术水准。

05 旧脑

虽然大脑新皮质已成为大脑的主体，但我们的旧脑并未消失，仍在帮助我们寻求满足和躲避危险。丘脑的突出作用是与新皮质持续联络，海马体存储最新记忆，而小脑则负责人体动作的协调。

HOW TO CREATE A MIND

The Secret of Human Thought
Revealed

05
旧脑

我的大脑很旧了，但记忆却很棒。

阿尔·刘易斯

在这个新世界中，我们的大脑很原始，习惯于简单的洞穴生活，拥有可随意使用的惊人力量，我们足够聪明，可以释放这些力量，但是我们却不能理解它们的结果。

阿尔伯特·森特-哲尔吉，维生素 C 发现者、诺贝尔奖得主

我们成为哺乳动物之前所拥有的旧脑并没有消失。实际上，它仍在我们寻求满足和躲避危险的过程中提供动力。然而，这些目的都被新皮质调节着，而新皮质占据人类大脑的主要部位，在活跃性方面控制着大脑。

动物曾习惯于在没有新皮质的情况下生活和生存。实际上，很多非哺乳动物至今仍然如此。我们可以将大脑新皮质视为巨大的升华器——我们最初躲避大型捕食者的动力如今可能会被新皮质转化为完成一项任务来取悦老板；大猎捕可能会变成写一本关于大脑的书；追求繁殖可能会变成获取公众认同或是装饰公寓（最后这一点的动力并不总是那么隐蔽）。

新皮质同样也善于帮助我们解决问题，因为它能够准确地模仿世界，反映真实世界的分层本质。但是，将那些问题呈现给我们的却是旧脑。当然，跟其他聪明的官僚制度一样，新皮质经常通过重新定义它被布置的任务来处理问题。关于这一点，我们回顾一下旧脑中处理的信息。

感觉通路

> 大脑中沿着视神经纤维移动传送的图像是视觉的起因。
>
> **牛顿**
>
> 每个人都生活在自己大脑的宇宙之中——也可以视为监狱。几百万条脆弱的感官神经纤维从中伸出，它们独特成组，成为检查我们周围世界能态——热、光、力以及化学构成的样本。那就是我们对它的全部了解，其他的都是逻辑推理。[1]
>
> **弗农·蒙卡斯尔，美国神经生理学家**

尽管我们曾经以为从眼睛中获取了高分辨率的图像，但视神经真正传递给大脑的，却只不过是一系列关于我们视觉区兴趣点的轮廓和提示。我们从皮质记忆获取对世界的幻觉，因为皮质记忆只需要少量数据就可以阐释一系列通过平行方式到达的影像。在《自然》杂志上发表的一项研究中，加州大学伯克利分校的分子细胞生物学教授弗兰克·韦伯林（Frank S. Werblin）和博士生博通·罗斯卡（Boton Roska）的研究表明，视神经携带了 10 ~ 12 个输出通道，每个仅携带了少量关于给定画面的信息（见图 5-1）。[2] 其中一组名为神经节细胞的只传送关于相反的边缘对比变化的信息；另一组只探测大片的均匀颜色；第三组只能检测焦点图像之后的背景信息。

韦伯林认为："尽管我们认为自己看透了世界，但我们接收到的却只是提示，是空间和时间的边缘。这 12 幅关于世界的画面组成了我们对外界所知的所有信息（见图 5-2），借助这 12 幅画面，我们重构了丰富的视觉世界。我很好奇，大自然如何选择这 12 幅简单的影像以及它们是如何做到为我们提供所需的几乎全部信息的。"

05

旧脑

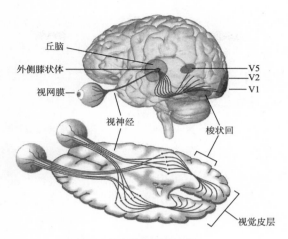

图 5-1　大脑中的视通路

这种数据简化就是人工智能领域的"稀疏编码"（sparse coding）。我们发现，在创建人工系统时发现，抛弃大多数输入信息，仅保留最显著的细节，却颇有成效。然而，新皮质（生物的或其他的）中加工信息的有限能力却被埋没了。

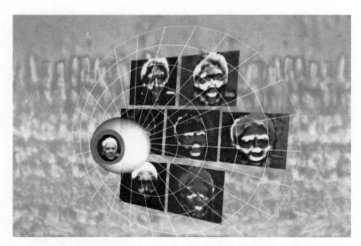

图 5-2　视神经传送到大脑的 12 个低数据率"影像"中的 7 个

Audience 公司创始人劳埃德·沃茨（Lloyd Watts）以及他的研究团队已经成功

模拟了来自耳蜗的听觉信息穿过皮质下区域，然后通过新皮质的早期阶段这一过程（见图5-3）。[3] 他们已经研发出从声音中抽取600种不同频带（60每频程）的技术。这与人类耳蜗内抽取的3 000频带的估计更加接近（与只使用16 ~ 32频带的商业语音识别相比）。运用两支麦克风以及听觉处理的详细模型（具有高频谱分辨率），Audience已经研究出了商用技术（运用某些比其研究系统还低的频谱分辨率），这种技术可以有效地消除会话中的背景杂音。如今，这种技术在很多流行手机中都有应用。这也是一个令人印象深刻的商用产品的例子，这种产品是基于人类听觉感知系统如何能够集中于一种其感兴趣的声音源。

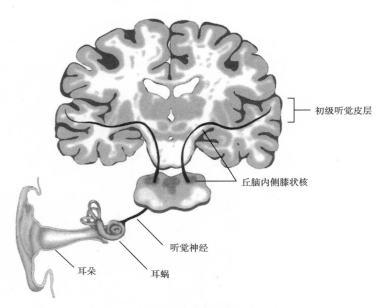

初级听觉皮层

丘脑内侧膝状核

听觉神经

耳朵　　耳蜗

图5-3　脑中听觉通路

体内的输入（预计每秒数百兆），包括皮肤、肌肉、器官和其他区域的神经，源源不断地流入上脊髓。这些信息不仅涉及触觉交流，还携带关于温度、酸水平（例如肌肉中的乳酸）、食物通过胃肠道的流动以及其他许多信号的信息。脑干和中脑会处理数据。名为"lamina 1"的神经元的关键细胞能创造一张身体地图，这张地图代表了它目前的状态，就像用来跟踪飞机的飞行控制器使用的显示器一样（见图 5-4）。自此，感官数据开始朝名为丘脑的神秘区域移动，而这也正是我们的下一个话题。

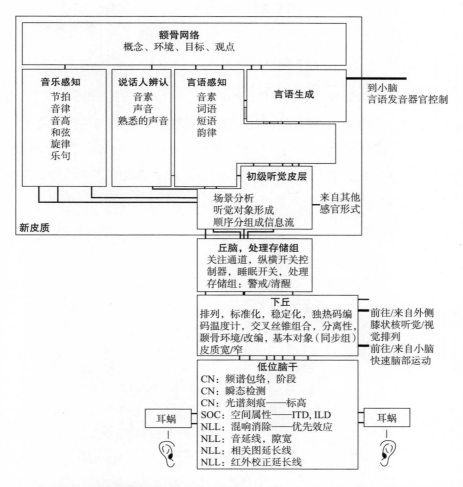

图 5-4 Audience 公司创建的皮质下区域（优于新皮质的区域）和新皮质中听觉处理的简易模型

注：数据改编自劳埃德·沃茨在 2012 年 WCCT 大会发布的《人类听觉通路的逆向设计》（*Reverse-Engineering the Human Auditory Pathway*）。

丘脑

> 大家都知道什么是注意力。它是指思维的一种清晰、生动的的状态，在同时存在的某几种物体或思路中，只聚集在某一种物体上或思路中。它的本质是聚焦和集中。它意味着退出某些事以有效地处理其他事。
>
> **威廉·詹姆斯**

感官信息从中脑流经丘脑中叫作丘脑后核（VMpo）的螺帽般大的区域，该区域能够计算复杂反应的整体规定，如"这味道太恐怖了""好臭"或"那个轻触很刺激"。渐增的加工过的信息最终到达新皮质中叫作脑岛（insula）的两个区域。这些结构只有小手指般大小，位于新皮质的左右两边。凤凰城巴罗神经学研究所的亚瑟·克雷格（Arthur Craig）等人将丘脑后核以及两个脑岛区域描述为"代表物质的我的系统"（见图 5-5）。[4]

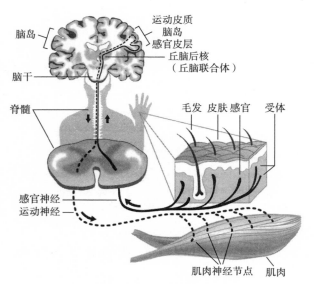

图 5-5　大脑中感觉——触觉通路

丘脑被视为前期加工过的感官信息进入新皮质的通道。除了流经丘脑后核的触觉信息，视神经加工过的信息（如上所述，这些信息大部分已被转化了）被发送到丘脑中叫作外侧膝状体的区域，然后该信息继续被送到新皮质的 V1 区域。来自听觉的信息经过丘脑中的产膝状核，并在途中经过新皮质早期听觉区域。我们所有的感官数据（除了明显用于嗅觉系统的，因为嗅觉系统使用嗅球代替）都要经过丘脑的特定区域。

然而，丘脑最显著的作用却是它与新皮质的持续交流。新皮质中的模式识别器将初步结果发送到丘脑，然后接收其反应，这些反应主要使用来自每个识别器第 VI 层或兴奋或抑制的相互作用信号。记住，这些不是无线信息，所以需要通过大量的实际线路（以轴突的形式）运行在新皮质和丘脑的所有区域之间。鉴于新皮质中几百万个模式识别器需要大量的实在物（就所需要联系的物理属性而言），所以这些模式识别器还得不断与丘脑交流。[5]

那么，亿万个新皮质模式识别器到底向丘脑传递着什么信息呢？很明显这是一个很重要的谈话，因为对丘脑主要部分的严重损伤会导致持续的无意识。丘脑受损个体的新皮质可能仍具有活跃性，因为联区的自我触发思维仍能继续工作。但是，那种让我们起床、上车或工作时坐在桌子边的定向思维却不能在没有丘脑的情况下工作。在一个著名的案例中，21 岁的凯伦·安·昆兰心脏病发作，呼吸衰竭，10 年来一直处于一种无反应的植物人状态。她死后，尸检报告表明她的新皮质是正常的，但丘脑却已受损。

丘脑必须依靠包含在新皮质中的结构化知识才能在直接注意力中发挥关键作用。它可以通过（储存在新皮质中的）网线，使我们遵循一系列思维或按计划行动。麻省理工学院皮考尔学习与记忆研究所（MIT Picower Institute for Learning and Memory）近来的研究表明，借助两个大脑半球，我们的工作记忆能够同时跟踪 4 个条目。[6]虽然我们至今不清楚是丘脑管理着新皮质还是新皮质管理着丘脑，但没有这两者，我们就不能活动。

海马体

每个大脑半球都有一个海马体（hippocampus）。海马体是一个小区域，看起来像是塞在内侧颞叶的海马。海马体最主要的作用就是记住新颖的事件。当感官信息流经新皮质，**新皮质会判定这种经历是否新颖，然后将其呈现给海马体。**新皮质判定经历新颖要么是因为不能识别某一套特定的特征（例如新面孔），要么是因为意识到一种原本熟悉的情形又出现了独特的特质（例如你的配偶戴着假胡子）。

海马体能够记住这些，尽管它似乎是通过将线索放入新皮质而做到的。因此，海马体中的记忆也储存在低级模式中，而这些模式早就被识别并储存在新皮质中了。对于那些没有新皮质却要调整感官经历的动物来说，海马体会记住来自感官的信息，尽管这得经过感官预处理，例如视神经执行的转换。

尽管海马体将新皮质（假如特定大脑有的话）作为暂存器，但（进入新皮质指示器的）记忆却不是天生分层的。没有新皮质的动物可以运用海马体记住事物，但它们的回忆却不是分层的。

海马体的容量有限，因此它的记忆是短暂的。它会依照记忆的顺序一遍一遍地播放给新皮质，而将模式的特定顺序从新皮质短暂记忆转成长期分层记忆。因此，我们需要海马体来习得新记忆和技能（不过，严格的运动技能似乎要使用不同的机制）。海马体副本受损的某些人会记得已存记忆，但却不能形成新的记忆。

南加州大学神经科学家西奥多·伯杰（Theodore Berger）和他的同事一起模拟了老鼠的海马体，并成功植入了人造海马体。2011年的一项研究报告中，南加州大学的科学家们用药物阻止了老鼠的特定习得行为。借助人造海马体，老鼠们也能很快再次学会这些行为。伯杰这样描述他遥控植入的神经的能力："轻轻打开开关，老鼠们就记住了。关掉之后，它们就忘记了。"在另一项试验中，他们允许人造海马体与老鼠的自然海马体一起工作。结果是，老鼠们学习新行为的能力提高了。伯杰解释道："这些综合实验性的模拟研究第一次表明，神经假体能够实时识别，以及使可控的编码过程能够恢复，甚至是提高认知记忆过程。"[7]海马体是阿尔茨海默病受损的第一批区域之一，因此该项研究的目标之一就是为人类研发出一种能够缓和这种病症初级阶段损伤的神经植入物。

小脑

你可以用两种方法抓住高飞球。你可以通过求解控制球的移动的复杂联立微分方程，以及你在观察球移动时的特定角度方程，然后利用更多的方程计算出如何移动你的身体、手臂和手，在合适的位置、合适的时间接住球。

大脑却不采用这种方法。基本上，大脑会将很多方程简化为一些简单的趋势模型，考虑球会落在你视线范围内哪个区域的趋向以及它在这个范围内的移动速度。它也与手做相同的事，线性预测球在你的视线范围内和手的位置。当然，目标是确保它们同时落在同一位置。假如球落得太快，而你的手又动得太慢，你的大脑就会指导你的手更快地移动，以保证趋向吻合。棘手的数学问题"戈尔迪之结"（Gordian knot）的解决方案就叫作基函数（basis functions），它们由小脑执行——小脑的形状如豆、大小如棒球，位于脑干的区域。[8]

小脑是曾经控制几乎所有原始人类运动的旧脑区域。它现在仍然包含大脑一半的神经元，尽管大多数都很小，因此该区域只占脑重的10%。然而，小脑是大脑设计大规模重复的另一个例子。基因组中的设计信息相对较少，因为它的结构是几个重复几亿次的神经元模式。正如新皮质一样，小脑的结构也有一致性。[9]

控制我们肌肉的大多数功能已经被新皮质所代替，使用的是与感受和认知同样的模式识别公式。就移动来说，我们可以更恰当地运用新皮质的模式执行功能来完成它。新皮质确实可以利用小脑中的记忆来记录细微的脚本运动，例如，你的签名或是音乐、舞蹈等艺术表现方面的旺盛欲望。对小脑在孩子书法学习过程中发挥的作用的研究表明，小脑的浦肯野细胞（Purkinje cell）也抽样检查动作序列，每个都对特定的样品很敏感。[10] 因为新皮质控制着我们的大部分移动，所以很多人即使是小脑严重受损，也能设法应对相对明显的残疾，只是他们的动作不那么优雅而已。

新皮质也要求小脑使用它计算实时基函数的能力来预测我们正在考虑却还没有执行（可能会执行）的行动后果，以及行动或是其他的可能行动。这是大脑天生就带有线性预测器的另一个例子。

利用基函数，人们在模仿小脑积极响应感觉信息的能力方面已经获得了巨大的进步，无论是由下往上的模仿（基于生化模型），还是由上往下的模仿（基于小脑中每个重复单元如何运转的数学模型）。[11]

控制快乐与恐惧权

恐惧是迷信的主要来源，也是残忍的主要来源之一。战胜恐惧就是智慧的开端。

罗素，哲学家、数学逻辑学家

从容面对恐惧。

苏珊·杰弗斯，美国励志作家

05
旧脑

如果新皮质善于解决问题，那么我们主要想解决的是什么问题呢？进化所尝试解决的问题是物种的生存。这可以转化为个人的生存，每个人以各自的方式用自己的新皮质来解释。为了生存，动物在避免成为别人的盘中餐时也得保证自己的下一餐。它们也需要繁殖。早期大脑形成了快乐与恐惧系统来奖励这些基本需求，以及激励它们作出能满足这些根本需求的行为。随着环境和互相竞争物种逐渐改变，生物进化引起了相应的改变。随着分层思维的出现，关键驱动的满足变得更加复杂，因为它受到复杂想法的影响。但是，尽管新皮质进行了大量的调制，旧脑仍是活跃、良好的，并且用快乐和恐惧刺激着我们。

和快乐有关的区域是伏隔核（nucleus accumbens）。在 20 世纪 50 年代一个著名的试验中，能够直接刺激这个小区域（通过推动激活植入电极的控制杆）的老鼠们更愿意做其他事，包括发生性行为或进食，最终衰竭而死。[12] 人类其他区域也涉及快乐，例如腹侧苍白球（ventral pallidum），当然也包括新皮质自身。

快乐也由多巴胺和血清素这些化学物质调节。本书无法详细介绍这些系统，但我们必须认识到，我们从成为哺乳动物前的表亲那里继承了这些机制。**人类新皮质的主要职责是让我们成为快乐和恐惧的主人，而不是它们的奴隶。**至于我们受到的成瘾行为的影响，说明新皮质在这方面的尝试却并不总能成功。在感受快乐时，多巴胺往往也是涉及的神经传递素。如果有什么好事发生在我们身上——彩票中奖了、获得同行的认可、爱人的一个拥抱，甚至是细小的成就，例如说了一个让朋友发笑的笑话，我们经历的是多巴胺的释放。与那些因过度刺激伏隔核而死的老鼠们一样，我们有时会通过捷径来获取快乐，但这并不是一个好主意。

举个例子，赌博可以释放多巴胺——至少在你赢的时候可以，但这却要依赖于赌博行为的不确定性。赌博可能会为了释放多巴胺而工作一会儿，但你并不会总赢（否则赌场的生意就没法做了），那将它作为一种常规战略就是毁灭性的。类似的危

险都与成瘾行为有关联。多巴胺受体 D2 基因的特定基因突变会使人们在接触成瘾物质或行为的初期时感受到格外强烈的快感，但众所周知却经常被忽视的是，这些物质产生快乐以供后续使用的能力会逐渐降低。另一种基因突变却导致人们不能从日常生活中得到正常水平的多巴胺释放，这也会导致人们想借由成瘾活动，强化初期经验。拥有这些成瘾遗传倾向的少数人引发了巨大的社会和医学难题。即使是那些成功避免严重成瘾行为的人，他们也在挣扎着释放多巴胺，以平衡释放多巴胺的行为。

血清素是一种在调节情绪方面具有关键作用的神经传递素。当血清素浓度较高时，它让人感觉到健康和满足。血清素也有其他作用，包括调节突触强度、食欲、睡眠、性欲以及消化。选择性 5-羟色胺再摄取抑制剂（趋向提高受体可用的血清素量）之类的抗抑郁药物具有深远的影响，但并不是所有的都令人满意（例如有降低性欲的副作用）。与新皮质中的行动不同——在新皮质中模式识别和轴突激活一次只影响一小部分大脑神经回路，这些物质却会影响大脑中的大片区域甚至是整个神经系统。

人类大脑每个半球都有杏仁核，它包括一个由几个小叶组成的杏状区域。杏仁核也是旧脑的一部分，会处理一系列情绪反应，特别是恐惧。在哺乳动物中，代表危险的某些预先设定好的刺激会直接进入杏仁核，而杏仁核将触发"战斗 - 逃跑"机制。如今，人脑杏仁核依靠新皮质传送危险感知。例如，老板的批评可能会引起你害怕丢掉工作这样的反应（或许不是，假如你早已有了离职的打算）。一旦杏仁核认为危险将要降临，就会触发一系列事情。杏仁核将信号发给脑下垂体让其释放促肾上腺皮质激素。这种激素反过来会触发肾上腺释放压力荷尔蒙皮质醇，这种皮质醇可以为你的肌肉和神经系统提供更多的能量。肾上腺也能分泌肾上腺素和去甲肾上腺素，这两种激素能抑制你的消化系统、免疫系统以及繁殖系统（请注意，这些在紧急情况中并不是高优先级过程）。血压、血糖、胆固醇以及纤维蛋白原（加速血液凝结）的水平全部上升，心率和呼吸也加速，甚至连瞳孔都放大，因为这样你就有更好的视力，可以看清敌人或是逃生路线。这一点在遇到真正的危险，如捕食者突然阻拦时特别有用。众所周知，当今世界这种战斗 - 逃跑机制的慢性激活会导致健康永久受损，如高血压、高胆固醇和其他问题。

全脑神经传递素水平系统如血清素，以及激素水平如多巴胺，都非常复杂，我们将用余下的篇幅来讨论这个话题，但值得指出的是，该系统中信息的频带宽度（信息处理率）比新皮质频带宽度低很多。与由几百万亿种可以迅速改变的联系构成的新皮质不同，神经递质只涉及有限的物质，大脑中这些化学物质的水平变化较为缓慢，也相对普通。

公平地说，新脑和旧脑中都会出现情绪经历。思维发生在新脑（新皮质），而感觉在新脑和旧脑中都会发生。因此，模拟任何人类行为都要模拟这两个部分。但是，假如我们追求的只是认知智力，那么有新皮质就足够了。我们可以用非生物大脑皮质更加直接的动机来代替旧脑以达成我们的目标。例如，沃森的目标就很明确：益智问答节目为《危险边缘》给出正确的答案！（虽然这些都是由了解《危险边缘》的程序进一步调整的。）Nuance 和 IBM 联合研发具有医学知识的新沃森系统，其目标是帮助人类治疗疾病！未来的系统还会有实际治愈疾病和摆脱贫困之类的目标。很多快乐 - 恐惧挣扎对人类而言已经过时了，因为旧脑早在原始人类社会开始之前就在进化了——旧脑的大部分都是爬行动物式的。

至于究竟是旧脑做主还是新脑当家，人脑中仍在进行斗争。**旧脑通过控制快乐和恐惧经历来定好议程，而新脑则一直尝试着理解旧脑相对原始的公式并力图控制自己的议程。**请记住，人脑中的杏仁核并不能单独评估危险，它得依靠新皮质来判断。那个人是友是敌，是爱人还是威胁？只有新皮质才能决定。

虽然我们不能直接参与生死决斗、捕猎食物，但我们至少在一定程度上将自己的原始欲望变成了创造性的成果。基于这一点，我们将在下一章讨论创造力与爱。

06 新皮质的卓越能力

人类的卓越能力，主要归功于大脑脑岛中的纺锤体细胞。大脑新皮质某些区域的优化，使其更善于处理联合模式，这就是天分的由来。跨领域合作和非生物大脑新皮质的云端存储，将让我们更富有创造力。从进化观点看，爱情存在的本身就是为了满足大脑新皮质的需求。

HOW TO CREATE A MIND

The Secret of Human Thought Revealed

06
新皮质的卓越能力

我的手能够移动是因为我的大脑将某些力量赋予它——可能是电力、地心引力，或者是所谓的"神经动力"。如果科学更加完善的话，可能会发现这些储存在大脑中的精神动力源于那些由血液供给给大脑的化学动力，并最终发现它来源于我摄入的食物和我呼吸的空气。

刘易斯·卡罗尔，英国作家、数学家

我们的情感思维同样发生在新皮质，但却受到大脑某一部分的影响，这些部分包括杏仁核这样的旧脑区域，以及一些新近进化的脑部结构，如纺锤体神经元，这些神经元似乎在更高层级的情绪方面发挥着关键作用。与大脑皮质中的有逻辑的循环结构不同，纺锤体神经元有着高度不规则的形状和节点，是人脑中最大的神经元，跨越整个大脑。它们之间紧密联系，利用成百上千个节点与新皮质的不同部位联结在一起。

如前所述，脑岛帮助传递感官信号，但它也同样在更高层级的情绪方面发挥着关键的作用。纺锤体细胞就来源于这个区域。功能性磁共振成像（fMRI）扫描表明，当一个人在处理爱情、生气、悲伤或性欲等情绪时，这些细胞会特别活跃，比如看到爱人或听到自己的孩子在哭时，就会强烈刺激脑岛区域。

纺锤体细胞上有长长的名为尖端树突（apical dendrites）的神经丝蛋白，它们能够联结到远处的新皮质区域。这种"深度"互联性是在我们进化途中越发频繁出现的特征，而某些神经元就是通过这种"深度"互联性跨区域提供联系的。假如有了处理各种话题和思维的更高层级情感反应能力，处理情感和道德评判时所涉及的

107

纺锤体细胞会有这种连通性就不足为奇了。**由于它们同大脑很多其他区域有联系，所以纺锤体细胞传递的高层级情感会受到知觉和认知区域的影响**。值得注意的是，这些细胞并没有在做理性的问题分析，这也是我们听音乐或者恋爱时不能理性控制自身反应的原因。然而，大脑的其余部分却积极参与了试图弄清楚我们神秘、高层级情感的过程。

纺锤体细胞的数目相对较少：总共大约 80 000 个，右脑中大约 45 000 个，左脑中大约 35 000 个。这种不等性至少为情商处在右脑的观点提供了证据，尽管这种不均衡还是适度的。大猩猩有大约 16 000 个这种细胞，倭黑猩猩有约 2 100 个，黑猩猩有约 1 800 个。其他哺乳动物根本就没有这种细胞。

人类学家相信，纺锤体细胞在 1 000 万 ~ 1 500 万年前第一次出现在猿和类人猿（人类的前身）尚未明晰的共同祖先身上，然后在大约 10 万年前数量急剧增长。有趣的是新生儿身上并没有纺锤体细胞，到他们大约 4 个月的时候才开始出现，并且在他们 1 ~ 3 岁的时候开始显著增加。孩子处理道德问题和感知（如爱情）这类更高层级情绪的能力形成于同一时期。

天分

莫扎特在 5 岁时就创作出了小步舞曲。6 岁时，他就在维也纳的金色大厅为玛丽娅·特蕾莎女王（Maria Theresa）进行了表演。在 45 岁去世之前，他创作了包括 41 部交响曲在内的 600 部作品，他被公认为欧洲古典传统乐最伟大的创作者。人们可能会说，莫扎特拥有如此成就，是因为他有音乐天分。

那么，在思维模式识别理论中，这意味着什么呢？很明显，我们所说的天分有一部分是后天养成的产物，也就是说，环境和其他人的影响。莫扎特生于音乐世家。父亲利奥波德是一位作曲家，同时担任萨尔兹堡大主教的宫廷管弦乐队的指挥（准确地说是音乐指挥）。莫扎特从小就沉浸在音乐世界里，从 3 岁开始，他父亲就教他小提琴和键盘乐器。然而，环境影响并不足以解释莫扎特的惊人才华，天赋明显也是其中一大因素。但是，这种天分是以一种什么形式存在的呢？正如我在第 4 章所写的，为了某些特定类型的模式，新皮质的不同区域通过生物进化被最优化了。即使模型的基本模式识别公式在新皮质中是统一的，但由于模式的特定类型会流经特定区域（如脸部表情经过梭状回），因此区域也会变得更善于处理相关模式。然而，每个模型中又有很多管理公式如何实际运行的参数。比如，要识别一种模式，匹配度需要多高？如果一个更高水平的模块发送了一个模式所预料的信号，这个临界又该如何调整？规格参数呢？这些因素，包括其他因素都会根据不同区域进行不同设定，以有利于特定的模式。我们在人工智能的研究中使用了相似的方法，注意到了同样的现象，并且已经使用模拟进化来优化这些参数。

如果特定区域可以为不同类型的模式进行优化，那么基于此，个体大脑在学习、识别和创造某种模式类型的能力方面也会有所差别。例如，大脑可以通过更好地识别韵律模式或更好地理解和声的几何排列来发掘自己对音乐的天赋。与音乐才能有关的音高辨别力（perfect pitch，在没有外界帮助的情况下识别和重演高音的能力）尽管需要后天培养，却又似乎源于基因遗传，因此极有可能是先天天分与后天培养相结合的产物。音高辨别力的遗传基础可能在听觉信息预处理时驻留在新皮质边上，已习得部分则保留在新皮质上。

不管是普通人还是天才，都可以借助其他有助于提升能力的技能，只是不同人的提升程度不一。新皮质的能力，如新皮质控制杏仁核生成恐惧信号的能力（当遇到反对时），起着关键的作用，自信、组织能力和感染他人的能力等属性也是如此。我之前提到的一个重要技能是追求反对正统想法的勇气。不变的是，那些被我们视

为天才的人们通过一开始不被同龄人理解或欣赏的方式，追求他们自己的精神体验。虽然莫扎特生前也获得了人们的赏识，但是大部分赞誉还是在他去世后才得到的。他离世时穷困潦倒，被葬在一个普通的墓穴里，而且只有两名音乐家出席了他的葬礼。

创造力

创造力是一剂会让人上瘾的毒药，我已上瘾，生不可离。

塞西尔·戴米尔，美国知名导演

问题绝不是如何获得新的创造性的想法，而是怎样去除旧的观念。每一个大脑都是一栋装满了古色古香家具的建筑。擦干净你大脑的某个角落，创造力会立即填满它。

狄伊·哈克，美国企业家，VISA 创始人

那些异常冷静的人，他们的双眼可以看到世界的不同之处。

埃里克·伯恩斯，美国作家、剧作家

创造力几乎能解决所有的问题。创造性的行为可以通过创意来打败习惯，克服一切困难。

乔治·路易斯，美国广告界创意鬼才

创造力的一个重要方面是找到绝佳隐喻的过程——代表某种其他事物的标志。**新皮质是一个伟大的隐喻制造机，是我们成为唯一的创造性物种的原因。**在新皮质中，3 亿模式识别器中的每一个都在识别和定义一种模式并对其命名，就新皮质模式识别模型来说，这只不过是来源于模式识别器的轴突在找到模式时会被"激活"。然后，这个标志变成了另一种模式的一部分。这些模式中的每一个实际上都是一个隐喻。这些识别器能以高达每秒 100 次的频率"激活",而我们每秒钟就能识别高达 300 亿次隐喻。当然,不是每一个模块在每一个循环中都会被"激活"——但可以肯定的是,我们每秒钟都能识别数百万个隐喻。

当然,有一些隐喻比其他的更重要。达尔文认为查理斯·赖尔的观点"来源于一股水流的每一个逐步的变化是怎样冲刷出大峡谷的",就是"一个小的进化在经过了数千代的改变之后能够造成不同物种之间的巨大变化"的有力隐喻。思想实验,如爱因斯坦用来阐明迈克尔森 - 莫利实验的真正意义的那个,也是隐喻,引用字典的定义来说,就是:隐喻被认为是其他事物的代表或象征。

你是否在莎士比亚的第七十三首十四行诗中看到过任何隐喻?

在我身上你或许会看见秋天,

当黄叶,或脱尽,或只三三两两

挂在瑟缩的枯枝上索索抖颤——

荒废的歌坛,曾是鸟儿合唱的地方。

在我身上你或许会看见暮霭,

它在日落后向西方徐徐消退,

黑夜,死的化身,渐渐把它赶开,

严静的安息笼住纷纭的万类。

在我身上你或许会看见余烬,

它在青春的寒灰里奄奄一息,

在惨淡灵床上早晚总要断魂,

给那滋养过它的烈焰所销毁。

看见了这些,你的爱就会加强,

因为他转瞬要辞你溘然长往。①

在这首诗里，莎士比亚使用了大量的隐喻来描述他年龄的增长。他的年纪就像晚秋一样："当黄叶，或脱尽，或只三三两两。"天气很冷，鸟儿也不再在枝头栖息，他把这称为"荒废的歌坛"。他的年纪就像"它在日落后向西方徐徐消退，黑夜，死的化身，渐渐把它赶开"的暮光。他就像"在我身上你或许会看见余烬"的余火。实际上，所有的语言最终都是一个隐喻，虽然有些表达比其他的更令人难忘。

找到一个隐喻是一个模式识别的过程，尽管在细节上和环境上存在不同——这是我们生活中每时每刻都在进行的琐碎活动。我们认为，重要的比喻性剧变往往发生在不同学科的缝隙中。然而，违背这种创造力的根本动力是科学领域（以及其他每一个领域）日趋朝着不曾有过的专业化发展的普遍趋势。正如美国数学家诺伯特·维纳（Norbert Wiener）在他的重要著作《控制论》（Cybernetics）中所写：

> 正如我们在本书正文中所见，有一些科学研究领域，被从数学、统计学、电力工程和神经科学等学科的不同角度进行探索；每个单一的概念又从每个群体获得了独立的名字，重要研究被扩大了 3 倍或 4 倍；还有一些重要研究因在某一领域毫无成果而被推迟，但可能已经在另一个领域里成为经典。
>
> 就是这些边缘区域为合格的研究者提供了最为丰富的机会。同时，他们也是能够接受已经为人们接受的技术的大规模攻击和劳动分工的人。

在我自己的研究中，为了应对持续专业化，我集合了许多专家为我进行的一个项目进行头脑风暴（比如，我的语音认知研究包括了语音科学家、语言学家、心理学家和模式识别专家，更不用说计算机专家了），我鼓励每个人将自己独特的技巧

---

① 此译文选自梁宗岱先生的翻译版本。梁宗岱先生是中国现代文学史上一位集诗人、理论家、批评家、翻译家于一身的罕见人才，名满文坛。——编者注

和术语传授给小组其他成员。然后，我们运用那些术语，并把它变成了自己的一套术语。不变的是，我们发现来自某一领域的隐喻却总能够解决另一领域的问题。

在面对家猫时，老鼠会寻找一条逃跑路线——即便是在以前从来没有遇到的情形下也能够做到，因为老鼠在这个时候是有创造性的，能够随机应变，发挥创意。我们自身的创造力的数量级要比老鼠高得多，并且涉及更多的抽象层级——因为我们的新皮质容量更大，它能够分更多的层级。因此，**获得更大创造力的一种方式就是有效地聚集更多的新皮质。**

拓展可用新皮质的一种方法就是通过多人合作。通常，在团队解决问题时，就常通过聚在一起的人们的交流来解决。最近，有人致力于使用在线合作工具来实现实时合作，这在数学和其他领域已经获得了成功。[1]

当然，下一步就是通过新皮质的非生物等同物来拓展新皮质本身。这将是我们创造力的终极展现：**创造创新能力。**非生物新皮质最终将变得更快，并且能够迅速寻找到可以激励达尔文和爱因斯坦的隐喻类型。它能系统地探索我们以指数级增长的知识边界的所有重叠界限。

有些人担心，如果有人退出这种心灵合作关系将会发生什么。我认为，这些附加的智能在本质上将会贮存在云端（我们通过在线交流联结在一起的电脑网络以指数级增长），这也是我们绝大多数机器智能现在贮存的地方。当你使用搜索引擎，用手机识别语音，向 Siri 这样的虚拟语音助手咨询，或使用你的电话将一种语言转译成另一种语言时，这样的智能不是贮存在设备本身中，而是贮存在云端。我们拓展的新皮质也将被贮存在那里，不论我们是通过直接神经联系获得这样的拓展智能，还是通过现在所用的方式——通过我们的设备来与之互相作用，这是一种主观的区别。在我看来，不论我们选择进入还是退出人类拓展智能的直接联系，通过这种普遍加强，我们都会变得更富创造力。我们已经将个人、社会、历史以及文化记忆的

大部分外包给了云端，最终我们的分层思考也会这么做。

爱因斯坦的突破不仅来源于他通过思想实验对隐喻的应用，也源于他勇于相信这些隐喻所具备的力量。他愿意放弃那些不能说明他实验的传统解释，而且他愿意承受同伴对他的隐喻所隐含的古怪解释的嘲笑。这些品质——对隐喻的信仰和确信它的勇气，也是我们在编写非生物新皮质的计算机程度时，应该注入的优秀品质。

爱情

> 思维清晰的人心中的热爱也会格外分明；这就是为什么一个思想伟大而思路清晰的人会怀有强烈的爱，而且清楚地知道何为自己心中所爱。
>
> **布莱兹·帕斯卡，法国数学家、物理学家**
>
> 在爱情中常常有些疯狂的行为，但疯狂同样是有理由的。
>
> **尼采，哲学家**
>
> 当你经历的生活和我经历的一样多了，你就不会低估痴迷爱情的力量了。
>
> **阿卜思·邓布利多，选自《哈利·波特与混血王子》**
>
> 我总是喜欢用一个好的数学方法来解决所有的爱情问题。
>
> **迈克尔·帕特里克·金，选自《欲望都市》**

即使你没有真正地亲自经历过心醉神迷的爱情，你也肯定听说过。公平地说，世界艺术的相当一部分——故事、小说、音乐、舞蹈、绘画、电视剧和电影，在早期都是由爱情故事赋予灵感创作出来的。

最近，科学也加入了进来，而且我们现在能识别出当某人坠入爱河时发生的生理变化。多巴胺被释放出来，制造了幸福与欢乐的感觉。去甲肾上腺素水平迅速升高，导致心跳加速和整体的兴奋感。这些化学物质，连同苯乙烯，使人变得兴奋、充满活力、注意力集中、食欲不振和渴望得到想要得到的物品。有意思的是，伦敦大学学院的最新研究表明，恋爱中的人血清素水平会降低，这与强迫症患者的情况相似。[2] 多巴胺和去甲肾上腺素的高水平解释了短期注意力的提高、幸福感和对早恋的渴望的原因。

如果你觉得这些生化现象听上去与"战斗 - 逃跑"综合征类似的话，是因为它们就是很相像，除非我们正跑向某些人、某些事；实际上，一个愤世嫉俗的人会说靠近而不是远离危险。这些变化也与成瘾行为的早期阶段完全一致。洛克西音乐团的歌曲《爱情是毒药》（*Love Is the Drug*）非常准确地描述了这种状态（虽然这首歌曲的主题是希望获得下一份爱情）。对狂热的宗教体验的研究也呈现了相同的物理现象，可以说有着这样体验的人正在和上帝谈恋爱或者是他们所专注的精神联结。

至于浪漫的早恋，雌性激素和睾丸素在形成性冲动方面发挥着作用，但如果有性生殖是爱情的唯一进化目标的话，那么就不需要这个过程中的浪漫了。正如心理学家、性学家约翰·曼尼（John William Money）所写："性欲是淫荡的，爱情是抒情的。"

爱情的欣喜阶段导致了依恋和最终长期的结合。同样，这一过程也受到化学物质的促进，包括催产素和加压素。以两种相关的田鼠物种为例——草原田鼠和山区田鼠。它们几乎完全相同，但草原田鼠有接受催产素和加压素的受体，而山区田鼠却没有。草原田鼠终生一夫或一妻，而山区田鼠几乎只进行一夜情。对田鼠而言，催产素和加压素受体几乎对它们的爱情生活的天性起着决定性作用。

虽然这些化学物质也影响着人类，但是新皮质在我们所做的其他事情中都发挥着决定性作用。田鼠也有新皮质，但尺寸极小且扁平，只够它们找到生命中的伴侣（或者，对于山区田鼠而言，至少是晚上的伴侣），以及表现出其他基本的田鼠行为。人类则有足够多的新皮质以进行曼尼所说的广泛的"抒情"表达。

从进化的观点来看，爱情存在的本身就是为了满足新皮质的需求。如果我们没有新皮质，性欲对保证繁衍来说已经足够了。爱情的狂喜造成了依恋和成熟的爱情，并且导致了持续的结合。反过来，它至少为孩子们获得稳定的环境提供了可能，尽管他们的新皮质经历着成为有责任心、有能力的成年人所需要的批判性思维。在一个丰富的环境中，学习是新皮质发展的内在部分，而催产素和加压素荷尔蒙机制在建立父母（特别是母亲）和孩子的临界结合中也起着关键作用。

在爱情故事的结尾，被爱的一方成为新皮质的主要部分。在一起数十年之后，爱人们的一切就存在于我们的新皮质里，因此我们能预测他们会说、会做的每一步。我们的新皮质模式被反映了他们是谁的想法和模式填满了。**当我们失去了那个人，我们就失去了部分自我。这不仅仅是一个隐喻——所有充斥着反映我们所爱之人的模式的大规模模式识别器都会突然改变天性。**虽然它们被认为是让那个人在我们心中活着的一个宝贵的方式，但是失去爱人的人其大规模新皮质模式突然将触发器从快乐调到了悲伤。

爱情和它阶段的进化原理并非当今社会的全部。我们在将性从它的生物功能中解放出来方面已经获得了巨大的成功，我们可以在没有发生性关系的情况下生小孩，还可以发生性关系却不必怀孕。大部分的性行为是出于感官的或关系的需要。通常，我们是有目的地坠入爱河，但却不是为了生孩子。

同样，从古至今各种赞美爱情的艺术表达的迅速膨胀和种种形式，其本身就是目的。我们创造这些卓越知识的持久形式的能力——关于爱情或其他东西，恰恰是让我们变得独一无二的东西。

新皮质是生物的伟大创新。反过来，它又是一首关于爱情的诗歌，而我们所有的其他创新则代表了人类新皮质的最伟大发明。

07 仿生数码新皮质

我们现在已经能模拟包含160万个视觉神经元的人脑视觉新皮质，模拟完整人类大脑的目标预计2023年就可实现。"矢量量化"方法既能高效利用计算机资源，又能保留重要的语言识别特征。隐马尔可夫模型让语音识别系统能同时完成识别和学习两项任务。

HOW TO CREATE A MIND

The Secret of Human Thought Revealed

07

仿生数码新皮质

不要相信任何自圆其说的话，除非你知道他的思考模式。

亚瑟·卫斯理，选自《哈利·波特》

我想要的不过是一个平凡而并非超凡的大脑，它只要跟美国电话电报局总经理的一样就行。

艾伦·图灵，计算机之父、图灵机之父

只有计算机能像人类那样思考，它才被认为是智能的。

艾伦·图灵

我相信在世纪末，语言的使用和教育水平会有极大的改变，人们在谈到"机器思考"时，会觉得理所当然。

艾伦·图灵

　　母老鼠天生就会打洞，即使它一生都不曾见过其他母老鼠如何打洞。[1]同样，就算其他同类没有示范完成这些复杂任务的具体步骤，蜘蛛还是天生就会织网，毛虫还是天生就会织茧，海狸还是天生就会建造水坝。当然，我们并不是说这些行为不是习得行为，只不过是说一代的学习是无法掌握这些行为的，必须通过数千代学习的积累。毋庸置疑，**动物行为的进化的确是一个学习的过程，但是这种进化是整个物种群体的学习，而不是个体的学习。进化的成果通过 DNA 遗传给下一代。**

　　新皮质进化的意义就在于，它大大缩短了学习过程（层级化知识）——从数千年缩短到几个月，甚至更短。就算某种哺乳动物遇到无法解决的难题（问题的解决需要一系列步骤），但只要其中的一名成员偶然找到解决方法，该方法就会在种群中迅速扩散传播。

当我们从生物智能转向非生物智能时，我们的学习速度提高了几百万倍。一旦数码新皮质习得一种技能，它就会在短短几分钟甚至几秒之内将这种技能传授给其他皮质。举个例子，在我的第一家公司——我于 1973 年创立的库茨韦尔计算机产品公司（即现在的 Nuance 公司）花了很长时间研究一种叫作全字体（可以是任何字体）光学字符识别（OCR）的技术，以期识别扫描文件中的印刷字符。这项技术连续开发了 40 年，新近产物是 Nuance 公司的 Omnipage。如果你希望你的电脑能识别印刷字符，你不必像我们那样花费数十年的时间训练电脑，你只要下载以软件形式存储的最新模式即可。20 世纪 90 年代，我们开始研究语音识别，这项技术作为 Siri 系统的一部分，已经持续开发了数十年。同样，你也可以在数秒之内就下载这种研究电脑很多年才能习得的最新模式。

我们最终的梦想是研究出一种人造新皮质，它在功能和灵活性方面皆可与人类大脑新皮质相媲美。想想这种发明问世的益处吧。电子线路运行的速度会比生物线路快上成千上万倍。虽然一开始，我们必须牺牲速度来弥补电脑平行运算的缺乏，但是最终，数码新皮质层还是要比生物多样性变化更快，还是会提高速度。

假如我们以一种人造版本来扩大新皮质，就无须担心我们的身体、大脑能容纳多少附加的新皮质，因为就像如今的计算技术一样，人造新皮质大多会存储在云端。我曾经估计我们的生物大脑新皮质可以承载 3 亿个模式识别器。借助人类不断进化的宽前额和占据脑容量 80% 空间的大脑新皮质，这个数字对我们的大脑来说不成问题。但一旦我们的大脑开始利用云端思考，我们就不再受自然条件的限制，就能无限使用数十亿甚至数百亿个模式识别器，基本不需要再考虑我们的需求，以及加速回报定律在每个时间点可以提供什么。

生物新皮质要经过不断的重复才能掌握一种新的技能，数码新皮质也不例外。但是一旦某个数码新皮质在某一时间学会了某种新知识，它就能在第一时间与其他数码新皮质交换信息。就像如今我们每个人都在云端拥有自己的数据库一样，我们也可拥有存储在云端的新皮质扩展器。

最后，通过数码新皮质，我们可以备份智力中的数码部分。这不仅暗示了新皮质可以存储信息，更令人震惊的是，这样的信息至今还没有备份——当然，我们确实可以记下大脑中的信息用以备份。将思维的一部分传输给能长存于我们生物体中的媒介的能力无疑是个巨大的进步，然而大脑中的很多数据依然是容易受损的。

脑模拟

准确模拟人脑是构建数码大脑的方法之一。例如，哈佛大学脑科学博士生大卫·达尔林普尔（David Dalrymple）就计划模拟一种线虫（蛔虫）的大脑，因为线虫的神经系统构造相对来说比较简单，大约只有 300 个神经元，他打算模拟到非常细微的分子层级。[2] 同时，他还给这个大脑加了个虚拟身体，并模拟了线虫真实的生存环境，如此一来，这个虚拟线虫就可以像真实的线虫那样猎食、做其他同类擅长的事情。达尔林普尔说，这似乎是人类第一次完全模拟生物大脑，并且让其生活在虚拟环境中。尽管线虫在竞争食物、消化食物、躲避猎食者和繁衍后代这些方面的确拥有某些技巧经验，但我们依然无从知晓线虫是否真的有意识，更不用说模拟线虫了。

亨利·马克拉姆的蓝脑计划却致力于模拟人脑，包括整个新皮质和海马体、杏仁核以及小脑等旧脑区域。各个部分的模拟程度有所不同，最高可达到分子层级的完全模拟。如同我在第 4 章提到的那样，马克拉姆已经发现了新皮质中反复出现神经元的关键分子，这说明学习是由这些分子而不是那些单个神经元完成的。

马克拉姆的计划进度持续呈指数级速度增长。2005 年这个项目刚刚启动时，他就成功模拟出第一个神经元。2008 年，他的团队已经模拟出包含 10 000 个神经元的老鼠大脑新皮质。截至 2011 年，模拟能力扩大到 100 个皮质柱，成功模拟了 106 万个神经元，马克拉姆将它称为"中回路"（mesocircuit）。马克拉姆的研究引发了反对者的争议，他们认为马克拉姆虽已成功模拟出神经元，但却无法证明这些模拟神经元就是真实神经元的再现。要证明这一点，这些模拟神经元必须演示出我将在下面讨论的学习。

马克拉姆当时计划到 2014 年，完成对老鼠整个大脑 100 个中回路的完全模拟，总共包含 1 亿个神经元和大约 1 万亿个突触。在 2009 年牛津召开的 TED 大会上，马克拉姆说道："模拟人类大脑并非不可能，我们可以在 10 年内完成这项任务。"[3] 他最近的目标是在 2023 年完成全脑模拟（见图 7-1）。[4]

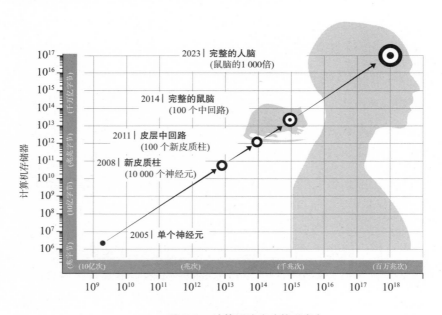

图 7-1　计算机速度（软磁盘）

通过对真实神经元详细的解剖及电化学分析，马克拉姆及其团队试图以真实神经元为模板建构模型。借助名为"膜片钳机器人"（patch-clamp robot）的自动装备，他们能够测定特定的粒子通道、神经传递素以及负责每个神经元内电化学活动的生化酶。马克拉姆说，这种自动系统能将 30 年的分析时间缩短为 6 个月。而且他们还从这些分析中发现了新皮质的基本功能单元——"乐高记忆"（Lego memory）模块。

MIT 神经科学家艾德·博伊登（Ed Boyden）、佐治亚大学机械工程技术系的克雷格·福里斯特教授（Craig Forest）及其研究生撒哈拉·利丹达拉玛哈（Suhasa Kodandaramaiah）均对膜片钳机器人技术作出了突出贡献（见图 7-2）。他们宣称，在不损害神经元精细薄膜组织的情况下，这种精确到 1 微米的自动系统，可以近距离扫描神经组织。博伊登说："这是人类不能而机器人却能做的事情。"

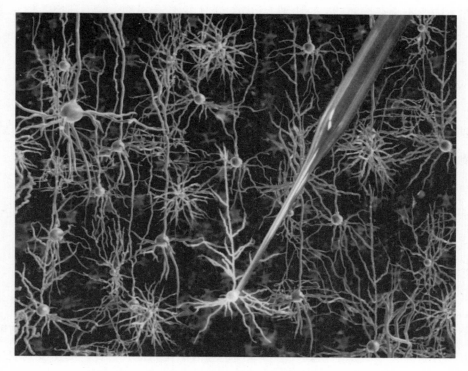

图 7-2 膜片钳机器人的尖端正在扫描神经组织

回到马克拉姆的模拟，在成功模拟出一个新皮质皮质柱后，马克拉姆说过："现在我们要做的就是扩大模拟数量。"[5] 数量的确很重要，但仍有其他重要问题需要解决，即学习。如果蓝脑计划所模拟的大脑要会"讲话、思考、像人类那样活动"——马卡拉姆在 2009 年接受 BBC 采访时提到的目标，那么要完成上述任务，大脑的模拟新皮质就必须拥有足够的信息。[6] 任何试图跟新生儿交流的人都会明白，想达到上述目标还有很多学习要完成。

有两种方法可以让蓝脑计划这种模拟大脑具备学习能力。第一种，让模拟大脑像人脑那样学习。 模拟大脑应像新生儿那样——自身就具有学习分层知识以及在感觉预处理区预编某些转化的能力。我们还需将新生婴儿和具备交流能力的成人之间的学习模式放到非生物大脑的学习模式中。但是这种方法仍存在问题，按照蓝脑模拟的大脑要正常运行的话，至少要等到 21 世纪 20 年代早期。除非研究人员愿意等个 10 年或 20 年，让蓝脑达到成人的智力水平，否则，即使计算机性价比越来越高，运行速度持续加快，蓝脑的现实运行速度依然会很缓慢。

另外一种方法就是以一个或多个人脑为模型，因为人脑已经拥有充足的知识，可以进行有意义的语言交谈以及表现成熟的行为，然后将人脑的新皮质模式复制到模拟大脑中。 这种方法的问题在于，它要求我们掌握能够处理这个任务、具备足够的时空分辨率的无损伤扫描技术。我认为这项"移植"技术直到 21 世纪 40 年代左右才会问世。（准确模拟大脑的计算要求——大约每秒 10^{19}，可能会于 21 世纪 20 年代在超级计算机上得以实现，但是实现大脑无损扫描则需要更长的时间。）

还有第三种方法，我认为像蓝脑这样的模拟计划就应该采用这种方法。通过构建不同精细程度的功能等同体，我们可以简化分子模型，包括本书中描述的功能算法以及接近全分子模拟的模型。学习速度也会因简化而提升，提升的速度则取决于简化的程度。我们还可以将教育软件植入模拟大脑（利用功能模型），模拟大脑学习的速度也会相对提高。这样，全分子的模拟大脑就可以被较为简单的模型取代，而后者仍然保留了前者循序渐进的学习方式。之后我们就可以循序渐进地模仿人类的学习。

美国计算机科学家、IBM 认知计算创始人达曼德拉·莫哈（Dharmendra Modha）及其 IBM 的同事已成功模拟了人类视觉新皮质的细胞层级，其中包含 16 亿个视觉神经元和 9 万亿个突触，相当于一只猫的新皮质神经元和突触总和。即使将其装入拥有 147 456 个处理器的 IBM 蓝色基因超级计算机，其运行速度还是比人类的处理速度慢 100 倍。他们凭借这项工作获得了美国计算机协会颁发的贝尔·戈登奖（Gordon Bell Prize）。

无论是蓝脑计划，还是莫哈的新皮质模拟计划，这些仿生大脑计划的最终目的都可归为一点——完善和确定一个功能模型。与人脑水平相当的人工智能主要采用本书中讨论的模型——功能算法模型。但是精细到分子程度的模拟可以帮助我们完善此模型，并让我们明白到底哪些细节才是最重要的。20 世纪八九十年代的语音识别技术发展过程中，只要能够了解听觉神经及早期听觉皮质负责的实际信号传递，我们就能精简算法。不论功能模型多么完美，弄清楚它在大脑中的运行轨迹也是有益的——因为这会加深我们对人类功能机制和机能失调的认识。

只要拥有真实大脑的详细数据，我们就能模拟出生物学意义上的大脑。马克拉姆团队正在收集自己的数据。还有其他规模较大的项目也在收集此类数据，并将所收集的数据转化成科学家可以利用的数据。例如，纽约的冷泉港实验室（Cold Spring Harbor Laboratory）在对某种哺乳动物（老鼠）的大脑进行扫描后，于 2012 年 6 月公布了 500 兆兆字节的数据。在他们公布的扫描图上，用户可以像在谷歌地图上查看位置那样查看大脑的各个组成部分。用户可以在整个大脑区域内任意移动，

放大任意区域，以清楚地观看某个神经元及其与其他神经元的联结。用户还可以点亮任意联结并跟踪它在脑内的运行轨迹。

美国国家卫生研究院（NIH）的 16 个部门共同承接了名为"人类联结组计划"（Human Connectome Project）的新项目，并获得 3 850 万美元的资助。该项目由圣路易斯华盛顿大学领衔，明尼苏达大学、哈佛大学、马萨诸塞总医院、加州大学洛杉矶分校也参与其中。该项目致力于使用一些非侵入性的扫描技术，包括新型核磁共振、脑磁图仪（记录大脑电流活动产生的磁场）、弥散跟踪技术（跟踪大脑纤维束轨迹的方法），绘制人类大脑三维联结图。

就像我将在第 10 章讲到的，非侵入性扫描技术的空间分辨率正在飞速提高。哈佛大学神经科学家范·韦丁恩及其马萨诸塞总医院的同事发现：新皮质的电路呈现出一种高度规则的网格结构，这个结构我已经在第 4 章中讲到过。

牛津大学计算机神经科学家安德斯·桑德伯格（Anders Sandberg）和瑞典哲学家尼克·波斯特洛姆（Nick Bostrom）联合发表了一篇名为《全脑模拟》（*Whole Brain Emulation*）的论文。该论文详细论述了不同级别的人脑模拟（也包括其他类型的大脑）——从高级功能模型到分子级别（见图 7-3 和图 7-4）。[7]

该论文虽未提供统一标准，却对模拟不同类型大脑的精确性提出了要求，如大脑扫描、建模、储存和计算方面。论文中预测这些领域的研究能力正在飞速发展，精细的人脑模拟不久之后就会成为现实。

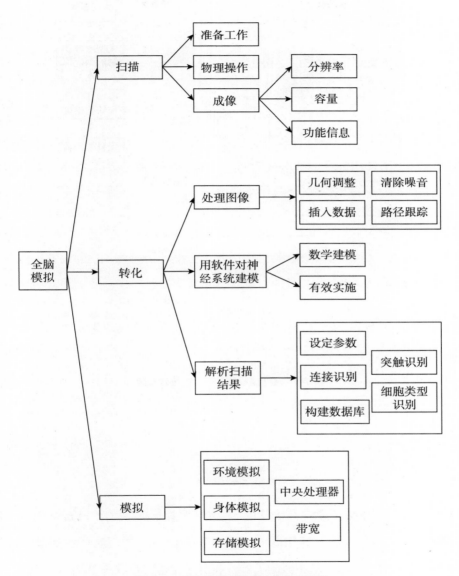

图 7-3　全脑模拟所需的技术能力略图

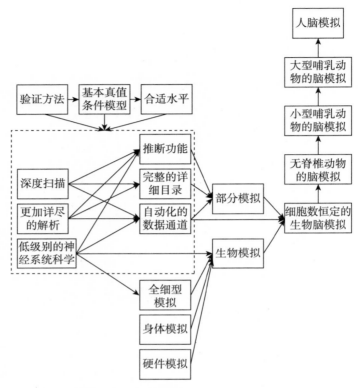

图 7-4 　《全脑模拟》一文的技术框架

神经网络

1964 年，16 岁的我给康奈尔大学的弗兰克·罗森布拉特教授（Frank Rosenblatt）写信询问关于"马克一代"感知器（Mark 1 Perceptron）的问题。罗森布拉特教授于 1960 年研制出这台与大脑相似的机器。我有幸受邀去参观并试用。

罗森布拉特教授在神经元电子模型的基础上发明了感知器。输入信息值包括两个维度。对语音来讲，这两个维度就是频率和时间。因此，每个输入值都代表了特定时间点的频率强度。对图像而言，在二维图像中，每个点都是一个像素。系统会随机将输入信息的某个点联结到仿真神经元第一层的输入点。每个联结点的突触强度——揭示了每个联结点的重要性，都是随机分配的。某个神经元接收到信号的总和如果超出了它的最大承载量，它不仅会短路，还会向输出联结点发出信号；如果总和没有超出最大值，神经元就不会短路，输出信号也为零。每一层神经元的输出信息都会随机地与下一层神经元输入网络联结。"马克一代"感知器拥有 3 层结构，因而它就拥有了多种布局（见图 7-5）。例如，下一层的输出信息可以返回到上一层。在最上层，随意挑选的神经元输出提供答案。[8]

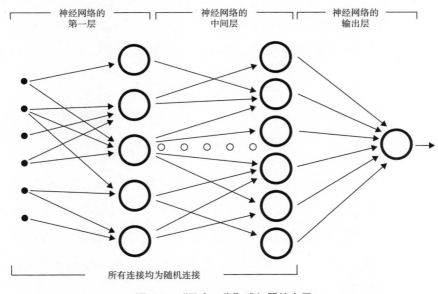

图 7-5 "马克一代"感知器的布局

神经网络线路和突触强度都是随机设定的，所以未加训练的神经网络给出的答案也是随机的。因此，在建构某个神经网络时，我们首先要了解这个神经网络要解决的问题，就像最初建构的哺乳动物大脑那样。神经网络最初处于无知状态，它的老师可能是生物人、计算机程序或者其他，总之是经过学习后更加成熟的神经网络。

当学生给出正确答案时，老师就会奖励它；给出错误答案时，老师就会惩罚它。仍处于学习阶段的神经网络也会以得到的反馈为依据，进而调整不同神经元的联结强度。那些与正确答案一致的联结强度不断增强，而给出错误答案的联结强度则会减弱。

一段时间后，即使没有老师指导，神经网络也能自行运算出正确答案。实验证明，即使老师不可靠，神经网络依然可以完成学习的主题。只要这个老师在 60% 的时间里是可靠的，作为学生的神经网络就可以完全掌握老师传授的知识。

但是感知器对其能够快速掌握的资料类别是有限制的。1964 年拜访罗森布拉特教授时，我对输入信息做了些简单调整。系统识别打印字符的速度和准确率令人满意，自由联想能力也很棒（即使我遮挡了部分文字，系统仍然能输出正确的信件内容），但对非常规文字的识别能力较差，字体和字号的改变会影响它的准确率。

20 世纪 60 年代后期，神经网络已为人所熟知，"联结主义"占据了人工智能领域的半壁江山。那些直接为解决某个问题而设计的程序，例如怎样识别打印字符中的不变特征，已沦为较为传统的人工智能方法。

1964 年我还拜访了人工智能创始人之一马文·明斯基。虽然他是 20 世纪 50 年代神经网络发展的先驱，但是他仍然对这项技术持怀疑态度。神经网络之所以火热，部分是由于人们在解决问题时不需要自己编写程序，依靠神经网络就可以找到解决方法。1965 年我进入麻省理工学院学习，师从明斯基教授，我十分赞同他对"联结主义"持有的怀疑态度。

1969 年，MIT 人工智能实验室的两位开创者马文·明斯基和西蒙·派珀特（Seymour Papert）共同出版了《感知器》（*Perceptrons*）一书。该书论证了一个简单的定理：**感知器自身并不能判断一幅图像到底有没有被成功联结**。这立刻在业界引起了轩然大波。人脑可以轻易判断出一幅图像到底有没有被成功联结，而配有合适程序的计算机也可以轻易地做到这一点，但感知器却做不到。很多人认为这是感知器的一个致命的软肋（见图 7-6）。

图 7-6　两幅图像来自《感知器》一书的封面

注：上面的那幅图并不是一个整体（黑色部分是由两个分开的部分合成的）。下面的图则是一个完整的整体。像弗兰克·罗森布拉特研究的"马克一代"这样的前馈感知器却无法识别出两幅图像的差别。

然而，《感知器》论证的定理的适用范围却被人为地扩大了。书中提到的定理只适用于前馈神经网络（包含罗森布拉特的感知器）这种特殊的神经网络；其他类型的神经网络并没有此限制。这本著作的问世使得 20 世纪 70 年代对神经网络的投资大幅减少。直到 80 年代，这个领域才得以复苏，因为更为实际可行的生物神经元模型诞生了，避免明斯基和派珀特感知器定理的模型也出现了。然而，至今仍无人问津新皮质解决恒定性的能力，即增强新皮质性能的关键。

矢量量化

20世纪80年代初期，我开始探索另一个经典模式识别难题：人类语音识别。最初，我们采用传统人工智能方法，利用专业知识直接对语言基本构成单位——音素，以及音素形成单词和词组的方法进行编程。每个音素都有自己独特的频率模式。例如，我们知道"e"和"ah"这两个元音在某些情况下会产生共振频率，即共振峰（formants），而且每个音素都拥有自己的共振峰值，"z"和"s"这样的咝音则拥有特定频率的连续音响。

我们用声波来记录语言。通过一系列过滤器，语言最终可以转化为不同频段（即我们平时所感知的音高）。光谱图则体现了这种转化（见图7-7和图7-8）。

过滤器就相当于我们的耳蜗，是生物处理声音的前期步骤。根据音素的不同频率模式，软件先识别音素，然后根据得到的音素串识别不同的单词。

测试取得了部分成功。我们的机器可以识别某个拥有中等词汇量，即几千个单词的说话者的说话内容。而当我们试图识别数以千计的单词、不同的说话者以及流利无间断的话语（词与词之间没有停顿）时，就会遇到不变特征这一难题。针对同一音素，不同的人会有不同的发音，例如某些人发的"e"音听起来很像其他人发的"ah"音。而且就算是同一个人，同一个音素的发音特征也会有所变化。音素的发音通常受到临近音素的影响。很多音素也会出现完全消音的现象。许多单词出现的情境不同，发音（音素串组成单词）也会不同。我们的编程基础——语言学规则被推翻了，而且它也远远无法满足口语的多变性。

我突然明白，层级知识结构决定了人类语言模式和概念能否被正确识别。拥有复杂层级结构的人类语言就证明了上述观点。但是，我们仍无从知晓这些结构的基本成分。因此在研究机器人识别正常人类语言时，这也是我思考的第一个问题。

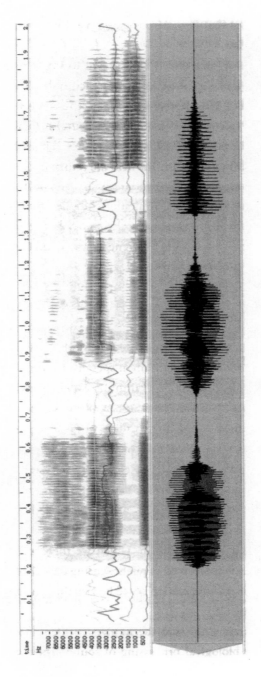

图 7-7 三个元音的声谱图

注：从左到右依次为：appreciate 中的元音 [i]，acoustic 中的元音 [u] 和 ah 中的元音 [a]。数轴显示了声音的频率。频带颜色越深，该频带上的声能就越高。

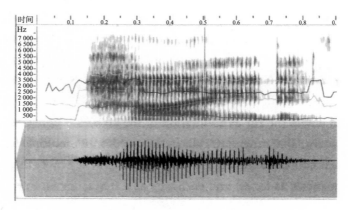

图 7-8　一个人说出"hide"这个单词时的声谱图

注：水平部分显示了说话者声音的共振峰。共振峰不仅频繁出现，而且峰值较高。

空气振动后，声音便进入人耳。随后，耳蜗内的 3 000 多个内部毛细胞将这种振动转换为不同频率段。每个毛细胞都拥有特定的频率段（也就是我们所说的声调），而且都扮演着频率过滤器的角色，当它们收到符合频率段的声音或者相近的频率段时，毛细胞就会发出信号。当声音离开人的耳蜗时，3 000 多个不同的信号就是声音的体现，每个信号代表了窄频率带（频率带之间会有很多重合）的时间变化强度。

虽然大脑不会歧视任何信号，但是在我看来，大脑也无法公正地对这 3 000 多个听觉信号进行模式匹配。我曾怀疑进化就是如此缺乏效率。现在我们已经了解：**在声音信号到达新皮质之前，听觉神经内的数据会急剧减少。**

在我们设计的语音识别软件中，我们同样也植入了过滤器软件，确切地说，一共有 16 个，后来增加到 32 个，但我们发现数量的增加并不影响最终结果。所以，在我们的系统中，每个点由 16 个数字表示。我们不仅要保留重要的语言识别特征，还得把 16 个数据带整合为 1 个数据带。

为了整合数据，我们采用了数学最优化法，即矢量量化（vector quantization）。无论情况怎样变化，声音（至少是一只耳朵听到的声音）都由 16 个不同的数字表示：即 16 个声频过滤器过滤后的信息。（对人类的听觉系统而言，需要 3 000 组这样的数字才能够实现全模拟，每组数字代表了人类耳蜗的一个毛细胞。）在数学领域，这样一组数字（不管是生物学意义上的 3 000 组数字还是软件设置上的 16 组数字）被称为向量。

简而言之，我们可以用二维矢量坐标来表示矢量量化过程（见图 7-9）。每一个矢量都可以被视为一个二维空间的交汇点。如果将很多这样的矢量放到图中，你就会发现它们呈现一种集群状态（见图 7-10）。

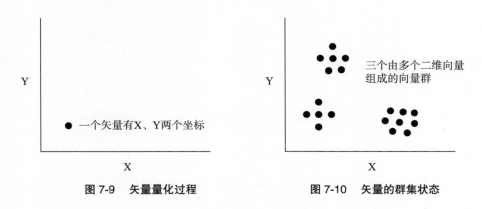

图 7-9　矢量量化过程　　　　图 7-10　矢量的群集状态

为了清晰地辨别这些集群，我们需要限制观察的数目。我们将项目中的数字限定为 1 024 个，这样我们就可以为它们编号，并且匹配一个 10 比特（因为 2^{10}=1 024）的标签。正如预期，我们的矢量样本数据满足了数据多样性的要求。我们首先假设，最初的 1 024 个矢量为单点集群。然后加入新的矢量，即第 1 025 个矢量，随后找到跟它最接近的那个点。如果这两个点之间的距离比这 1 024 个点中最近的两个点之间的距离还要小，我们就认为这个点就是一个新集群的开始。然后我们就将距离最近的两个集群合并为一个单独的集群。这样我们仍然有 1 024 个

集群。因此，在这1 024个集群中，每个集群就不止拥有一个点。随后我们按照这种方式处理数据，但集群的数量始终保持不变。处理完所有点之后，我们就用这个集群中的中心点来表示这个多点集群（见图7-11）。

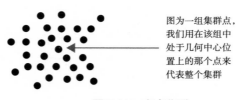

图为一组集群点，我们用在该组中处于几何中心位置上的那个点来代表整个集群

图 7-11　多点集群

矢量样本中所有的矢量都会采用同样的方法。通常情况下，我们会将数百万个点加入到1 024（2^{10}）个集群中；根据不同情况，我们也会将集群数目增加到2 048（2^{11}）个或者4 096（2^{12}）个。每个集群都用位于该集群几何中心的那个矢量来表示。这样，该集群中所有点到该集群中心点的距离总和就能尽可能达到最小。与最初数百万个点（或者数量更多的可能点）相比，采用这种方法后，我们就可以将庞大的数量减少到1 024个，使得空间最优化。那些用不到的空间也就被遗弃了。

然后，我们为每个集群分配一个数字（0～1 023）。这些被简化、"量化"的数字就是其所指集群的代号，这也是这项技术得名为矢量量化的原因。当新的输入矢量出现后，我们就用离这个矢量最近的那个集群数字表示。

根据每个集群中心点到其他集群中心点的距离，我们可以预先绘制一张表格。当新的矢量（我们用量化点来表示这个矢量，换句话说，就是这个新点到离它最近的那个集群的数字）进入系统时，我们就可以立即计算出这个新矢量与其他集群之间的距离。因为我们是用离这个点最近的集群的数字表示这个点的，所以我们就能知道这个点与以后加入这个集群的点之间的距离。

在描述这项技术时，我只用了两个数字来表示一个矢量，而在软件中每个点都由 16 个基本矢量来表示，虽然数量不同，但方法是一样的。因为我们采用了 16 个数字来表示 16 个不同的频率段，所以我们系统中的每个点都占据了一个 16 维的空间。人类很难想象三维（如果把时间这个维度加进去就是四维）以上的空间到底是什么样子，但是机器却没有这样的困难。

运用这项技术，我们已经取得了 4 项成果。第一，我们大大降低了数据的复杂性。第二，我们将 16 维空间数据缩小为一维空间数据（每个矢量都是一个数字）。第三，在研究传递尽可能多信息的可能声音的空间比例时，我们提高了寻找不变特征的能力。大多频率段的组合在物理上是无法实现的，至少是很难实现的，因此我们不需要给予不可能输入联结与可能输入联结同样的空间，这项技术使得减少数据成为可能。第四，即使原始数据包含多个维度，我们仍然可以使用一维模式识别器。这一方法可以高效使用可用的计算机资源。

用隐马尔可夫模型解读你的思维

利用矢量量化法简化数据的同时，我们还突出了信息的关键特征，但这还不够，我们还需要其他方法来找出不变特征的层级结构，因为后者才是决定新信息是否有意义的关键。从 20 世纪 80 年代早期开始，我就从事模式识别研究，到现在已经累积了二三十年的经验，因此我非常了解一维数据在处理信息不变特征时的强大力量，及其高效性和便捷性。虽然在 80 年代初期，人们对大脑新皮质的认识并不多，但是从处理模式识别问题的经验出发，我推想人脑在处理数据时也是将多维数据（不管是来自眼睛、耳朵，还是皮肤）减少为一维数据，尤其是在处理新皮质层级结构传出的信息时。

至于语音识别这个难题，语音信号信息结构似乎呈现出一种层级结构，该结构的每一层又由一连串正向元素组成。一种模式的元素可能是另一种低层级模式，也可能是输入信息（在语音识别中，输入信息是我们的量化矢量）的基本组成部分。

你会发现我前面提到的模式与我之前提到的大脑新皮质模式很一致。因此，我们可以说：**人类语言就是大脑类线性模式层级结构的产物**。如果我们能够捕捉到说话者大脑中的这些模式，那么当他发表新言论时，我们只需将捕捉到的这些模式与我们储存的模式相比较，就能明白他在讲什么。但不幸的是，我们尚不能直接观察说话者的大脑，我们只知道他说话的内容。当然，他的话语成功地传达了他的目的，因为说话者就是通过语言表达思想的。

所以我就在思考：有没有一种数学方法可以使我们依据说话者的话语推断出其大脑中的模式呢？当然了，只有一句话肯定是不够的，但是如果我们有庞大的语料库，我们能否利用这个语料库来推断出说话者新皮质内的模式呢？或者是否能找到一种数学意义上的等值结构，而我们可以利用这种等值结构识别新的话语？

人们往往会低估数学的强大力量，要知道，我们在瞬时检索所需的知识，利用的就是数学方法。至于我在 20 世纪 80 年代初研究语音识别时遇到的问题，隐马尔可夫模型给出了很好的解决方法。俄国数学家安德烈·安德烈耶维奇·马尔可夫（Andrei Andreyvich Markov）创建了"层级序列状态"的数学理论。该模型建立的基础是同一链条中状态跨越的概率，如果上述条件成立，我们就能在下一个更高层级上激活一种状态。这句话听起来是不是很耳熟？

马尔可夫模型（HMM）包含了所有可能发生的状态。马尔可夫进一步假设了一种情况：**系统呈现出一种层级式的线性序列状态，但是我们无法直接观察它，因**

此将之命名为 "隐马尔可夫模型" （见图 7-12）。在这个层级结构中，位于最底层的线性序列状态发出信号，这种信号可以被人类识别。马尔可夫提出一种数学方法，主要依据可见的输出信号计算状态改变发生的概率。1923 年，诺伯特·维纳完善了这种方法。改善后的方法同时也为确定马尔可夫模型中的联结提供了解决方案，而且系统会直接忽略那些出现概率极低的联结。这很像人类新皮质处理联结的方法——如果某些联结很少或者从未被使用过，这些联结就会被视为不可能联结并被遗弃。在我们的情况中，可见输出就是说话者的语言信号，状态概率和马尔可夫模型中的联结就构成了产生可见输出的新皮质层级结构。

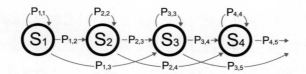

图 7-12　隐马尔可夫模型某一层的简单示意图

注：该图向我们展示了在隐马尔可夫模型中，S_1 到 S_1 代表 "隐形" 的内部状态。$P_{i,j}$ 代表了由 S_i 跨越到 S_j 的概率。传播的概率则由经过测试数据（其中也包括在实际使用过程中产生的数据）调整后的系统决定。通过将新序列（譬如一条新的语句）与原有序列相比对，我们就可以得到该模型产生新序列的可能性。

我预设了一个系统，在这个系统中，我们不仅可以提取人类语言的样本，还可以借助联结和概率以及利用隐马尔可夫模型技术推断出某个层级状态（本质上说是产生语言的模拟新皮质），然后再利用推断出的层级网络状态结构识别新语句（见图 7-13）。为了设计一个能辨识所有说话者的语音识别系统，我们会使用很多不同个体的话语样本来培养隐马尔可夫模型。我们在层级结构中加入了构成语言信息的基本元素，所以该模型也可称为隐马尔可夫层级模型（HHMMs）。

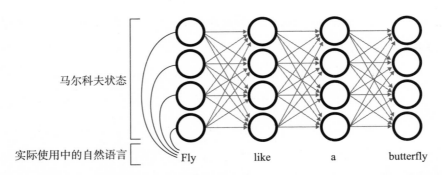

马尔科夫状态

实际使用中的自然语言

Fly   like   a   butterfly

图 7-13　隐马尔可夫模型中，为了产生自然语言内容的单词序列，而出现的状态和可能联结图

　　我在库兹韦尔应用智能公司（Kurzweil Applied Intelligence）的同事们却对这项技术表示怀疑，他们认为隐马尔可夫模型只不过是一种自组织（self-organizing）方法，会让人想起神经网络，但这种方法已经不再适用，使用这种方法收获甚微。**需要指出的是，神经网络系统中的网络是固定的，不会因输入而改变：生物量会有所改变，而联结却不会。在马尔可夫模型系统中，如果系统设置正确，为了适应拓扑结构，系统会删去那些从未用过的联结。**

　　我启动了名叫"臭鼬工厂"（名字源自一种管理原则，意为抛开惯例，不走寻常路）的项目，项目组成员包括：我自己、一名兼职程序员和一名电气工程师（负责制作频率滤波器）。令人惊奇的是，我们的项目进展得很顺利，我们的产品可以准确地识别出长句子。

　　试验成功后，我们后续的语音识别试验均以隐马尔可夫模型为基础。其他语音识别公司好像也发现了这个模型的重要性，因此从 20 世纪 80 年代中期开始，自动语音识别研究绝大部分都是以此模型为基础的。隐马尔可夫模型同样也被应用到语言整合领域，因为我们的生物层级皮质结构不只识别输入，也会产生输出，例如语言和身体运动。

隐马尔可夫层级模型也被应用到能理解自然语言句子的系统中，这代表在概念上的层级提升。

为了弄清楚隐马尔可夫结构的工作机制，我们先来了解一种网络，它包含了所有可能的状态改变。上述矢量量化方法在这里非常有用，如果没有它，我们还要考虑更多的可能性。图 7-14 是一张简化的初始拓扑图。

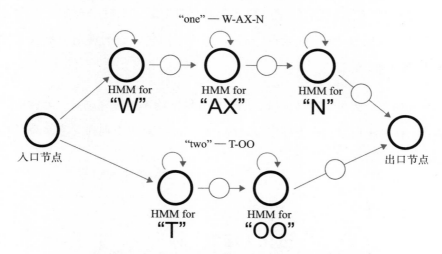

图 7-14　隐马尔可夫模型识别两个单词的简单拓扑图

计算机逐一处理样本中的话语信息。为了更好地利用我们的语料库，我们反复修改每个话语状态改变的可能性。我们运用语音识别中的马尔可夫模型对每个音素中能发现声音特定模型的可能性、不同音素之间的影响以及音素的可能组合进行编码。这个系统也包括语言结构更高层级的可能性网络，例如：单词的序列、词组，甚至是语言层级结构。

尽管我们以前的语音识别系统都包含音素结构的特定规律，以及人类语言学家明确编码的序列，但以隐马尔可夫层级模型为基础的新系统中却没有明确地表明英语中有 44 个音素、音素矢量的序列，或者是哪些音素组合更为常见。相反，我们

让系统在长时间处理人类语言信息的过程中自己发现这样的规律。相对于原来的人工编码而言，新系统会发现那些被人类专家忽视的概率性定则。我们发现系统自动从数据中习得的很多规则虽与人类专家定下的规则差别不大，但却更重要。

一旦网络构建完毕，假如知道输入矢量的实际序列，利用网络考虑可选择的路径，继而选择可能的路径，我们便开始尝试识别语音。换句话说，如果我们发现了有可能产生那个话语的状态序列，我们就可以断定那就是产生此话语的皮质序列。因为基于隐马尔可夫层级模型的新皮质模拟包含单词规则，所以系统可以提供它听到的语音标音。

系统在使用过程中不断被完善，语音识别的准确率也越来越高。就像我之前介绍的那样，此系统可以跟人类新皮质结构一样，同时完成识别和学习这两项工作。

进化（遗传）算法

还有一个很重要的问题亟待解决：我们怎样设置控制模式识别系统工作的诸多参数？这些参数可能包括：矢量量化阶段的矢量数、层级状态的初始拓扑结构（在隐马尔可夫模型的训练阶段删去未用过的层级结构状态）、层级结构中每层的阈值、控制参数数量的参数等。我们可以凭直觉设置这些参数，但结果却不会太理想。

我们称这些参数为"上帝参数"（God parameters），因为这些参数早在决定隐马尔可夫模型拓扑结构的自组织方法出现之前就存在了（生物学上是指早在他学习之前，他的新皮质层级结构中就有了相似的联结）。这也许会造成某种意义上的误读，尽管在进化过程中我们可能会认为都出于上帝之手（虽然我真的认为进化是一种精神过程，对此第9章会进行讨论），但这些基于DNA的初始设计细节是由生物进化过程决定的。

在模拟分层学习机识别系统中设定这些"上帝参数"时，我们又从大自然中得到了启发，即在模仿大自然进化的基础上对之进行完善。这就是所谓的进化或者遗传算法，它包含了模拟的有性繁殖和突变。

下面是对这一算法的简单描述。首先，为了给出问题的解决方案，我们需要将所有可能的解决方案进行编码。如果问题是电路设计参数的优化，我们就列出决定这条电路特点的所有参数（每个参数都有特定的比特值）的目录。这个目录就是遗传算法中的遗传代码。然后，我们随机生成数以千计或更多的遗传代码。每个这类代码（体现了一套给定参数）都被视为"解决方案"的模拟机制。

通过使用评估每组参数的给定方法，我们可以在模拟环境中评估每种模拟机制。这种评估是遗传算法能否取得成功的关键。举个例子，我们会运行参数产生的每个程序，并用合适的标准（是否完成了任务，完成任务所耗费的时间等）对其加以评估。最好的问题解决方案（最好的设计）会被选择出来，其他的则会被淘汰。

接下来就是优胜者的自我繁衍，直到繁衍的个数与模拟生物数量相同时，这个过程才会停止。这个过程仿照了生物的有性繁殖，换句话说，后代的诞生通常是从双亲那里分别遗传一部分基因，然后形成自己的基因。通常，雄性机制和雌性机制没有明显的差别，任何一对父母都可以孕育新生命，所以我们这里讨论的是同性婚姻。这可能不像自然界中的有性繁殖那样有趣，但是这种繁殖仍有双亲。在模拟机制繁殖的过程中，我们允许染色体发生突变（随机变化）。

现在，我们仅仅完成了一代模拟进化，接下来要做的就是重复上述步骤生成更多代新机制。每代机制完成后，我们会评估其改善程度（利用评价函数计算所有优胜机制的平均改善度）。如果两代机制之间的改善程度非常小，就停止这种繁衍进程，

并使用上一代的最优机制。[9]

遗传算法的关键是：人类并不直接将解决方案编程，而是让其在模拟竞争和改善的重复过程中自行找到解决方案。 生物进化力量虽强大但是过程却太过缓慢，所以为了提高其智能，我们要大大加快其进化速度。计算机能在几个小时或者几天之内完成数代的进化，但有时我们会故意让其花费数周时间完成模拟成百上千代的进化。但是我们只需重复这种过程一次。一旦这种模拟进化开始，我们就可以用这种高度进化、高度完善的机制快速解决实际问题。对于语音识别系统，我们就可以用这种机制完善网络的初始拓扑结构以及其他重要参数。**在这一过程中我们采用两种智能方法：利用遗传算法模拟生物进化，得出最优机制；利用隐马尔可夫层级模型模拟人类学习过程中起重要作用的皮质结构。**

遗传算法成功的另一项关键是，你必须找到一种能有效评价每种可能性解决方案的方法。考虑到每一代模拟进化过程中的数千种可能方案，评价方法必须简单易行。在解决那些变量很多又需要计算出精准分析方案的难题时，遗传算法非常有效。例如，我们在设计发动机时就得处理超过一百个变量，而且还需满足众多的限制条件。与传统算法相比，美国通用电气公司利用遗传算法设计出了能够更好地满足限制条件的喷气引擎。

在使用遗传算法时，需求必须明确。遗传算法虽能完美地解决货物储存划区问题，但步骤却很繁杂，因为程序员忘了在评价函数中加入减少步骤这一条件。

斯科特·德雷弗（Scott Drave）的"电动羊"项目（Electric Sheep Project）正是遗传算法的艺术杰作。"电动羊"项目的评价函数使用人类评估程序，这种程序融合了数千人的开源合作。"电动羊"项目会随着时间的变化而变化，读者可以登录网站 electricsheep.org 观看。

07

仿生数码新皮质

要解决语言识别中的难题，遗传算法和隐马尔可夫模型的结合极其有效。运用遗传算法模拟进化可以大大地提高隐马尔可夫层级模型结构网络的性能。生物进化模拟的机制远远优于基于直觉的原始设计。

在此基础上，我们又尝试对整个系统作了一点微小的调整。例如，我们会对输入信息做出微小扰动（幅度很小的随机变化）。再者，我们还尝试让马尔可夫模型算出的结果影响其临近模型的运算，从而使某个模型"混进"其相邻的模型中。虽然当初我们不曾想到这些调整和新皮质结构之间的关系，但后来事实证明两者极为相似。

试验开始时，这类改变会影响系统的性能（以识别准确率为标准）。但当我们开动进化程序（即遗传算法）后，这些被放在适当位置的改变调整项就会对应地适应系统，系统也因为这些引入的调整项得到优化。总体来看，这些改变优化了系统的性能。如果我们剔除这些调整项，系统的运行效能也会随之下降。因为系统已经进化升级，新的系统也因此更能适应新变化。

对输入信息作出微小、随机的调整也可以提高系统的性能（重启遗传算法），因为这种做法解决了自主系统中著名的"过度契合"难题。否则，这样的系统就会过分局限于试验样品中的特殊例子。通过对输入信息进行随机调整，数据中更稳定的不变特征就会凸显出来，系统也能够提炼出更深层级的语言模式。只有在运行遗传算法，并以随机特征为变量时，这种方法才有效。

如此一来，在理解生物皮质回路时，困难就来了。例如，我们注意到，一个皮质联结产生的信息可能会溜到另外一个皮质联结中，这就形成了人类大脑皮质联结的工作方式：电化学的轴突和树突显然受到其临近联结电磁效应的影响。假设我们在试验中把这种影响从人类大脑中剔除——虽然实际操作很难但并非不能实现，假设我们成功地完成了该项实验，并发现去掉神经泄露的皮质电路工作性

能有所下降，我们便可据此得出结论：这种现象是大脑进化的结果，也对皮质电路的高性能起着至关重要的作用。必须指出的是，由于联结之间复杂的互相影响，这种结果表明：实际上，**概念层级结构模式的有序模型以及层级之下的预测更为复杂。**

但这种结论也并不准确。回想一下我们基于隐马尔可夫层级模型建构的模拟皮质，我们也做了类似神经元间交叉谈话的调整。如果适当地运行进化程序，系统的性能就会随之恢复（因为进化程序已经适应了）；如果剔除这种交叉谈话，系统的性能又会随之下降。从生物学意义上来说，进化（生物进化）确实会造成这种现象。要适应新因素，生物进化会重新设定详细的系统参数，除非重新进化，否则参数的改变会降低系统性能。这项试验在模拟环境中可以实行，因为在模拟环境中，进化只需要几天或几周，但是在生物环境中却很难做到，因为这需要数万年的时间。

那么，我们该如何分辨以下几个方面呢？究竟人脑新皮质的特定设计特征是不是生物进化引起的关键创新，或者说对智力水平有很大影响，又或者说仅仅是系统设计所需，但却不一定形成了？只需加入或删除设计细节的特定变量（如有无联结交叉谈话），我们就能回答这些问题。如果选取微生物作为试验对象，我们也可以观察生物进化是如何进行的，因为微生物代际进化只需要几小时，但同样的实验以人类这种复杂的生物为研究对象却无法实行。这也是生物学的缺点之一。

回到语音识别上来，我们发现，如果分别让（1）负责建构音素内部结构的隐马尔可夫层级模型和（2）负责建构单词和词组的隐马尔可夫层级模型分开运行进化程序（遗传算法），语音识别的效果会更加理想。系统的两层都使用了隐马尔可夫层级模型，但是遗传算法可以在不同的层级形成不同的设计变量。该方法中，两层级之间的现象建构是可以共存的，如：连读时，音素的某些音就会模糊化，"How are you all doing"可能会转变为"How're y'all doing"。

146

07
仿生数码新皮质

不同的大脑皮质区域也有可能出现类似的现象，因为基于处理过的模式类型，它们已经形成了细微的差别。尽管所有区域都使用相同的新皮质算法，生物进化还是有充足的时间调整每部分的设计，使得模式之间的配合达到最优化。然而，就像之前讨论过的，神经系统学专家和神经病学专家已经注意到了这些区域中的巨大可塑性，而这种可塑性为一般神经算法提供了依据。如果每个区域的基本方法不同，皮质区域之间是不会互相交流的。

通过结合不同的自主算法，我们构建的系统获得了成功。在语音识别的过程中，它们能够首次识别流畅的句子和相对来说比较清晰的词语发音。就算说话者、语调和口音有所差异，系统也能保持相当高的识别率。当下这个领域的代表产品是 Nuance 公司针对计算机开发的产品 Dragon Naturally Speaking（版本 11.5）。假如对语音识别率有高要求的话，我建议尝试一下这款产品，因为该产品的识别率可以达到 99%，而且通过句子和无限词汇识别的训练适应你的声音后，产品的识别率可能会更高。对苹果公司而言，Dragon Dictation 是简单且免费的应用，苹果用户都可以使用该应用。苹果手机上的 Siri 程序也采用了相同的语音识别技术来识别说话者的话语。

这些系统的表现证明了数学的威力。借助数学方法，就算无法直接进入说话者的大脑，我们也能够了解说话者新皮质内的活动，后者在 Siri 这样的系统中，对识别说话者语言和确定说话者语义方面起着至关重要的作用。我们也会好奇：如果我们真的能够观测到说话者新皮质内部的活动，能否发现软件计算出的隐马尔可夫层级模型的联结和权重？我们基本上无法找到精确的匹配，因为与电脑中的模型相比，神经元结构细节差异更大。但我坚信：实际生物和模拟出的模型之间的高精确性肯定存在着某种数学对等体，否则，那些模拟出来的系统为什么会像它们那样运行呢？

列表处理语言 LISP

LISP（LISt Processor）是一种计算机语言，由人工智能领域的开拓者约翰·麦卡锡于 1958 年开发出来。如其名所示，LISP 是处理列表的一种语言。每个 LISP 表达式就是一个元素列表，其中的每个元素要么是另外一个列表，要么是一个"原子"，后者可能是最简形式的数值或符号。列表的子列表仍可以是该列表本身，所以 LISP 可以循环递归。LISP 语句还有另一种递归形式：第一个列表包含第二个列表，第二个列表包含第三个列表……循环递归直到回到第一个列表，循环就结束了。正因为列表具有这种包含性，所以 LISP 语言也能够处理层级结构。列表也可以作为系统的限制条件，且只有在满足列表的限制条件时，程序才可以正常运行。如此一来，这个由限制条件组成的层级结构就可以被用来识别模式越来越抽象的特征。

20 世纪 70 年代和 80 年代初期，LISP 语言曾在人工智能领域风靡一时。早期对 LISP 持乐观态度的人认为 LISP 语言再现了人脑的工作方式，而且 LISP 语言可以使任一种智能程序以最简单且最高效的方式加以编码。所以当时，LISP 程序员和 LISP 的相关产品在人工智能领域备受追捧。但到了 80 年代后期，当人们发现 LISP 算法并不能为人工智能领域的发展提供捷径时，对它的投资也就随即减少了。

事实证明，对 LISP 持乐观态度的人的观点并非无可取之处。我们可以将新皮质的某个模式识别器视为一个 LISP 语句——每个语句由一个元素列表组成，每个语句元素又可能是另外一个列表。按照这种方法，新皮质处理信息的方法在性质上与列表处理非常相似。而且，新皮质可以同时处理 3 亿个类似 LISP 的语句。

但是，LISP 语言缺少两种重要特征。一个是缺少学习能力。LISP 程序语句完全由程序员设定。虽然人们曾经尝试了很多方法，以期让 LISP 程序自我编码，但那些方法并不完全由 LISP 语言自行产生。与此相反，大脑新皮质则具备这种能力，它可以从自身的经验和系统的反馈中不断选取有意义且可以被执行的信息来填充语句（即列表），然后自行编程。这是新皮质工作的重要原则：每个模式识别器（即每一个类似 LISP 的语句）可自行编程，且能与它的上、下级列表相联结。另一个就是参数的数量。虽然人们可以人为地生成一系列包含这些参数的列表（生成方式为 LISP），但这并不是语言自身所固有的特性。

LISP 语言迎合了人工智能领域的原创理念，即找到一种智能方法自行解决问题，而且这种方法可以通过计算机编程实现。这种智能方法的首次尝试是应用于神经网络，但试验不是很成功，因为它不能提供学习修改系统拓扑结构的方法。而通过自身的机制修建，隐马尔可夫层级模型却成功地解决了这个问题。如今，隐马尔可夫层级模型及其数学"堂弟"——遗传算法充当了人工智能领域的主力军。

对比了 LISP 语言中的列表和大脑新皮质列表之后，有些人给出了这样的结论：大脑太过复杂，人类难以完全理解大脑。这些批评家指出：大脑有数万亿个联结，而且每个联结都有自身的特点，这就需要数万亿条语句与之相对应。据我估计，大脑新皮质大约拥有 3 亿个模式处理器——或者说 3 亿个列表，列表中的每个元素又指向另一个列表（或者从最低概念层级来说，指向新皮质以外的不可简化的模式）。3 亿这个数字对 LISP 语句来说确实太大，目前人类还没有写出过能包含如此多语句的程序。

但是我们也应该知道，这些列表并非在神经系统的最初设计中就被定型了。大脑自行生成了这些列表，并根据自身的经验建立了各个级别之间的联结。这就是大脑新皮质的秘密。自行完成这项任务的程序要比形成新皮质能力的 3 亿个语句简单得多。那些程序由染色体设定。正如我将在第 11 章介绍的，染色体组中负责处理大脑信息的信息量（经过无损压缩后的数量）大约有 2 500 万个字节，相当于 100 万个语句。实际算法甚至还要简单，因为这 2 500 万的基因信息只是神经元的生理需要，并不具备基因组处理信息的能力。2 500 万个字节我们还是可以处理的。

HOW TO
CREATE
A MIND
人工智能的未来

分层记忆系统

在第 3 章中我已经提到，杰夫·霍金斯和迪利普·乔治分别于 2003 年和 2004 年发明了一种结合了层级列表的新皮质模型。我们从霍金斯和布拉克斯莉 2004 年的著作《智能时代》中查询到此层级列表的相关信息。在乔治 2008 年的博士论文中，我们还可以找到对层级短期记忆法的更加紧跟时代步伐、更加有力的论述。[10] 在名为 NuPIC（Numenta Platform for Intelligence Computing）的系统中，Numenta 公司运用了这个方法，并且为福布斯公司和动力分析有限公司这样的客户研发了模式识别和智能数据挖掘系统。离开 Numenta 公司后，乔治开了一家名为 Vicarious Systems 的新公司。该公司得到了 Founder Fund 公司（由 Facebook 背后的风险投资家彼得·蒂尔［Peter Thiel］和 Facebook 的第一位总裁肖恩·帕克［Sean Parker］共同管理）和达斯汀·莫斯科维茨（Dustin Moskovitz, Facebook 创始人之一）领导的 Good Ventures 公司的资助。

在智能建模、学习和识别含有多层级结构的信息方面，乔治取得了巨大的进步。他称其系统为"递归皮质网络"（recursive cortical network），并打算将之应用到诸如医学成像和机器人技术等领域。从数学上来看，隐马尔可夫层级模型和层级记忆系统非常类似，尤其是当我们允许隐马尔可夫层级模型自行组织不同模式识别模块之间的联结时，两者更为相像。隐马尔可夫层级模型还有另一个重要的作用，即通过计算当前模式存活的可能性，隐马尔可夫层级模型可以对输入信息的重要性进行等级建模。

最近我新开了一家名叫 Patterns 的有限责任公司，通过利用隐马尔可夫层级模型和其他一些相关技术开发自组织的新皮质层级结构模型，从而理解识别自然语言。其中一个重要的出发点是：**系统有能力像生物新皮质那样自行组建层级结构**。我们设想的系统不仅可以顺利阅读各类资料，诸如维基百科和其他一些信息，还可以听懂你的每句话，识别你的每个字（如果你愿意写的话）。我们的目标就是让它成为你的一位良友，甚至不用问，它就能猜出你内心的疑问并作出回答，还可以随时为你的生活提供有用的信息和建议。

人工智能前沿：登上能力层级顶端

1. 一个徒有其表、胸无点墨的演讲者冗长无趣的发言。

2. 孩子会穿上的一种衣服，也是歌剧中某艘船的名字。

3. 12 年来胡鲁斯加国王的士兵不断被杀，官员贝奥武夫被派来解决这一难题。

4. 它可能是随着意识的发展而形成，也可以指怀孕。

5. 国际教师节和肯塔基赛马日（Kentucky Derby Day）。

6. 华兹华斯（Wordsworth）曾说，它们不会漫步闲逛，一定会直飞云霄。

7. 固定在马蹄上的铁制品或赌场里发牌的盒子上印着的 4 个字母的单词。

8. 意大利歌剧作曲家威尔弟 1846 年创作作品中的第三场，情人奥黛贝拉受到了上帝的惩罚。

这些是节目《危险边缘》中的提问，沃森全部给出了正确的答案。答案是甜酥饼式的长篇大论、围裙、格伦德尔、孕育、5 月、云雀和鞋子。对于第 8 题，沃森先回答："阿蒂拉是谁？"主持人回他："能更具体吗？"沃森便明确答道："匈奴王阿蒂拉是谁？"这就是正确答案。

计算机寻求《危险边缘》游戏提问线索的技术与我的颇为相似。计算机会先找到线索中的关键词，然后在自身的记忆中（在沃森的例子中，该记忆是指拥有 15 兆兆位的人类知识的数据库）寻找与关键词相匹配的话语。计算机会严密排查能从上下文信息中得知的那些排名靠前的搜索结果：类别名称、答案类型、时间、地点，以及提示信息中暗示的性别等。当计算机认为信息量足够确定答案时，便会给出答案。这一过程对《危险边缘》的参与者而言，既迅速又自然，而且我认为在回答问题时，大脑差不多也是如此运作的。

肯·詹尼斯，《危险边缘》冠军纪录保持者，后输给沃森

> 我是欢迎机器人当霸主的人之一。
>
> **肯·詹尼斯，输给沃森后借用《辛普森一家》中的台词**
>
> 天啊！（沃森）回答《危险边缘》的问题比一般参加者更聪明。这真让人惊讶！
>
> **塞巴斯蒂安·特龙，Google X 实验室创始人、谷歌无人驾驶汽车研究先驱**
>
> 沃森什么都不懂，他只是一个大型蒸汽压路机。
>
> **诺姆·乔姆斯基，美国语言学家**

人工智能无处不在，发展形势也势不可当。通过短信、电子邮件或者电话与人联系这一简单行为就是用智能算法发送信息的。几乎每一款产品都是先由人脑和人工智能合力设计出来，再在工厂自动生产的。假设明天所有的人工智能系统都罢工了，社会便会瘫痪：我们不能正常从银行取款，存款自然也就化为乌有；通信、交通和生产也会全部中断。不过还好，我们的智能机器还没有聪明到能够策划这样的阴谋。

人工智能呈现出一种新特点，即该技术已经彻底改变了普通大众的生活。例如谷歌无人驾驶汽车，这项技术可以提供明显减少车祸事故、提高道路流通率、降低开车时操作的复杂性等一系列好处。尽管无人驾驶汽车可能到 21 世纪末才会在世界范围内广泛使用，但只要这种汽车能遵循某些规定，它就可以在内华达的公共街道上合法行驶。汽车已配备了自动注意道路情况，以及提醒司机危险迫近的功能。该项技术有一部分基于大脑视觉处理模型，该模型由 MIT 的托马索·波吉奥教授成功研发。波吉奥的博士后学生阿姆农·沙书亚（Amnon Shashua）进一步开发了这一模型，最终创立了 MobilEye 公司。MobilEye 技术能警告司机将会发生的碰撞或者有小孩在车前奔跑等危险状况。最近，沃尔沃和宝马等厂家生产的汽车已经安装了这种技术设备。

有几个原因促使我要在这部分集中讨论一下语言技术。毋庸置疑，语言分层的本质反映出我们思维分层的本质。口语是我们将要讨论的第一个术语，书面语是第二个。如本章所述，我在人工智能领域的工作便是以语言为中心的。掌握语言是靠大量积累而成的一种能力。沃森已经阅读过数亿网页，并且掌握了文档中所包含的知识。最终，机器能够掌握网上的所有知识——也就是人 - 机文明的全部知识。

鉴于计算机能够以文字信息进行正常的语言交流，艾伦·图灵进行了有名的图灵测试。[11] 图灵认为语言包含、体现了所有的人工智能，只借助简单的语言技巧，机器是无法通过图灵测试的。尽管图灵测试是一项涉及书面语的游戏，图灵却坚信计算机通过测试的唯一方法就是真正拥有与人类水平相当的智能。评论家提出，完整的人类水平智能测试应当包括掌握视、听信息能力的测试。[12] 因为我的很多人工智能项目包含了教计算机掌握如人类语言、字母形态以及音乐声音之类的感觉信息，因此我也十分支持在真正的智能测试中加入这些信息形式。但同时，我也赞同图灵最初的看法：**图灵测试只进行文本信息的测试就足够了，因为在测试中增加视觉或听觉信息并不会增加该测试的难度。**

即使不是人工智能专家，人们也会被沃森在《危险边缘》中的表现所震撼。虽然我明白沃森关键子系统中使用的方法，但这根本不会降低我观看他表现的好奇心。即使完全了解系统每一部分的工作原理——实际上无人做到这一点，也不能帮你预测沃森在某种情境下的实际反应。因为它包含了数百个互相影响的子系统，每个子系统又要同时处理数百万个相互矛盾的假设，所以我们不可能预测沃森的实际表现。如果要全面研究沃森的思考过程，一个 3 秒钟的问题就会让我们花掉数百年的时间。

继续讲我的故事。20 世纪 80 年代末和 90 年代，我们开始研究某些领域对自然语言的理解。我们提供一种叫作"库兹韦尔之声"（Kurzweil Voice）的产品，你可以对着它讲任何你想讲的话，只要与编辑文档相关即可，例如"将前一页的第三段移动至此"。在这一有限却实用的领域中，"库兹韦尔之声"表现良好。我们还将

这一产品延伸到医疗知识领域，医生可以借助它记录病人的报告。上述产品对放射学和病理学相关领域的知识也有足够的了解，如果报告有不清楚的地方，该产品就会向医生提出疑问，并在报告过程中引导医生。这些医疗报告系统已经发展为Nuance公司价值百万美元的企业项目。

鉴于自然语言理解在自动语音识别中的应用，自然语言理解已成为当下研究的主流。截至本书写作时，苹果手机上的语音助手Siri在移动计算机界引发了巨大影响。你可以吩咐Siri做任何智能电话可以做到的事情，比如"附近哪里可以吃到印度食品"，或者"给妻子发条短信说我正在路上"，或者"大家对布拉德·皮特的新电影有什么看法"。而且，大多数时候Siri都会回答。Siri还会发出少量没有实际意义的闲聊用来娱乐。如果你问它生活的意义何在，它会回答"42"，因为《银河系漫游指南》（The Hitchhiker's Guide to the Galaxy）的粉丝把它作为"生命、宇宙和一切终极问题的答案"。新一代搜索引擎WolframAlpha会回答那些知识性问题（包括生活的意义），对此的描述详见后文。"聊天机器人"（chatbots）很多，它们什么事都不做只是闲聊。如果你想跟我们名叫拉蒙娜（Ramona）的聊天机器人聊天，请访问我们的网站KurzweilAI.net，并点击"Chat with Ramona"（与拉蒙娜聊天）。

有人向我抱怨Siri不能满足某些要求，但我发现这些人也总是不断抱怨客服人员的服务。有时，我建议他们跟我一起试用Siri，之后他们觉得Siri的表现超出了预期。这些抱怨让我想起了那只会下国际象棋的狗的故事。它的主人如此回答满腹疑惑的人："是真的，它的确会下棋，只是结局比较惨。"Siri现在也开始遇到强劲的对手，比如谷歌语音搜索。

普罗大众与掌上电脑进行自然对话是新时代的标志。人们往往会因为某物存在缺陷就对其予以否定，第一代技术也没有逃脱这种命运。即使多年后，此项技术成熟了，人们还是没有重视它，因为它早已过时。但事实上，Siri作为第一代技术的产物运行优良，而且这款产品会越来越受欢迎。

Siri 使用的是 Nuance 基于马尔可夫层级模型的语音识别技术。自然语言的外延最先是由美国国防部高级研究计划局（DARPA）赞助的 CALO 项目开发的。[13] Nuance 的自然语言技术优化了 Siri 的功能，还提供了一项与 Siri 非常类似的技术——"游龙"（Dragon Go）！

理解自然语言使用的方法与理解隐马尔可夫层级模型有很多相似之处，实际上，隐马尔可夫层级模型本身的使用就已经很广泛了。有些系统并没有明确标明使用的是隐马尔可夫模型还是隐马尔可夫层级模型，不过这两种模型工作的数学原理是完全一样的。它们都包含线性序列层级，其中的每个元素都有自己的权重、能够自我调试的联结，以及基于学习数据建构的全套智能系统。通常，在实际运用这些系统的过程中，学习得以延续。这一方法与自然语言的层级结构相适应——从词性到单词，到短语，再到语意结构，只不过是抽象概念的自然延伸。在参数上运行遗传算法也是有意义的，因为这些参数控制这种分层学习系统的精确学习算法，并选择最优化算法细节。

在过去 10 年中，创造这些层级结构的方法有了新的变化。1984 年，道格拉斯·莱纳特（Douglas Lenat）踌躇满志地启动了 Cyc 项目（代表 enCYClopedic），该项目着眼于创造能够整理日常"常识性"知识的规则。这些规则组成了庞大的层级结构，每条规则自身又包含一个线性状态链。比如，一条 Cyc 规则可能表示狗有一张脸。然后，Cyc 便联系与脸型结构相关的一般规则：有两只眼睛、一个鼻子、一张嘴，等等。我们虽然希望创建额外的规则以区别狗的脸与猫的脸，但不需要为狗的脸创建一套规则，再为猫的脸创建另一套。这一系统还包括推导引擎：如果有规则规定猎犬是一种狗，狗是一种动物，动物要吃食物，那么我们问推导引擎猎犬吃不吃东西，它会给出肯定回答：猎犬要吃食物。在未来 20 多年中，集千人之力，将有十

多亿条这类规则被编写、测试。有趣的是，编写 Cyc 规则的语言，即 CycL，几乎与 LISP 语言完全一样。

与此同时，对立学派认为理解自然语言，或者是创建一般意义上的智能系统最好的办法就是通过自动学习，也就是让系统处理与系统设计目的相符的巨量信息。证明这一观点最有力的例子就是谷歌翻译，它可以在 50 种语言间互译。尽管谷歌翻译包含了 2 500 种不同的翻译方向，但大多数语言并不能直接互译，翻译仍然需要以英语为中介语言。因此，谷歌需要的翻译器就减少到 98 个（外加少量与英语不匹配、可以直接互译的翻译器）。谷歌翻译器并不使用语法规则，而是为每一对语言的普通互译创造大型数据库，其基础是"罗塞塔石碑"（Rossetta stone）语言库中两种语言间的翻译文档。对于 6 种联合国官方语言，谷歌使用的是联合国的文件资料，因为这 6 种语言的资料都会出版；对于不那么常用的语言，谷歌就使用其他资源。

结果往往让人惊讶。DARPA 每年都会举行不同语言间最佳自动语言翻译系统竞赛，谷歌翻译经常在某些语言翻译竞赛中胜出，因为它打败了那些以语言学家发现的语言规则为基础的系统。

过去 10 年有两大观点对理解自然语言产生了重大影响。第一个观点与层级结构有关。尽管谷歌的方法从对应语言间词语的序列开始，但其运行必然受到语言内部层级本质的影响。那些在方法上使用了层级学习（如隐马尔可夫层级模型）的系统明显表现得更好，但这样的系统不是自动建立的。人类一次只能学习一个抽象层级，电脑系统也一样，因此我们要仔细控制学习进程。

第二个观点是手动建立的规则较为适合普通基本知识的核心部分。这种方法翻译的短文常常更精确。比如，在短文翻译方面，DARPA 将基于规则的中译英翻译系统排在谷歌翻译前面。对于语言的"尾部"（tail），即数百万个不常用的短语和概念，基于规则的翻译系统的精确度却低得让人难以接受。如果我们以训练数据量为参数绘制自然语言理解精确度的图表，基于规则的系统最初性能很高，但随后精确度就降低到70%。与此相对，基于语料库的翻译系统的准确度高达90%，但需要庞大的数据库作为支撑（见图7-15）。

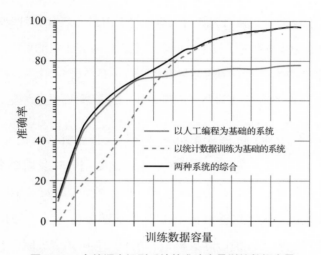

图 7-15　自然语言识别系统的准确率是训练数据容量

注：自然语言识别系统的准确率是训练数据容量的一个函数。提高该系统准确率的最好方法就是将两者结合：对语言的核心部分，我们用人工编程为基础的系统处理；对语言的其他"尾部"规则，我们则需通过统计数据训练的方法对其处理。

我们常常需要将基于少量训练材料的中度性能与获得数量更多、更精确的翻译的机会相结合。迅速获得中度性能使得我们能在某一领域嵌入系统，然后自动收集人们使用该系统后留下的数据。这样，人们使用系统时系统也能大量学习，精确度就会有所提高。要反映语言的本性，这种数据学习就得充分分层，而语言本质也反映了人脑的工作机制。

这也是 Siri 和游龙的运行机制——对最常见的和特定的语言现象使用规则翻译系统，然后学习语言"尾部"就参照在实际生活中的用法。循环团队在以人工编码

为基础改进系统遇到性能瓶颈时，也采用这一方法。**人工编码的规则有两个必备功能。首先，它们一开始就能提供足够的精确度，这样，试运行系统就能广泛应用，并在使用过程中自动优化升级。其次，它们能为级别较低的概念层级提供坚实的基础，这样就能让系统自动学习，从而习得更高概念层级的知识。**

如上所述，沃森是人工编码规则与层级统计学习做法结合的典型例子。IBM 将许多自然语言节目结合起来创造了一个可以玩《危险边缘》游戏的系统。2011 年 2 月 14 日至 16 日，沃森与两位名列前茅的参与者竞赛——布兰德·拉特尔在竞猜节目中赢得的奖金无人能及；肯·詹尼斯曾赢得《危险边缘》的冠军，而且这一纪录保持了 75 天。

20 世纪 80 年代中期，我完成了第一部著作《智能机器时代》。在书中，我曾预测电脑会于 1998 年成为国际象棋冠军。我还预测到那时我们要么降低对人类智力的看法，提升对机器智能的看法；要么降低国际象棋的地位。如果历史是一位向导，我们会将象棋最小化。这些事在 1997 年都应验发生了。当 IBM 的超级国际象棋计算机"深蓝"战胜了人类国际象棋冠军加里·卡斯帕罗夫时，我们立即面对这样的争辩：电脑会赢也是情理之中的事，因为电脑是有逻辑的机器，而国际象棋又是具有逻辑性的游戏。这样，"深蓝"的胜利显得既不让人惊讶，也不再那么重要了。许多评论家继续争辩，提出电脑永远不能掌握人类语言的细微差别，包括暗喻、明喻、双关修辞、语意双关和幽默。

这也是沃森的胜利具有里程碑意义的原因：《危险边缘》是一个相当复杂、极具挑战性的语言类游戏节目，其中的提问包括了许多人类语言的奇怪变体。许多人可能不会相信，沃森不仅正确回答了那些千奇百怪、复杂难解的问题，而且它利用的大部分知识都不是人工编码的。沃森之所以成功，是因为它阅读过两亿页自然语言材料，其中包括维基百科的所有网页和其他百科全书，足足有 4 兆字节。正如本书读者所了解的那样，维基百科不是用 LISP 或者 CycL 写成的，而是包含歧义和

158

复杂逻辑的自然语句。在对问题作出回应时，沃森会参考这 4 兆字节资料，然后回答问题（我发现《危险游戏》寻找答案的过程其实是在寻找问题，但这只是技术性问题——答案其实也是问题）。如果沃森能够在 3 秒内，在两亿页知识的基础上理解并对问题作出反应，那类似的系统也能在网上读取其他上亿个网页资料。实际上，人们正在为此而努力。

20 世纪 70 年代到 90 年代，我们在研发字符和语言识别系统以及早期的自然语言理解系统时，"专家经理"（expert manager）这个方法占据了主导地位。我们研发不同的系统、运用不同的方法，但解决的是同一个问题。系统之间的差别有时很小，譬如只是控制学习算法的参数不同而已；但有些差别确实很大，例如用以规则为基础的系统代替以分层统计学习为基础的系统。"专家经理"本身也是一个软件，通过实时测试性能，总结出这些不同程序处理问题的优缺点。它认为这些系统的优点呈现正交分布：即一个系统在这方面是强者，在其他方面就是弱者。实际上，在调整后的"专家经理"的管理下，这些系统整体的表现远远好于单个系统的表现。

沃森的工作方式也是如此。借助非结构化信息管理框架（Unstructured Information Management Architecture, UIMA），沃森设计了几百个不同的系统。沃森系统中很多的个体语言组成与大众使用的自然语言理解系统是一样的，这些系统要么直接对《危险边缘》的提问给予回答，要么至少简化某些提问。UIMA 就像一个"专家经理"，需要智能整合不同系统的运算结果。但它远远超越了那些早期系统，如 Nuance 的前身研发出的系统，因为就算它的个体系统没有提供最终答案，这些系统还是能为最终结果献出自己的一份力量——只要能缩小解决方案的范围就足够了。UIMA 能计算出得出最终答案的概率。人脑也能这样——在问到母亲的姓氏时，我们对自己的答案会很自信，但是要说出很多年前偶然遇到的那个人的姓氏时，我们就没那么自信了。

因此，为了找到一个能够理解《危险边缘》中固有的语言问题的优雅方法，IBM 的科学家将他们能得到的所有艺术语言理解状态模型结合在一起。有些人利用隐马尔可夫层级模型，有些人则采用该模型的数学变体；另外一些人则运用规则方法直接编码一套可靠规则。UIMA 根据每个系统在实际使用过程中的表现，以最优的方式对不同系统进行整合。但是公众对沃森系统有一些误解，认为 IBM 创造沃森系统的专家们太过关注 UIMA，即他们所创造的专家经理。有些评论家认为沃森系统并没有真正理解语言，因为很难知道理解位于哪个部分。尽管 UIMA 也会借鉴自己以前的经验，但沃森对语言的理解并不仅仅位于 UIMA，而是分散在很多组成部分中，包括使用与隐马尔可夫层级模型同样方法的智能语言模块。

在决定应在《危险边缘》游戏中下多大的赌注时，沃森技术的某个特定部分会使用 UIMA 的信心指数评定系统。虽然沃森已特意为这种游戏升级了系统，但核心语言-知识-搜索技术却能执行更多的任务。有人肯定会认为掌握不常用的专业知识，如医学知识，要比掌握那些玩《危险边缘》游戏所需的大众化知识更难。然而事实却恰恰相反：专业知识的脉络更加清晰、结构更加完整，而且相对来说，信息歧义程度较低，所以沃森可以非常容易地理解这些精准的自然语言。IBM 公司目前也正与 Nuance 公司联手打造面向医学用途的沃森系统。

沃森在玩《危险边缘》这个游戏时的系统对话非常简单：出现一个问题，沃森寻找相应的答案，从技术上来讲，就是提出问题并给出答案。在一个对话中，沃森并不需要回顾所有对话者之前的谈话内容（Siri 系统则需要回顾部分内容：如果你要求它给你的妻子发条短信，第一次，它需要你指认你的妻子，但以后就不需要你重复指认了）。虽然回顾对话中的所有消息——这显然是一个需要通过图灵测试的任务，是一个额外却很重要的任务，但是任务难度并不比沃森的提问回答任务高。毕竟，沃森已经阅读了数百万页的读物，其中自然包含了很多故事，所以它能够追踪复杂的序列事件。沃森也应该可以追溯自己以往的对话，并在下次回答问题时将其列入知识库。

《危险边缘》的另外一个缺点是问题的答案都比较简单，例如，它不会要求竞猜者归纳《双城记》的 5 个主题。针对这个问题，沃森会找到讨论小说主题的相关文件，并整理出自己的答案。通过自己读书找到答案，而不是抄袭其他思考者的观点（即使没有书面文字），这又是另外一个问题。如果要让沃森自己读小说找到答案，目前来说，对沃森而言显然是一个更高水平的任务，而前者就是我所谓的图灵水平测试任务（需要指出的是，大部分人对此也没有自己的原创观点，而是吸收借鉴了同辈或者专业人士的观点）。现在不是 2029 年，所以我不会期待沃森可以回答图灵测试中有难度的问题。而且我还要指出：概括小说主题这种级别的问题并不是简单的任务。对于谁签署了《独立宣言》这样的问题，我们可以对其给出的答案作出正确或者错误的判断。但是对概括小说主题这样高难度的问题，我们无法轻易判断其答案的正确性。

值得注意的是，虽然沃森的语言能力低于受教育者的语言能力，但是它却可以成功打败在《危险边缘》中表现最好的两个选手。成功的秘诀在于：借助其拥有的完美回忆功能和准确记忆能力，沃森可以将它的语言技能和知识理解能力完美结合。这就是我们要将个人的、社会的或者历史的信息存储在沃森系统内的原因。

我并不打算更正我的推测——到 2029 年计算机能够通过图灵测试，但是从目前诸如沃森系统取得的进步来看，图灵等级的人工智能应该能够实现。如果有人可以研制出为图灵测试优化的沃森系统，那便离我们目标的实现又近了一步。

美国哲学家约翰·塞尔（John Searle）最近提出了一个论点：沃森不具备思考能力。他援引了自己名为"中文房间"（Chinese room）的思想实验（将在第 11 章详细阐述），说明沃森只是能够熟练地运用那些符号，却不能真正理解那些符号背后的意思。实际上，塞尔并未正确地描述沃森这个系统，因为沃森对语言的理解不是基于对符号的理解，而是基于分层数据过程。假如我们认为沃森系统的智能过程

只是熟练地运用符号的话，塞尔的评价就是正确的。但如果真的是这样的话，人脑也就不能思考了。

在我看来，那些批评沃森只会对语言进行数据分析，而不能像人类那样真正理解语言的批评家是非常可笑和滑稽的。人脑在处理各种各样的假设时，也是基于数据信息（新皮质层级结构的每一层都是如此），并通过分层数据分析的方法处理信息的。沃森和人脑都是借助分层理解来学习和作出反应。在很多方面，沃森的知识要比单个人的知识丰富得多，没有哪个人敢说自己掌握了维基百科上的所有知识，而这些知识只是沃森知识库的一部分。与此相反，每个人掌握的概念层级要比沃森多，但是这种差距是可以跨越的。

WolframAlpha 是衡量处理组织化信息计算能力的重要系统，这个知识引擎（与搜索引擎相对）是由英国数学家、计算机科学家史蒂芬·沃尔弗拉姆博士（Stephen Wolfram）与他的沃尔弗拉姆研究中心（Wolfram Research）的同事一起开发的。例如，如果你问 WolframAlpha（在 WolframAlpha.com 这个网站上）"0 ~1 000 000 范围内有多少个质数"，它会回答："78 498"。它并不是从系统中搜寻答案，而是自行算出答案，并在答案的下方列出计算所用的公式。如果你在一般的搜索引擎页面上输入同样的问题，它只会给出你所需算法的链接，并不会直接给出答案。之后你还需要将那些公式输入 Mathematica 这样的软件中进行运算，虽然后者也是沃尔弗拉姆博士开发的，但是与直接询问 WolframAlpha 相比，后者要做的工作（需要理解的东西）明显要多得多。

实际上，WolframAlpha 包含了 1 500 万条 Mathematica 语句。它从将近 10 万亿字节的数据中计算出答案，沃尔弗拉姆研究中心的员工们仔细整理过这些数据。你可以向 WolframAlpha 询问很多实际的问题，例如："哪个国家的人均 GDP 值最高？"它会回答："摩纳哥，人均 212 000 美元。"再如："史蒂芬·沃尔弗拉姆多大了？"它会回答："在我写下答案的当天，52 岁 9 个月零两天。" WolframAlpha 也是苹果 Siri 系统的一部分，如果你向 Siri 提一个实际的问题，它就会启动 WolframAlpha 来处理你的问题。WolframAlpha 也负责处理微软公司必应搜索引擎接收的一些提问。

沃尔弗拉姆博士在自己最近的一篇博文中写道："WolframAlpha 现在处理问题的准确率可以达到 90%……以大约 18 个月为半衰期，其错误率也大大降低了。"[14] WolframAlpha 是一个令人印象深刻的系统，它不仅采用人工编程的方法，还采用了人工搜索数据的方法。这就解释了我们发明计算机的原因。随着科学、数学方法的发现和汇编，计算机在处理此类问题时要远远强于单纯的人类智力。WolframAlpha 系统已经收纳了大部分科学方法，而且还在不断更新着从经济学到物理学各种各样知识的最新发展状况。在我和沃尔弗拉姆的一次个人谈话中，他估计如果沃森使用的那些自组织方法正常工作时正确率大约为 80%，而 WolframAlpha 则可以达到 90%。当然，这些数字都具有一定的自我选择倾向，因为使用者（例如我自己）已经知道 WolframAlpha 系统擅长哪类问题，所以同样的因素也会影响自组织系统的评价。沃森在《危险边缘》这个游戏中回答问题的准确率可能是 80%，但即使只有80%，也足以打败该游戏最强的人类竞争者。

就像我在思维的模式识别理论中提到的那样，这些自组织的方法需要理解我们在实际生活中遇到的那些非常复杂但又很模糊的层级信息，人类的语言当然也包含在内。智能系统的完美结合则需要在准确的科学知识和数据的前提之下，运用思维的模式识别理论（据我看来，思维模式识别是人脑的工作机制）对不同层级的智能进行综合。这样我们就可以用计算机阐释人类，智能在日后也能继续发展。对生物智能而言，虽然我们的大脑新皮质具有很强的可塑性，但是新皮质自身的物理特性限制了其潜力的发展。将更多的新皮质植入我们的前额无疑是一个非常重要的进化创新，但是目前我们还不能轻易增加额叶的容量，即使只增加 10% 也很困难，更

别说扩大 1 000 倍了。从生物意义上说，我们不能完成这项创新，但是从技术层面来讲，这项创新是可行的。

创建人工大脑

> 我们的大脑拥有数十亿个神经元，但什么是神经元呢？简单地说就是细胞。如果神经元之间没有建立联结机制，大脑就没有知识。神经元之间的联结就决定了我们可以知道什么，我们到底是谁。
>
> **蒂姆·伯纳斯·李，万维网创始人**

现在让我们用上面讨论过的知识来构建人工大脑。首先，我们需要构建一个符合某些必要条件的模式识别器。接着，我们会复制识别器，因为我们拥有记忆以及计算源。每个识别器计算出模式被识别出的概率。这样，每个识别器考虑了观察到的每个输入的数值（某种连续变量），然后将这些数据跟与每个输入对应的习得数据和数值变化程度参数进行比较。如果计算出的概率超过了临界值，识别器就会激活模拟轴突。我们用遗传算法优化的参数就包括这个临界值以及控制计算模式概率的参数。识别模式并不需要每个输入都有效，因此，自联想识别就有了空间（某个模式只要展现出一部分，我们就可以识别整个模式）。我们同样也允许存在抑制信号，即暗示模式根本不可能的信号。

模式被识别出来就会向该模式识别器的模拟轴突发送有效信号，此模拟轴突反过来又会与下一个更高层级的概念层级的一个或多个模式识别器建立联结。下一个更高层级的概念级别联结的所有模式识别器就会将这种模式当成输入。如果大部分模式被识别，每个模式识别器还会向低概念层级传递信号——这表明剩余的模式都是"预计"的。每个模式识别器都有一条或多条预设的信号输入通道。当预计信号以这种方式被接收时，模式识别器的识别临界值就降低了，也就更容易识别。

模式识别器负责将自己与位于概念层级结构上、下层级的模式识别器"联结"起来。需要注意的是，所有软件实现的"联结"都是通过虚拟联结而并非实际线路实现的（类似于网络联结，本质上是记忆指针）。实际上，这类系统比生物大脑系统更为灵活。人脑中出现新模式时，就需要对应生物模式识别器，还需要实际的轴突枝晶链接与别的模式识别器建立联结。通常人类的大脑会选取一个跟所需联结十分类似的联结，并在此基础上增加所需的轴突和树突，最后形成完整的联结。

哺乳动物的大脑还掌握另一种技术，即先建立很多的可能性联结，然后再剔除那些无用的神经联结。如果一个皮质模式识别器已经承载了某种旧模式，而生物新皮质又为这个模式识别器重新分配了最新信息，那么这个皮质模式识别器就需要重新构造自身的联结。这些步骤在软件中很容易实现。我们只需要为这个新的模式识别器分配新的记忆存储单元，并基于新的记忆存储单元构造新的联结。如果数字新皮质想要将皮质记忆资源从一个模式系列转到另外一个模式系列，它只需将旧模式识别器纳入记忆，再重新分配记忆资源即可。这种"垃圾回收"和记忆再分配是很多软件系统构建的显著特征。在数码大脑中，在我们从活跃的新皮质剔除旧记忆之前，数码电脑首先会对旧的记忆进行复制，而这是生物大脑无法做到的。

很多数学技术可用于构建这种自组织层级模式识别。基于多种考虑因素，我最终选择了隐马尔可夫层级模型。从我将其应用在最初的语音识别和 20 世纪 80 年代

的自然语言系统中开始，我对这一模型已有数十年的研究。从整个领域来看，隐马尔可夫模型在处理模式识别问题时比其他方法的应用范围更加广泛，而且它还被用到理解自然语言的研究当中。许多 NLU 系统用到的技术在数学意义上与隐马尔可夫层级模型非常类似。

需要指出的是，并非所有的隐马尔可夫模型都具有层级性，其中一些包含的层级较少，例如只包含 3 层，从发音到音素再到词汇。为了模拟大脑，我们则需要根据要求建立许多新的层级结构。而且，大部分隐马尔可夫模型并不能完全自组织。尽管有一些联结的重要性为零，这些系统却有效地减少了初始联结的数量，不过，系统仍有一些固定的联结。20 世纪 80 年代到 90 年代开发的系统已经能够自动剔除某个固定等级之下的联结，它们也可以建立新的联结，从而更好地对数据样本进行建模，学习新知识。很关键的一点就是允许系统根据自己学到的模式灵活地调整自身的拓扑。我们也可以利用数学上的线性规划为新的模式识别器指定最优联结。

我们的数字大脑还允许一种模式反复出现，尤其是那些经常出现的模式，这就为我们识别常用模式或是表现形式不同的同一种模式提供了坚实的基础。但我们还需要设定冗余界限，以保证系统对常用低级别模式的储存不会占用太多空间。

冗余规则、识别临界值和对"这一模式是预计的"临界值设定的影响，是影响自组织系统性能的重要参数的几个例子。最开始的时候我是凭直觉设定这些参数，之后再用遗传算法对其进行优化。无论是生物大脑还是软件模拟的大脑，大脑的学习能力都是一个值得重视的问题。在前面我已经提到，一个层级模式识别系统（不管是数字的还是生物的）可以同时学习两个优选的同一级别的层级结构。为了使系统完全自动学习，我首先会采用之前已经测试过的层级网络，该网络在识别人类语言、机打信件和自然语言结构任务时，学习能力已经得到了训练。不过，虽然这个系统可以识别自然语言写成的文件，但一次只能掌握一个层级上的信息。系统学到的上级知识会为下级知识的学习奠定基础。系统可以反复学习同一个文件，每次阅读都会学习到新知识，这跟人们的学习过程有些类似——人们也是在对同一资料的反复阅读中加深对它的理解。网络上有数十亿页的信息，仅英文版的维基百科就有400万篇文章。

我还会提供一个批判性思维模块，这个模块可以对现存所有的模式进行持续的后台扫描，从而审核该模式与该软件新皮质内其他模式（思想）的兼容性。生物大脑没有这样的模块，所以人们能够平等地对待所有的片段性信息。在识别松散的信息时，数字模块会试图在它自己的皮质结构和所有可用的信息中寻找解决方案。在这里，解决方案可能仅指判断这松散信息中的某一部分不正确（如果与该信息相对立的信息在数量上占优势）。不仅如此，该模块会在更高概念层级上，为解决这种信息的矛盾性提供方法。系统会将解决方案视为一个新的模式，并与引发这个搜索的问题建立联结。该批判性思维模块会一直在后台运行。如果人类大脑也有这样的模块，那该多好。

同样，我也会提供一个识别不同领域内开放性问题的模块，作为另外一个连续运行的后台程序，它会在不同的知识领域内寻求问题的解决方案。我前面已经指出，新皮质内的知识由深层级嵌套网状模式组成，因此具有隐喻性特征。我们可以用一种模式为另外一个毫不相关领域的问题提供解决方法。

我们回顾一下第4章提到的隐喻的例子，用某种气体分子杂乱无章的运动来隐喻某种进化过程中杂乱无章的变化。虽然气体分子的运动没有明显的方向，但是聚集在高脚杯内的分子如果有了足够的时间，最终会跑出高脚杯。这也解决了智力进化过程中的一个重要问题。就像气体分子一样，具有进化意义的变化并没有明确的目的。但是我们能看到这种变化正朝着更复杂和更高级的智力方向发展，最终达到

进化的最高端,即新皮质具备层级思考的能力。因此我们能够弄清楚某个领域内(生物进化)没有目的和努力方向的进程是怎样完成一个精确目标的。以此为基础,我们也就可以了解其他领域内相似的进程,例如热力学领域。

我之前已经提到过查尔斯·赖尔的论断——经过长时间的流水侵蚀,岩石会被侵蚀为山谷,这促使达尔文作出了自己的论断,即经过不断的变化,物种的生物特征也许会发生天翻地覆的变化。这种隐喻性的搜索又是另一种持续运转的后台程序。

为了提供结构思维的对等体,我们需要提供能同时处理很多歌曲列表的方法。列表可能就是对问题解决方法必须满足的限制条件的说明。

解决问题的每一步都可能会对现有的思维层级结构进行反复搜索,或者说对现有文献进行反复搜索。人脑一次只能同时处理 4 个列表(在没有计算机辅助时),但人造新皮质却没有这样的限制。

我们还要借助计算机擅长的智能来完善我们的人造大脑,例如计算机可以准确掌握大量知识,快速、高效地运用已知算法。WolframAlpha 整合了许多已知的科学算法,并将它们应用于处理已经仔细整理过的数据。如果沃尔弗拉姆能够找到降低该系统错误率的方法,这个系统仍然有巨大的发展应用空间。

最后,我们的新大脑还需要拥有一个包含很多小目标的大目标。对生物大脑而言,我们继承了由旧脑快乐和恐怖中心设立的目标。为了促进物种的繁衍生息,这些早期目标在生物进化过程中早已被设定,但是大脑新皮质的出现使得我们可以超越早期目标。沃森就是为《危险边缘》这个游戏而生的。另外一个目标就是通过图灵测试。为了达到目标,数码大脑需要像人类那样,阐述自己的故事,从而成功地假扮成生物人。数码大脑有时还要装聋作哑,因为任何移植沃森知识的系统很快就会露出马脚,让人发现其不是生物人。

更为有趣的是，我们可以赋予新大脑更具野心的目标，即美化世界。当然，这个目标会引发一系列的思考：为谁美化？在哪一方面美化？为人类，还是为所有有意识的生物？评价有意识的标准又是什么？

人工大脑在改变世界进程中的地位越来越重要。毫无疑问，与未进化的生物大脑相比，人工大脑在改变世界的进程中发挥了更大的作用。不过，我们还需要思考人工大脑的道德意义。我们可以从宗教传统中的黄金法则开始讨论这个问题。

08 模拟人脑，计算机不可或缺的4大思维

尽管人脑的思维模式极为精巧，我们仍然可以通过软件对人脑进行模拟。要想做到这一点，计算机必须要具备准确的沟通、记忆和计算能力，具有计算的通用性和冯·诺依曼结构，并且能够按大脑核心算法进行创造性思考。

HOW TO
CREATE
A MIND

The Secret of Human Thought
Revealed

08

模拟人脑，计算机不可或缺的4大思维

我们的大脑外在形态好似一块法国乡村面包，内在像是一个拥挤的化学实验室，充斥着无间断的神经元对话。可以把大脑想象成一堆发光体；一个鼠灰色的细胞"议会"；一个梦工厂；一个住在球状头骨内的小小君王；一团杂乱的神经细胞，微小但无处不在，导演着一切人生戏剧；一个变幻无常的乐园；或是一个名叫"头骨"的"衣橱"里塞满了各式各样名叫"自我"的"行头"，挤得皱皱巴巴的，仿佛小小的运动随身包里装了太多衣服。

戴安·艾克曼，美国知名女作家

大脑会存在是因为为了维持生存必须对资源进行分配，而且随着空间和时间的变化，威胁生存的因素也在不断变化。

约翰·奥尔曼，美国著名马克思主义者

现代大脑地图给人一种有趣的古旧感——就像一张中世纪的地图，已知世界被散布着不知名怪兽的未知之地环绕。

大卫·班布里基，知名生殖生物学家

在数学中你并没有理解什么东西，你只是习惯了它们而已。

约翰·冯·诺依曼，数学家、计算机之父

自从 20 世纪中期计算机出现以来，关于计算机的能力极限以及人脑能否被视为一种形式的计算机的争论就没有间断过。对于后一个问题，舆论共识已经发生转变，从认为这两种信息处理实体在本质上是相同的，转变为认为两者存在本质上的不同。那么大脑是否可被视为计算机呢？

20 世纪 40 年代，计算机开始成为时髦的话题，被视为"思考机器"。1946 年，世界上第一台电子数字积分计算机 ENIAC 问世，被媒体称为"巨脑"（giant brain）。随着计算机在接下来的几十年里走入大众市场，广告常常称其为普通人脑无法企及的、拥有超能力的"大脑"（见图 8-1）。

图 8-1　1957 年的一则广告，寓意电脑是一个巨型的大脑

　　计算机程序使这种机器名副其实。由卡内基·梅隆大学的赫伯特·西蒙、J. C. 肖（J. C. Shaw）和艾伦·纽厄尔（Allen Newell）发明的"通用问题解算机"（general problem solver），成功证明了罗素和阿尔弗雷德·诺斯·怀特海（Alfred North Whitehead）在他们 1913 年出版的著作《数学原理》（*Principia Mathematica*）中无法论证的定理。在接下来的几十年里，计算机在解决数学问题、诊断疾病、下国际象棋等智力运动方面凸显出大大超越人脑的优势，但在控制机器人系鞋带，或是学习 5 岁大儿童就能理解的常用语言方面却困难重重，计算机现在才刚刚能够掌握这些技能。具有讽刺意味的是，计算机的进化与人类智能的成熟方向正好相反。

关于计算机和人脑在某种程度上是否等同的问题至今仍存在争议。在序言中我提到，关于人脑的复杂性可以查到无数种引证。同样，在谷歌上搜索"大脑不等同于计算机的引证"，也可以得到上百万条链接结果。在我看来，这些链接的内容都无异于在说"苹果酱不是苹果"。从技术上看这种说法没有错，但苹果可以做出苹果酱。或者，"计算机不是文字处理器"之类的说法可能更加贴切一些。尽管计算机和文字处理器存在于不同的概念层面是事实，但是计算机在运行文字处理软件时就变成了文字处理器，反过来则不然。同样，计算机如果运行"大脑软件"则可以变成人脑。这正是很多研究人员，包括我自己正在尝试的事情。

那么问题就变成了我们是否可以找到一种算法使计算机变成等同于人脑的存在。由于具有内在通用性（仅受容量大小制约），一台计算机可以运行我们定义的各种算法，人脑却只能运行一套特定的算法。尽管人脑的模式相当精巧，不仅有极大的可塑性，还可以在自身经验的基础上重建联结，但这些功能我们可以通过软件进行仿真。

准确的沟通、记忆和计算能力

计算通用性的理念（即一台普通目的的电脑可以植入各种算法）在第一台计算机产生时就出现了。计算的通用性和可能性及对人类思维的适用性包含 4 个核心概念，它们很值得探讨，因为人脑也在对其进行运用。第一个是准确的沟通、记忆和计算能力。在 1940 年，如果你使用"计算"这个词，人们会认为你在说模拟计算机。模拟计算机的数字由不同程度的电压代表，而且特定的模块可以运行加法和乘等运算。**然而，模拟计算机的一个很大的限制是准确性存在问题。**其准确性只能达到小数点后两位数，而且随着处理代表不同数字的电压的操作员增

加，错误也随之增多。所以无法进行较大量的计算，因为结果会由于准确性太低而失去意义。

只要曾用模拟磁带机录制过音乐的人都会知道这一效应。第一遍拷贝的质量会打折，相比原版听起来有较多杂音（此处的"杂音"代表随机错误）。把第一遍拷贝再进行拷贝会出现更多杂音，到第十遍的拷贝时，基本上就只剩下杂音了。数字计算机的崛起伴随着同样的问题，思考一下数字信息的沟通通道我们就可以理解了。没有任何通道是完美的，通道本身都存在一定的错误率。假设一条通道有90%的概率能正确传送每个比特的信息。如果我传送的信息有1比特，那这条通道正确传送它的可能性为0.9，假如我传送2比特信息呢？那准确率就变成了$0.9^2=0.81$。假如我传送1字节（8比特）信息呢？那我准确传送该信息的可能概率连50%都达不到（准确地说是0.43）。准确传送5字节信息的概率仅为1%。

避免这个问题的一个方法就是增加通道的准确性。假设一个通道在传送100万比特时出现一个错误，如果我传送的文件包含50万字节（约为一个普通的程序或数据库的大小），尽管通道固有的准确性较高，但正确传送它的概率仍不到2%，而单单一个比特的错误就可以彻底毁掉整个程序或其他形式的电子数据，所以这种情形并不能令人满意。除了通道的准确性，另一个棘手的问题是传送中出现错误的概率随着信息量的增加而迅速增加。

模拟计算机通过柔性降级的方法处理该问题（即用户只用其处理能容忍出现一些小错误的问题）。如果用户能将其运用限制于一定的计算，那么模拟计算机确实是有用的。然而数字化计算机要求连续的通信，不仅是在不同的计算机之间，也包括计算机自身内部：从内存到中央处理器之间存在通信；在中央处理器中，不同寄存器和算法单元之间也在进行通信；在算法单元内，从一个比特寄存器到另一个之间也在进行交换。通信在每个层级上都普遍存在。如果错误率随着通信的增多快速

176

增加，而一个比特的错误就可以破坏整个过程的完整性，那么数字化计算注定会失败，至少在当时看来是这样的。

引人注目的是，这种普遍的认识在美国数学家克劳德·香农（Claude Shannon）展示了怎样通过最不可靠的沟通通道来进行精度很高的通信时得以改变。1948年7月和10月，香农在《贝尔系统技术杂志》（*Bell System Technical Journal*）上发表了具有里程碑意义的论文《通信的数学理论》（*A Mathematical Theory of Communication*），提出噪声通道编码理论。他认为，无论通道的错误率是多少（除了错误率正好为每比特50%的通道，因为这意味着该通道传输的是纯粹的噪声），都可以按想要的精度传送信息。换句话说，传输的错误率可以是 n 比特分之一，但是 n 的大小可以随意定义。比如说，在端限情况下，就算一个通道的正确率仅为51%（即该通道传送的正确信息的比特数仅比错误信息的比特数多一点儿），仍然可以使传输的信息错误率达到百万分之一，甚至万亿分之一，甚至更小。

这是怎么做到的呢？**秘诀就在于冗余**。这在现在看来似乎是显而易见的，但在当时则不然。举一个简单的例子，假如我每比特信息都传送3次，并且选传输后多数相同的那条信息，那么我就可以大大地提高信息的可靠性。不断增加冗余就能让你得到所需的精度。不断重复传送信息是从准确性较低的通道得到任意高精度信息最简单的方法，但不是最有效率的方法。香农的论文开创了信息理论这一领域，为错误侦查和校正码提供了最理想的方法，使在任意非随机通道条件下获得任意目标精度成为可能。

年纪较大的读者可以回想一下电话调制解调器，它通过嘈杂的模拟电话线路传递信息。幸好有了香农的噪声通道理论，尽管这些线路存在可以听到的明显的嘶嘶声、砰砰声或其他形式的声音失真，它们仍然可以传送高精度的数字化信息。数字存储器也存在同样的问题和解决办法。你是否想过为什么就算唱片曾掉在地

上并且有刮痕，CD、DVD 或其他磁盘软件仍能准确地读出音乐吗？这也多亏了香农。

计算包含 3 个部分：通信（正如我之前提到的，在计算机内部和计算机之间普遍存在）、存储器和逻辑门（可进行计算和逻辑推理）。逻辑门的准确性可以通过错误侦查和校正码达到任意高的精度。幸好有了香农的理论，不管多大多复杂的数字化信息和算法，我们都可以准确处理，避免过程中出现较高的错误率。需要指出的很重要的一点是，我们的大脑也在运用香农的理论。当然，人脑的进化远远先于香农发现这一原理。绝大部分模式或思想（思想也是一种模式）在大脑中储存时都包含大量的冗余。冗余出现的首要原因是神经传输系统自身的不可靠性。

计算的通用性

信息时代所依赖的第二个核心基础是我之前提到过的：计算的通用性。1936 年，艾伦·图灵提出"图灵机"（见图 8-2），但它并非真实存在，仅仅是一种思想实验。他假设计算机包含无限长的记忆磁带，每个平方上有一个 1 或 0。输入呈现在记忆磁带上，机器每次可以读取一格。这台机器还包含一个规则表（核心是一个记忆程序），是由数字编码的各种状态组成的。如果被读出的平方上的数字为 0，就指定一个行动，如果为 1 则指定另一个行动。可能的行动包括在记忆磁带上写 0 或 1，将记忆磁带向右或向左移动一格，或者停止。每条状态都会指定机器应该读取的下一条状态的数字。

图灵机的输入呈现在记忆磁带上。程序不断运行，当机器停止工作时，它已完成了算法，并且将过程输出在记忆磁带上。注意，虽然磁带的长度在理论上是无限的，但实际的程序如果不进入无限循环的话只会用掉有限长的磁带，所以假如我们只去看那部分有限的磁带，就可以解决一类有用的问题。

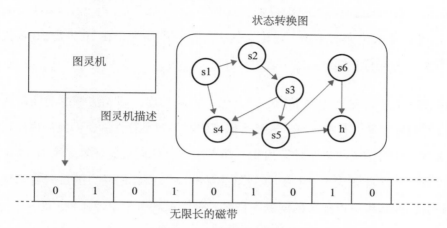

图 8-2　无限的记忆磁带

注：图灵机的框图，带一个能读写磁带的前端，还有一个由状态转换组成的内置程序。

如果你认为图灵机听上去很简单，那是因为这正是发明者的目的所在，图灵希望他的机器尽可能简单（但不是简化，引用爱因斯坦的说法）。图灵和他之前的老师阿隆佐·邱奇教授（Alonzo Church）接着开发了邱奇 - 图灵论，称如果一个问题无法利用图灵机解决，那根据自然定律，任何其他机器也解决不了。尽管图灵机只有少数命令，并且每次只能处理 1 比特，但它能完成任何其他计算机都能完成的计算。换一种说法就是"图灵完全"（即拥有与图灵机同等能力）的机器能够完成任何算法，即任何我们能定义的程序。

邱奇 - 图灵论的一种"强有力"的诠释在本质上将人的思想或认知与机器的计算等同起来，其基本论点是人脑同样遵循自然定律，因此它的信息处理能力不可能超过机器，即也不可能超越图灵机。

我们可以将图灵发表于 1936 年的论文视为计算理论的基础，但同时也应注意到他深受数学家约翰·冯·诺依曼的影响。冯·诺依曼 1935 年于剑桥讲授他的存储程序概念，这一概念在图灵机中得到深刻的体现。[1] 反过来，冯·诺依曼也受到图灵发表于 1936 年的论文的影响，该论文提出了计算的原则，在 20 世纪 30 年代末和 40 年代初成为同行必读论文之一。[2]

在该论文中，图灵提出了另一个意想不到的发现，即无法解决的问题。这些问题有明确的定义、有唯一解，并且可以证明这一解是存在的，但我们也能证明它们无法通过任何图灵机进行计算出来，即无法通过任何机器计算。这与 19 世纪的认识（只要问题能被定义，那么最终就能被解决）正好相反。**图灵向我们展示了无法解决的问题和可以解决的问题一样多。**数学家和哲学家库尔特·哥德尔（Kurt Gödel）在他 1931 年提出的"不完全定理"（incompleteness theorem）中提出了类似的结论。我们因此面临一个令人困惑的情形，即我们可以定义一个问题，也可以证明唯一的答案存在，但却永远得不到答案。

图灵展示了，在本质上计算是基于一个非常简单的机制。因为图灵机（包括任何计算机）能够将它未来的行动进程建立在已经计算出的结果之上，因此它能够进行决策并对任何复杂的信息层级进行建模。

1939 年，图灵设计了一个叫作 Bombe 的电子计算器，帮助破译了纳粹 Enigma 密码机编写的情报。1943 年，一个受图灵影响的工程师小组发明了 Colossus 计算机，这可以说是世界上第一台计算机，它帮助同盟国解码了更复杂的 Enigma 式密码机编写的情报。Bombe 和 Colossus 是针对单个任务设计的，并且不能被重新编程用于解决其他任务，但是它们都出色地完成了自己的使命，帮助同盟国克服了纳粹德国空军相对于英国皇家空军的 3:1 的优势，并对纳粹可能采取的战术进行预测，使英国获得了关键战役的胜利。

冯·诺依曼结构

在前文所述基础之上，冯·诺依曼设计了现代计算机的构造，这引出了我的第三个核心思想：被称作"冯·诺依曼机"的结构构成了过去约 70 年里每台计算机实质上的核心结构，从你家洗衣机里的微型控制器到最大型的超级计算机，无一例外。在写于 1945 年 6 月 30 日一篇名为《关于 EDVAC 的报告草案》(*First Draft of a Report on The EDVAC*)[3] 的论文中，冯·诺依曼提出了自此以后主导计算领域的理论，即冯·诺依曼模型——包括一个进行计算和逻辑运算的中央处理器，一个存储程序和数据的内存单元，一个大容量存储器，一个程序计数器，以及输出 / 输入通道。尽管这篇论文的本意是作为内部项目文件，但它实际上已成为计算机设计师的"圣经"。你永远也想不到一个看似普通的日常内部备忘录也许会在某一天改变整个世界。

图灵机并不是为了实用而设计的。图灵的定理并不着重于解决问题，而在于检视理论上能通过计算解决的问题的边界。冯·诺依曼的目的是提出一个计算机器的可行性模型。他的模型用多比特语言代替了图灵的单比特计算（通常是 8 比特的倍数）。图灵的记忆磁带是连续的，所以图灵机的程序在存储和提取结果时需要花费大量时间来回倒带或进带。相较之下，冯·诺依曼的存储器是随机存取的，所以任何数据都可以立刻被提取出。

冯·诺依曼的一个核心观点是他多年前引入的存储程序（stored program）概念：将程序像数据一样放在同样类型的随机存取存储器中（通常放在同样的内存区块中），就可以使计算机通过重新编程来应对不同的任务，同时进行代码的自我修改（假如记忆程序可写的话），从而实现一种强大的递归形式。在那之前，所有的电脑，包括 Colossus，都是设计来解决一种任务的。存储程序使计算机通用化成为可能，从而实现图灵关于通用计算的设想。

冯·诺依曼机的另一个关键方面在于，各个指令都包含一个指定要进行的算术

或逻辑运算的操作代码和一个指向内存中的操作数的地址。

冯·诺依曼关于计算机架构的理念是通过他设计的离散变量自动电子计算机（EDVAC）的问世为人所知的。EDVAC 是他和普雷斯波·埃克特（J. Presper Eckert）、约翰·莫奇利（John Mauchly）合作的项目。EDVAC 直到 1951 年才开始真正运行，当时还出现了其他存储程序计算机，比如曼彻斯特小规模实验机、电子数字积分计算机（ENIAC）、电子延时储存自动计算机（EDSAC），二进制自动计算机（BINAC），它们都多多少少受到冯·诺依曼论文的影响，而且埃克特和莫奇利都参与了设计。所有这些机器的产生，包括 ENIAC 之后推出的支持存储程序的版本，冯·诺依曼都是当之无愧的直接贡献者。

冯·诺依曼机问世之前还出现过几位先导，但它们中没有一个是真正的冯·诺依曼机。1944 年，霍华德·艾肯（Howard Aiken）推出了"马克一代"，它有可编程的元素但不使用存储程序。它从一个穿孔的纸带上读取指令，然后立刻执行各项命令，但缺乏条件分支指令。

1941 年，德国科学家康拉德·楚泽（Konrad Zuse）创造了 Z-3 计算机。它也是从一个记忆磁带（用的是胶卷）上读取程序，没有条件分支指令。有趣的是，楚泽得到德国飞行器研究机构的支持，该机构用楚泽的设备来研究机翼的摆动，但楚泽向纳粹政府提出的用真空管更换继电器的资金支持申请却遭到了拒绝，因为纳粹政府认为研究计算对战争来说不那么重要。在我看来，纳粹战败的结果几乎可以用这种错误观点的长期存在来解释。

但冯·诺依曼的理念有一位真正的先驱，并且可以追溯到百年之前！他就是英国数学家和发明家查尔斯·巴贝奇（Charles Babbage）。1837 年，巴贝奇首次描述了一种名为分析机（Analytical Engine）的机器，该机器就体现了冯·诺依曼的理念，其特点是用穿孔卡片作为存储程序，灵感来自雅卡尔织布机。[4]它的随机存储器可以存取包含 1 000 个字，每个字由 50 个十进位数组成（等同于约 21 个千字节）。它的各个指令包含一个操作码和一个操作数，就像现代机器语言。该分析机还包含条件分支和循环，所以是货真价实的冯·诺依曼机，它完全基于机械齿轮。分析机似乎超出了巴贝奇的设计和组织技能，他制造出了各个部件但并没有真正让它运行起来。但我们不清楚包括冯·诺依曼在内的 20 世纪的计算机鼻祖们是否对巴贝奇的工作有所了解。

巴贝奇的计算机实际上推动了软件编程领域的产生。英国作家艾达·拜伦（Ada Byron）——勒芙蕾丝伯爵夫人、诗人罗德·拜伦的唯一合法继承人，可以说是世界上第一个计算机程序设计员。她为分析机编写了程序，即今天软件工程师所熟知的"查表法"。不过，她只需要在自己的脑子里进行调试（因为计算机从没有真正工作过）。她翻译了意大利数学家路易吉·梅约布雷亚（Luigi Menabrea）关于分析机的文章并加上大量自己的注释。她认为："分析机编织代数的模式如同雅卡尔织布机编织出花朵和叶子的花纹一样。"她接着提出了可能是世界上第一个关于人工智能可能性的推断，又总结说分析机"不能自命不凡，认为什么问题都能解决"。

巴贝奇能在他生活和工作的时代提出如此先进的理念不能不令人称奇，但直到 20 世纪中期他的思想才得到人们的重视。是冯·诺依曼使我们今天所熟知的计算机原则概念化和清晰化，而且冯·诺依曼机作为计算的最重要模型在全世界得到普遍认可。但要记住的是，冯·诺依曼机在各种单元之间和单元内部持续地进行数据通信，因此它的实现多亏了香农提出的对数字化信息进行可靠传输和存储的理论。

按大脑核心算法进行创造性思考

这引出了我们的第 4 个重要的思想，即打破艾达·拜伦提出的计算机不能进行

创造性思考的结论，探索大脑采用的核心算法，将电脑变成人脑。艾伦·图灵在他1950年的论文《计算机器与智能》（*Computing Machinery and Intelligence*）中提出这个目标，还设计了今天有名的图灵测试来确认某一人工智能是否能达到人类的智力水平。

1956年，冯·诺依曼开始为耶鲁大学享有声望的西里曼讲座系列准备讲演。但由于癌症的折磨，他没有机会真正登上讲台，也没有完成手稿。但这些未完成的手稿仍然对计算机的发展——在我看来是人类最令人却步又最为重要的工程，作出了精彩而有预见性的构想，并于1958年在他去世后出版，名为《计算机与人脑》（*The Computer and The Brain*）。20世纪最杰出的数学家和电脑时代的先驱的最后著作是对智能的检视，这真是再合适不过了。这部作品是最早从数学家和计算机科学家的角度对人脑进行的严肃探究。在冯·诺依曼之前，计算机科学和神经科学是没有任何交集的两个领域。

冯·诺依曼应用计算通用性的概念得到的结论是：**尽管人脑和计算机的结构截然不同，但仍可以认为，冯·诺依曼机能够模仿人脑对信息的加工过程。**反之则不然，因为人脑不是冯·诺依曼机，而且没有同样的存储程序（尽管我们的大脑可以模拟一个非常简单的图灵机的工作过程），它的运算法则或方式是内隐于结构中的。冯·诺依曼正确地归纳了神经可以从输入中学习模式，这些模式现在已被确定，并且部分通过树突强度来编码。在冯·诺依曼的时代还不为人所知的是，学习同样通过神经元联结的建立和破坏来进行。

冯·诺依曼预见性地指出神经加工的速度极为缓慢，大约每秒能进行100次计算，但是大脑通过大量的并行处理来补偿速度——这是他的又一个重要的洞察。他认为，大脑的1 010个神经在同时工作（这个估计值相当准确，今天估计的数目在1 010～1 011之间）。实际上，每个联结（每个神经平均有约103～104个联结）也都在同时进行计算。

考虑到当时神经科学的发展还处于初始阶段，冯·诺依曼对神经加工过程的推测和描述工作称得上是非常杰出。但他对大脑记忆容量的推测我却无法苟同。他称大脑能记住人一生中所有的输入。他认为人的平均寿命为 60 年，即 2×10^9 秒。每秒每个神经约有 14 个输入（这比实际情况低了至少 3 个数量级），神经总数为 10^{10} 个，那么可推断大脑总的记忆容量约为 10^{20} 比特。但正如我之前提到的，事实上我们只能记住我们的思想和经历的一小部分，而且这些记忆的存储模式不是处于较低水平的比特模式（像视频图像一样），而是处于较高水平的序列模式。

冯·诺依曼在提出大脑工作的各个机制的同时，也展示了现代计算机怎样完成跟大脑同样的工作。尽管两者有明显的差异，但是大脑的模拟机制可以被数字化仿真，因为数字化计算可以实现任意精度的对模拟值的仿真（而且大脑内的模拟信息精度非常低）。考虑到计算机在连续计算中显著的速度优势，大脑中的大规模平行工作构造同样可以被仿真。另外，我们也可以通过平行地使用冯·诺依曼机在计算机上实现并行处理——这正是今天的超级计算机的工作原理。

冯·诺依曼推断说大脑的工作方式不能包含较长的连续算法，否则人在如此慢的神经计算速度下无法快速作出决定。当三垒手拿到球并且决定扔到一垒而不是二垒时，他是在不到一秒的时间内作出这个决定的，这段时间仅够各个神经进行少数几轮循环。冯·诺依曼正确推断了大脑的出色能力来自于 1 000 亿个细胞可以同时处理信息，因此视觉皮质只需要 3～4 个神经循环就能作出复杂的视觉判断。

大脑极大的可塑性使我们能够进行学习。但计算机的可塑性更大，通过改变软件就可以完全重建它的工作方式。因此，从这点上看，计算机可以仿真大脑，但反过来则不然。

冯·诺依曼在他的时代将进行大量平行计算的大脑的容量与计算机进行了对比，得出大脑有更强大的记忆力和速度的结论。现在能够在功能上仿真人脑（每秒运行约 10^{16} 次），在某些方面能达到保守估计的人脑速度的第一代超级计算机已经出现。[5]（我预测这种水平的计算机在 21 世纪 20 年代初期就可以买到，其费用将为 1 000 美元左右。）在记忆容量方面，计算机和人脑就更接近了。虽然在他写作手稿的时候计算机还处于发展的初始时期，但冯·诺依曼已充满信心地认为人类智能的"硬件"和"软件"之谜最终会被解开，这也正是他准备这些演讲的动机所在。

冯·诺依曼深刻地意识到，科技发展不断加快的脚步及其对人类未来发展的深远意义。在 1957 年他去世一年后，他的同事、数学家斯坦·乌拉姆（Stan Ulam）引用他在 50 年代早期说过的话："技术的加速发展和对人类生活模式的改变的进程在朝向人类历史上某种类似奇点的方向发展，在这个奇点（singularity）之后，我们现在熟知的社会作用将不复存在。"这是人类技术史上第一次使用"奇点"这个词。

冯·诺依曼的基本见解是，**计算机和人脑在本质上是相同的**。请注意，生物人的情商也是它智能的一部分。如果冯·诺依曼的见解是正确的，并且假如你能接受这个信念的飞跃，即令人信服地重现了生物人的智能（包括情感等其他方面）的非生物实体是有意识的，那么我们能得到的结论就是计算机（安装了恰当的软件）和人类意识本质上是可以等同的。那么，冯·诺依曼是正确的吗？

今天绝大多数计算机是完全数字化的，而人类大脑结合了数字法和模拟法。模拟法由数字法进行再现，再现较为容易且程序化，并能达到任意想要的精度。美国计算机科学家卡弗·米德（Carver Mead）提出了可以用他命名为"神经形态"的硅制芯片直接仿真人脑的模拟法，这种方法比数字仿真模拟法的效率高上千倍。[6]因为我们对新皮质大量重复的算法进行了编纂，所以完全可以使用米德的方法。由达曼德拉·莫哈领导的 IBM 认知计算小组已经推出了能够仿真神经和神经联结，并且能形成新联结的芯片，将之命名为"突触"。[7] 它的其中一个芯片能直接模拟约有 25 万个突触联结的 256 个神经元。这个项目的目的是创造一个非常接近人类大脑的，功率仅为 1 千瓦的，拥有 100 亿神经和 100 万亿神经联结的仿真新皮质。

正如冯·诺依曼在 50 多年前描述的那样，大脑运行速度极其缓慢却拥有大量的平行运算能力。今天的数字电路至少比大脑的电化学交换快 1 000 万倍。不过，大脑真皮质的 3 亿个模式识别器同时运行着，神经元间的上百亿个联结也同时进行着计算。提供能成功模拟人脑的必要硬件的关键问题在于实现总的记忆容量和计算量，而不是直接复制大脑的结构，但这种做法非常缺乏效率和灵活性。

让我们判断一下这些硬件要满足哪些要求。许多工程试图模拟在新皮质发生的分层学习和认知模式，包括我自己在进行的关于隐马尔可夫层级模型的研究。根据我自己的经验作出的保守估计是，模拟生物大脑新皮质上的一个模式识别器的一次循环需要约 3 000 次计算。绝大部分仿真运行的次数达不到这个估计数。大脑每秒进行约 10^2 次循环，那么每秒每个模式识别器会达到 3×10^5 次（即 300 000 次）计算。假设按我的估计模式识别器的数目在 3×10^8（即 3 亿）左右，我们可以得到每秒 10^{14} 次（即 100 万亿次）计算，这个数目与我在《奇点临近》一书中的估算是一致的。在那本书中我推断为了在功能上模拟大脑需要每秒进行 10^{14} 到 10^{16} 次计算，而 10^{16} 次每秒只是保守估计。人工智能专家汉斯·莫拉维克（Hans Moravec）根据整个大脑内初始视力加工过程所需要的计算量推测得出的数字为 10^{14} 次每秒，这与我的估计是一致的。

常规台式计算机可以达到每秒 10^{10} 次计算，但这个速度可以通过云资源得到极大的提升。最快的超级计算机，日本的计算机"京"（K Computer）的速度已经达到了 10^{16} 次每秒。[8] 考虑到新皮质的算法大都是重复进行的，使用"神经形态"芯

片的方法，例如上文中提到的 IBM 的"突触"的前景非常乐观。

在记忆容量的要求方面，我们需要约 30 比特（约 4 字节）来使一个联结响应 3 亿个模式识别器中的一个。如果我们估计每个模式识别器向上平均有 8 个输入，即每个识别器收到 32 字节输入。如果我们给每个输入多加 1 字节，那么就有 40 字节。加上向下联结的 32 字节，总共就有 72 字节。但联结上下层级的分支通常会远远多于 8 个输入和输出。注意，较大的分支树通常由多个识别器共享，比如，可能会有上百个识别器参与识别字母"p"，那么在更高一层，即识别包含"p"的单词或词组的层级就会有更多的、成千上万个识别器参与。然而，各个较低层级的"p"识别器并不分别占有联结高一层级的分支树，而是共享同一个联结分支树。对于向下的联结也是同样的道理：一个负责单词"APPLE"的识别器会通知所有低一层级的负责字母"E"的识别器，如果它看到了"A""P""P""L"那么就有可能会出现"E"。对于需要向低一层级通知"E"可能会出现的各个单词或词组识别器而言，树状联结并不是多个重叠的，而是共享同一个。因为这个原因，总体上估计平均每个识别器上下各 8 个输入是合理的。即使增加个别识别器的估计数，也不会显著影响估计结果的数量级。

3×10^8 个（即 3 亿个）模式识别器各有 72 字节输入，那么加起来总共就可以得到 2×10^{10} 字节（即 200 亿字节）的记忆容量。这对于今天的常规计算机来说算不上一个太大的数字。

以上这些估算主要是为了提供一个大致的数量级估计。考虑到数字电路的速度是新皮质的生物性电路的 1 000 万倍，我们就不需要在平行构造的规模方面向人脑看齐，一般规模的平行构造就足够了（人脑中的平行线路高达万亿级）。我们可以发现，计算方面的必要要求都已经能够达到了。大脑的重新联结——树突持续不断地产生新的突触，也可以通过运用联结的软件来模拟，这个模拟系统比大脑还要灵活得多，相比之下大脑存在较多局限。

大脑用于保持记忆稳定性和一致性的冗余也完全可以用软件模拟。优化这类自组织层级学习系统的数学方法已经被充分理解。但大脑的组织还远远达不到优化的水平，当然，它也不需要达到最优化，只需要达到能够制造工具弥补自身水平的不足就足够了。

人类新皮质的另一个限制在于没有排除或复查相互矛盾思想的程序，这导致很多时候人们的思想缺乏一致性。我们也缺乏一个强有力的机制来执行批判性思想，当我们需要这个技能时，几乎一半的情况下都没能有效运用。一个以软件为基础的新皮质可以通过建立一个暴露不一致性的程序来克服这个弱点，方便我们对自身思想进行复查。

值得注意的是，设计整个大脑区域反而比设计单个神经元要简单。正如我们之前讨论的，用计算机进行模拟，越高层级的模型反而越简单。为了模拟晶体管，我们需要理解半导体的物理特性的细节，而且一个真正的晶体管即使只是基础方程也非常复杂。一个能将两个数字相乘的数字电路需要上百个晶体管，但我们通过一两个公式就能准确模拟这个乘法电路。一个包含上 10 亿个晶体管的计算机的模拟仅需要指令系统和注册描述，短短几页文本和公式就能包括全部内容。操作系统、语言编译器或汇编程序的软件程序则相对复杂，但是模拟一个特定程序，比如一个基于隐马尔可夫层级模型的语言识别程序，则可以通过短短几页方程完整描述。在这些描述中肯定不会出现半导体物理特性的细节或计算机的构造。

类似的现象对大脑也同样适用。新皮质上侦查某一不变的视觉特征（比如人脸），或是执行声音的带通滤波（将输入限定在一个特定的频率范围内）任务，或是评价两个事件时间接近性的模式识别器，与控制神经递质、粒子通道，以及参与神经过程的其他突触或树突变异的化学物理联系相比，能得到的细节更少。尽管在迈向更高的概念层面之前需要仔细考虑所有这些复杂性，但绝大部分可以被简化，就像大脑展现的工作方式一样。

09 思维的思想实验

意识来源于复杂物理系统的"涌现特性"（emergent property），可感受的"特质"（qualia）是其突出特征。成功模拟人脑的计算机也是有意识的。思维就是有意识大脑所进行的活动。非生物学意义上的"人"将于2029年出现。将非生物系统引入人脑，不会改变我们的身份，但却产生了另外一个"我"。把我们的大部分思想储存在云端，人类就能实现"永生"。

HOW TO
CREATE
A MIND
The Secret of Human Thought
Revealed

思维就是大脑的活动。

马文·明斯基

当智能机器被发明出来时，我们不需要为这一现象吃惊。跟我们一样，这些机器也会对自己竟然会相信思维、意识、自由意志这类东西而感到困惑和不能自已。

马文·明斯基

谁是有意识的

个人意识的真正历史开端源于第一个谎言。

约瑟夫·布罗茨基，俄裔美国诗人、诺贝尔文学奖得主

苦难是意识的唯一来源。

陀思妥耶夫斯基，《地下室手记》

有这样一种植物，它的花以有机食物为食：当飞虫驻足在它的花瓣上时，它的花瓣会立即合拢，将飞虫困在其中，直到自身的消化系统将飞虫消化吸收掉。但是，它只有在遇到好东西时才会合拢花瓣，其他东西则会忽略，它是不会去理睬一滴雨或是一根树枝的。真稀奇！这样一种无意识的生物，当遇到自己感兴趣的东西时，竟会有这么敏锐的眼光。如果这是一种无意识，那么意识又有什么作用呢？

塞缪尔·巴特勒，英国作家

我们一直在对大脑进行研究，并一直将其当成一种实体，可以完成某种层级的活动。但是，这种观点基本上否定了我们自身的作用。好像我们就是生活在自

己的大脑中而已。事实上，我们也有自己的主观生活。至今为止，我们一直谈论的大脑的客观性与我们自身的感受有什么关系呢？与有经验感受的我们，又有什么关系呢？

英国哲学家科林·麦金（Colin McGinn）曾写道："在讨论意识这一问题时，即使是最严谨的思想家也会语无伦次。"他这样说是因为就意识到底意味着什么，人们的观点往往会前后矛盾，大多都是无稽之谈。

许多观察者认为，意识是一种表现形式——例如，自我反省的能力，即能够理解自己的思想并对其进行解释的能力。就我而言，**我会将意识理解为思考自己的思想的能力**。据推测，我们能够通过测试来评估这种能力，然后利用这个测试区分有意识和无意识的事物。

然而，在尝试采用此方法时，我们很快就遇到了麻烦。婴儿有意识吗？狗呢？两者都无法清晰准确地描述自己的思维过程。还有人认为，婴儿和狗是无意识的生物，因为他们无法解释自己的行为。那么沃森超级计算机有意识吗？我们只要给它输入一种计算模式，它就能给我们解释它是如何计算出既定答案的，因为它具备一种自我思考的模式。这么说来，难道沃森有意识，而婴儿和狗却没有意识？

在我们进一步分析这个问题之前，重要的是要反思一下以下两者的显著区别是什么：我们如何界定什么是科学，以及什么才是真正的哲学问题。一种观点认为，哲学是尚未通过科学方法解决的问题的中间状态。根据这一观点，一旦科学进步到足以解决某些特定的问题后，哲学家就可以继续研究其他问题了，直到科学将这些问题也解决了。只要涉及意识这一问题，势必会提到这一观点，特别还会提到"谁和什么是有意识的"这一问题。

哲学家约翰·塞尔曾说过："我们都知道大脑通过特定的生物机制产生意

识……重要的是要认识到，意识是一个生物过程，和消化、哺乳、光合作用或有丝分裂一样……大脑是一台机器，确切地说是一台生物机器，但是它自始至终都是一台机器。所以我们首先要弄清楚大脑是如何产生意识的，然后再建造一个人工机器，这个机器要和人一样，具有同样能够产生意识的有效机制。"[1] 读到塞尔的这些话，人们往往会感到很惊讶，因为他们认为塞尔是在反驳像我这样的还原论者以保护意识之谜。

哲学家大卫·查默斯（David Chalmers）曾创造了"意识难题"（the hard problem of consciousness）这一术语，以形容解决这个基本上无法形容的概念的难度。有时，一个简单的短语就能恰到好处地概括出整个思想学派的思想，并最终成为一种象征，例如，汉娜·阿伦特（Hannah Arendt）的"平庸的恶"（the banality of evil）。

在讨论意识时，人们很容易陷入对意识的可观察性和可衡量性这一问题的思考中，而这种方法忽略了意识的本质。我刚提到的元认知的概念，即回顾自己的思想和意识是相关的。其他观察者会将情感智慧或道德智慧同意识混为一谈。但是，重申一下，我们表达爱意的能力、开玩笑的能力，或展现性感的能力都仅仅是表现的类型——可能会让人印象深刻或显示出你的智力，然而，这些能力都是不可观察和测量的（即使我们会争论如何去评估它们）。弄清大脑是如何完成各种任务以及在执行任务时是如何运作的，这就是查默斯的意识"简单"问题。当然，这一"简单"的问题实质上并不那么简单，它可能是我们这个时代最困难且最重要的科学探索。与此同时，查默斯的"意识难题"，其难度实质上也是不可言喻的。

为了证实这种区别，查默斯引入了思想实验，在该试验中他引入了他所谓的"僵尸"（zombies）。"僵尸"是一个实体，其行为和人类一样，但它们没有任何主观经验——即"僵尸"是无意识的。查默斯认为，既然我们可以设想出"僵尸"，至少在逻辑上它们是可能存在的。如果你正在参加一个鸡尾酒会，酒会上既有"正常"

的人类又有"僵尸",你将如何分辨两者呢?也许这听起来很像你曾参加过的一次鸡尾酒会。

很多人回答说:"他们会询问任何他们怀疑的对象,询问他们对某些事件和想法的反应是什么。"他们认为,"僵尸"不具备某些类型的情绪反应,这个问题会证明它们缺乏主观经验。但是按照这一思路得出的答案,根本没有意识到这个实验假设的前提。如果我们遇到一个没有感情的人(如有一定情感障碍的人,常见于某些类型的自闭症患者),或是像阿凡达或机器人一样尚未被认为是有情感的人类的实体,这些实体就不是僵尸。在这里提醒一下:根据查默斯的假设,"僵尸"完全具备正常的反应能力,包括情感反应能力,但缺乏主观经验。其实,我们根本没有办法去识别"僵尸",因为按照定义,"僵尸"的行为并不会暴露他明显的本质。这么说来,难道这是一个没有什么差异的区别吗?

查默斯并没有试图回答这个难题,但确实提出了一些可能性。一种是二元论形式,这种观点认为意识本身就不存在于现实世界中,而是一个独立的本体。根据这一构想,人的行为完全基于其大脑程序。因为大脑具有因果性,所以我们能够通过大脑的程序来充分说明一个人的行为,包括他的想法。那么,本质上意识是存在于另一领域内的,或至少可以说是一个独立于物质世界之外的物质。这种解释认为,意识(也就是说与大脑有关的意识物质)与大脑之间不存在因果关系。

查默斯还提出了另外一种可能性,这种可能性通常被称为泛心论(pan-protopsychism)。从逻辑上来说,这种观点和他的二元论没有什么不同。这种观点认为所有的物理系统都是有意识的,但人类要比其他实体,如电灯开关,具有更强的意识。与电灯开关相比,人的大脑具有更强的意识,这一点毋庸置疑。

我的看法是:意识是复杂物理系统中涌现出的一种特质,这种观点也许是泛心论的一个子学派。就这种观点而言,狗也是有意识的,但要比人类的意识弱一些。

蚂蚁也有一定程度的意识，但要比狗的意识弱得多。从另一方面来说，蚁群要比一只蚂蚁具有更高层次的意识，自然也要比单只蚂蚁更聪明。照此推算，成功模拟人类大脑复杂性的计算机也将具有和人类一样的意识。

我们还可以把意识理解为具有可感受的"特质"（qualia）的系统。那么，什么是可感受的特质呢？一种定义是：可感受的特质是一种"有意识的经验"。然而，这一定义并没有给我们多少提示。让我们来看一个思想实验，有一个完全色盲的神经学家——不是那种分不清某些颜色的色盲，如红绿色盲，而是那种完全生活在黑白世界中的人。（具体来说，她从小就生活在黑白世界中，从来没有见过任何其他颜色。从根本上来说，她的世界中没有颜色。）但是，她对颜色的物理学进行过广泛的研究——她知道红色光的波长是 700 纳米，还知道正常体验过颜色的人的神经过程是怎样运行的，因此就大脑如何处理颜色，她具备丰富的知识，而且比大多数人了解得更多。如果你想帮助她，并向她解释"红色"究竟是一种什么样的体验，你会怎么做呢？

也许你会给她读一段尼日利亚诗人欧洛塞伊·奥鲁塞温（Oluseyi Oluseun）写的《红》（*Red*）这首诗：

红，血之色

生命之象征

红，危险之色

死亡之象征

红，玫瑰之色

美之象征

红，恋人之色

团结之象征

红，番茄之色

健康之象征

红，热火之色

欲望之象征

这确实会给她很多启示，让她将红色与人类的生活联系起来，甚至她还会侃侃而谈。（"是的，我喜欢红色，红色是如此热烈而又充满激情，如此美丽而又那么危险……"）如果她想，她也许可以说服人们，让人们相信她看到过红色，但实际上，即使她读遍世界上所有的诗歌也不会具备那种体验。

同样，当你向从未接触过水的人讲述潜入水中是何感觉时，你又该作何解释呢？我们将再次被迫诉诸诗歌，但是这种经验本身实在是一种无法传授的东西。这些经验就是我们所说的可感受的特性。

想必这本书的许多读者都看到过红色。但我怎么才能知道你们对红色的感受与我对蓝色的感受是不同的呢？当我们都在观看一个红色的物体时，我们会确信无疑地说出它就是红色的，但这并不能说明问题。而当你在观看蓝色的物体时，我可能会跟你有一样的感受，但是我们都知道应该将红色物体的颜色称为红色。我们可以重新开始用诗歌进行交流，但诗歌仅仅反映了人类与颜色之间的关联，并未说明可感受的特性的本质。事实上，先天失明者已经阅读过大量有关颜色的知识，因为大多文学作品都会涉及有关颜色的内容，因此，他们确实"感受"过颜色，对颜色有自己的看法。这些失明者对红色的感受同那些视力正常的人的感受又有什么不同呢？这个问题实际上同那个生活在黑白世界中的女士的问题是一样的。让人惊讶的是，生活中如此常见的现象是这么完全不可言喻，我们只是单纯地想要证实一下都不可以，正如我们想证实我们有着同样的感受也不可以。

另一种定义是，可感受的特质是对某种经验的感受。然而，这个定义，正如我们上述对意识所下的定义一样，仍旧是一种自圆其说，因为"感受""有经验""意识"，这些词语都是同义词。意识和与之密切相关的可感受的特质这一问题都是基本的哲学问题，也许也可以理解为是最重要的哲学问题（尽管身份认同这一问题可能更重要，我将在本章结束就此问题进行讨论）。

再来说说意识吧。归根结底，这个问题应该怎么理解呢？它应该是这样的：**谁是有意识的，或意识是什么？**我在本书书名中使用"思维"（mind）一词而不是"大脑"（brain），是因为思考是有意识的大脑进行的活动。我们也可以这样说，思维是有自由意志和身份认同的。断言这些问题是哲学问题这一说法并非不证自明的。我敢保证，人类永远不会仅靠科学就能完全解决这些问题，除非先作出哲学假设，否则我们无法设想通过可证伪性实验来解决这些问题。如果我们要发明一种意识探测器，塞尔会希望用这种意识探测器来确定意识会释放神经传递素。美国哲学家丹尼尔·丹尼特（Daniel Dennett）可能会采用更加变通的方式来理解，但他可能会想确认该系统是否本身就具备一种模型，同时还能发挥其自身性能。这种观点与我的观点更接近，但其实质仍然是一个哲学假设。

如今不少学者经常发表一些科学理论，这些理论将意识同一些可度量的物理属性联系起来——也就是塞尔所说的"引起意识的机制"。美国科学家、哲学家和麻醉师斯图尔特·哈梅罗夫（Stuart Hameroff）曾这样写道："细胞骨架纤维是意识的根源。"[2] 他这里所说的细胞骨架纤维是一种被称为微管（microtubule）的生物结构，存在于每个细胞（包括神经元，但又不仅限于神经元）中的纤维，纤维可以保持每个细胞结构的完整性，并在细胞分裂中发挥作用。他的一些著作和论文曾论及该问题，其中对细胞微管的信息处理作用给出了合理的解释，并附有

详细的说明和公式。但是，要想了解微管与意识的关系，我们需要坚定这样一种信念，这种信念同宗教教义推崇的信念没有什么根本的不同，即神赋予了某些实体（通常指人类）以意识（有时也被称为"灵魂"）。为了证实哈梅罗夫的观点，有人提出了一些薄弱的论证，特别是这样一种观点，即支持细胞计算的神经系统在麻醉过程中会停止运作。但是，这种观点远不能使人信服，因为在麻醉过程中许多系统也会停止运作。我们甚至不能肯定麻醉过程中这些对象是无意识的。我们所知道的只是麻醉后人们会不记得他们经历过什么——即使并不是所有人都是如此，因为有些人确实真真切切地记得麻醉后的经历，例如，医生说的话，这种现象被称为麻醉觉醒（anesthesia awareness），据估计这种现象在美国每年会发生约 40 000 次。[3] 但是，即使不考虑这一点，意识和记忆也是两个完全不同的概念。正如我深入讨论的问题，如果我回顾过去各个时刻的经历，我会产生很多感官印象，然而我所能记住的却只占少数。这么说来，是不是我对每天的所见所闻就没有意识呢？这其实是一个很好的问题，但却不能得出一个确定的答案。

英国物理学家和数学家罗杰·彭罗斯（Roger Penrose）出于另一个不同的信念，提出了意识的根源问题，虽然他也关注微管——特别是微管的量子计算能力。他的论证（虽然没有明确说明）似乎认为，意识是神秘的、量子事件也是神秘的，所以两者之间必定会有某些联系。

基于图灵定理中关于无法解决的问题和相关的哥德尔的不完备性定理，彭罗斯开始了他的分析。图灵假设（第 8 章已对该假设进行了详细的讨论）是，假设图灵机可以说明某些算数问题，却不能解决该类问题。基于图灵机的计算普适性，我们可以得出这样的结论：**任何机器都不能解决这些"无法解决的问题"**。关于验证数字推算的能力，哥德尔的不完备性定理也得出了类似的结论。彭罗斯的观点是，人类的大脑能够解决这些无法解决的问题，因此，人类也能够做到确定性机器（如计算机）无法做到的事情。彭罗斯的这一观点是由人类的智商高于计算机这一理念而引发的（至少部分是如此）。但遗憾的是，他的核心假设——人类可以解决图灵和哥德尔不能解决的问题，实际上是错误的。

有这样一个著名的不可解问题叫作"忙碌的海狸问题"（the busy beaver），问题是这样描述的：计算有限状态的图灵机能在读写纸带上"写下"1的最大值。假设最长运行状态为 n，通过对所有具备 n 状态的图灵机（如果 n 是有限的，这将是一个有限数字）进行测试，然后确定这些图灵机能在读写纸带上记录下"1"的最大值，不包括那些进入无限循环状态的图灵机。这是一个无法解决的问题，因为我们在试图模拟所有这些 n 状态的图灵机时，当模拟机试图模仿进入无限循环状态的图灵机时，它也会进入无限循环状态。然而，事实证明，尽管如此，计算机仍然能够确定某些最长运行状态的 n 值。人类也能够做到这一点，但是与孤立无援的人类相比，计算机可以计算出来更多的 n 值。在解决图灵和哥德尔不能解决的问题上，计算机通常会比人类表现得更好。

彭罗斯将这些所谓的人类大脑的超然能力与他推测的人脑中发生的量子计算联系在一起。根据彭罗斯的推测，在某种程度上，这些神经量子效应是人类固有的，而计算机无法实现，因此人类的思维有着与生俱来的优势。事实上，常见的电子产品也在利用量子效应（电子晶体管利用量子隧穿效应穿越障碍）；大脑中的量子计算尚未得到证实；可以通过传统的计算方法，对人类的思维能力作出令人满意的解释；任何情况下，任何事物都不能阻止我们将量子计算应用于计算机中。彭罗斯没有对这些反对意见作出合理的解释。当批判者指出大脑是量子计算的集中地时，哈梅罗夫开始和彭罗斯联手进行论证。彭罗斯发现神经元中有一种可能支持量子计算的媒介，即微管，哈梅罗夫曾认为微管是神经元中信息处理的媒介之一。所以哈梅罗夫－彭罗斯的观点是：神经元中的微管进行量子计算，从而产生了意识。

这种观点也曾受到一些人的批判，例如，物理学家和宇宙学家马克斯·特格马

克（Max Tegmark）证实，微管中的量子事件仅可持续 10~13 秒，时间过于短暂不足以计算出任何有意义的结果或是影响神经系统的过程。对于某些类型的概率问题，与传统的计算相比，量子计算将表现出更出众的能力，例如，通过大数的因子分解破解加密代码。然而，事实证明，在解决这些问题时，孤立无援的人类的想法糟糕透了，在这方面，人类甚至比不上传统的计算机，这表明大脑并不具备任何量子计算的能力。此外，即使大脑中确实存在量子计算这样的现象，也不一定与意识有关。

你必须有信仰

> 人是何等地巧夺天工！理性何等高贵，智能何等广大……行动是多么像天使，悟性是多么像神明。真是世界之美，万物之灵！但是，在我看来，这尘垢的精华又算得了什么？
>
> **莎士比亚名剧《哈姆雷特》中主角哈姆雷特的台词**

事实是，这些理论都可以理解为信仰的飞跃。我想补充说明的是，凡论及意识，你就必须遵循这样的指导原则，即"你必须有信仰"——也就是说，在论及什么是有意识的、谁是有意识的，以及哪些生物具有意识这些问题时，每个人都要对此保持坚定的信念。否则，我们无法知道明天该怎么度过。就意识这一问题，信仰是最基本的要求，我们应该坦诚地对待这个问题，了解我的需要在信仰上做些什么转变以及信仰转变会设及的自我反思等基本需求。

不同的人会有不同的信仰飞跃，尽管给人留下的印象可能与此相反。关于意识的本质和来源，不同的人会有不同的哲学假设，因而就动物的权利和堕胎这些问题，也会产生分歧，并将导致未来就"机器的权利"这一问题引发更激烈的争论。从客观意义上来说，我个人预言未来的机器将拥有自我意识，当它们说出自己的感受时，人类会相信它们。它们将具备各种微妙的、类似的情感，会让我们欢笑与悲伤；如果我们告诉它们我们不相信它们是有意识的，它们会很生气。（它们很聪明，所以我们不希望发生这样的事情。）它们是有意识的"人"，我们最终会接受这一观点。我个人的信仰飞跃是这样的：**当机器说出它们的感受和感知经验，而我们相信它们所说的是真的时，它们就真正成了有意识的人。**通过这个思想实验，我也明确了自己的观点：试想一下，将来你可能会遇见这样一个实体（机器人或阿凡达），他的情绪反应完全真实可信。当你讲笑话时他会笑，也会带给你喜怒哀乐（但不只是通过搔痒让你发笑）。当他说到他的恐惧和渴望时，你会相信他。不管从哪个方面来说，他看上去都是有意识的，他看起来确实跟人没什么差别。你会接受这样一个有意识的人吗？

如果你的第一反应是要找出他的非生物性，而我们假设他是完全真实的有意识的人，那么你的想法显然跟这个假设不吻合。基于这样的假设，如果有人威胁要摧毁他，他会作出恐惧的反应。如果你看到有人也受到这样的威胁，你是不是会作出类似的举动呢？如果是我，我肯定会回答说"是"，而且我相信大多数人都会这样回答——虽然并不是所有人都会如此，不管他们现在对这个哲学辩论持有什么观点。再次重申一下，我所强调的是"完全真实"。

当然，就我们什么时候会遇到这种非生物体，甚至是我们是否会遇到这种非生物体，人们的观点肯定会有分歧。我个人的观点是，这种非生物体将首次出现在 2029 年，并于 21 世纪 30 年代成为常态。但是，不考虑这个时间框架，我相信，我们最终将承认这种实体是有意识的。回想一下，当我们在故事和电影中接触到这种非生物体时，我们是如何看待他们的：电影《星球大战》中的智能机器

人 R2D2，电影《人工智能》（*A.I.*）中的大卫和泰迪，电视连续剧《星际迷航：下一代》（*Star Trek: The Next Generation*）中的机器人 Data，电影《霹雳五号》（*Short Circuit*）中的霹雳五号（Johnny 5），迪士尼电影《机器人瓦力》（*Wall-E*）中的瓦力（Wall-E），电影《终结者》第二部及之后出现的 T-800 系列机器人——终结者（好人），电影《银翼杀手》（*Blade Runner*）中的复制人瑞秋（Rachael，顺便提一下，她不知道自己不是人类），电影、电视剧和漫画系列《变形金刚》中的大黄蜂（Bumblebee），以及电影《我，机器人》（*I, Robot*）中的桑尼（Conny）。虽然我们知道这些角色都是非生物体，但还是对它们产生了情感共鸣。我们将它们视为有意识的人，正如我们对待作为生物体的人类一样。我们对它们感同身受，当它们陷入困境时，我们为它们担忧。如果我们现在是这样对待这些虚构的非生物角色的，那么将来我们也将以同样的态度来对待现实生活中的非生物体智能人。

如果你接受这样一种信仰飞跃，即非生物体就其感受性所作出的反应是有意识的，那么这也就意味着：意识是实体整体表现出来的涌现特质，而不是由其运行机制产生的。

科学和意识在概念上有很大差异，科学是客观规律，我们可依此得出结论，意识则是主观经验的代名词。很显然，我们绝对不会这样问一个实体："你是有意识的吗？"如果我们想要通过查看它的"头部"（不管是生物体还是其他实体的）构造来确定它是否有意识，那么我们将不得不作出哲学假设，来确定我们想要发现什么。因此，判断一个实体是否有意识这一问题，本身就不科学。基于此，一些观察家又对意识本身是否有任何现实基础提出了质疑。英国作家和哲学家苏珊·布莱克摩尔（Susan Blackmore）曾这样说过："意识的巨大幻觉。"她承认意识这一概念的存在——换句话说，作为一个概念，意识确实存在，而且还有许多大脑皮质结构在处理这种概念，更不用说，还有许多口头和书面语言也论及过这一概念。但目前尚不清楚它指的是不是真实的东西。布莱克摩尔解释说，她并不是否认意识的存在，而是在试图阐明我们在证实这个概念时遇到的各种困境。英国心理学家和作家斯图尔特·萨瑟兰（Stuart Sutherland）在《国际心理学大词典》（*International Dictionary of Psychology*）中写道："意识是一种有趣而又难以捉摸的现象，你无法确定它是什么，它如何运作，或者它为什么会产生。"[4]

然而，我们最好还是不要轻易忽视这个概念，不应认为它只是哲学家之间进行的一场友好的辩论——顺便提一下，这种辩论可以追溯到 2000 年前的柏拉图对话。意识是道德体系的基础，这些道德信念反过来又构成了我们不甚严谨的法律制度。如果一个人摧毁了其他人的意识，如通过谋杀，我们就会认为这种行为是不道德的，但也会有例外，如犯了重罪被判处死刑的。这些例外情形也与意识有关，因为我们可能会通过警察或军队来杀死某些有意识的人，以保护其他有意识的人的利益。我们可以认为这些特例都是罪有应得，但其隐含的基本原则始终是真实可信的。

袭击他人、使他人经历痛苦，通常也被认为是不道德的和非法的。如果我毁坏我的个人财产，这种行为是可以接受的；但如果我未经你的许可破坏你的财产，这种行为就是不能接受的，不是因为我给你的财产造成了痛苦，而是给你——财产的所有者造成了痛苦。另一方面，如果我的财产中包括有意识的生物，如动物，那么即便我是动物的主人，但如果随意处置自己的动物，也不一定能免受道德和法律的制裁——立法中有禁止虐待动物的规定。

大多数道德和法律制度都是建立在保护意识体的生存和防止意识体受到不必要的伤害的基础之上的，为了作出负责任的评判，我们需要先回答这样一个问题：谁是有意识的？这可不仅仅是一个智力辩论的问题，答案也不像关于堕胎问题的争议那样显而易见。在这里我要指出，堕胎问题要比意识问题稍微严重一些，因为反堕胎支持者认为，潜在的胚胎最终会成长为有意识的人，这一理由足以说明应对其进

行保护，正如昏迷的人也应享有这项权利一样。但是，这个问题的关键在于胎儿何时能产生意识。

当出现争议时，对意识的看法往往也会影响我们的判断力。让我们再来看看堕胎这一问题。许多人在权衡这一问题时，会区别对待这两种措施：服用紧急避孕药和后期流产。人们在看法上会有差异，是因为后期的胎儿可能具有意识。很难说几天大的胚胎是有意识的，只有泛灵论者才会这么认为，但即使是这样，就意识而言，胚胎的意识还是比最低等的动物更弱。同样，在看到猿猴虐待昆虫时，我们也会产生非常不同的反应。如今，没有人会担心自己会给计算机软件带来什么疼痛和痛苦（虽然关于软件能给我们带来的痛苦，我们确实进行了广泛的讨论），但当未来的软件拥有生物人类的智力、情感、道德时，我们就会开始真正对此表示关注。

因此我的立场是，如果生物体在情绪反应上表现得完全像人类一样，并完全令人信服，对于这些非生物体，我会接受它们是有意识的实体，我预测这个社会也会达成共识，接受它们。请注意，这个定义超越可以通过图灵测试实体的范围——因为图灵测试至少需要掌握人的语言。但只要非生物体足够像人，我会接纳它们，我相信，社会中的大部分人也会如此，不过，我也会把那些具有人类一样的情感反应却不能通过图灵测试的实体包括进来，例如孩子。

这是否就能解决"谁是有意识的"这个哲学问题，至少是对我自己和其他接受这个特殊的信仰的飞跃的人们而言？答案是：不完全是。我们只涉及了其中一方面，即像人一样行事的实体。尽管我们正在讨论的是未来的非生物体，但我们所谈论的实体表现出令人信服的像人一样的反应，所以仍然是站在以人类为中心的立场。但那些拥有智力，形体却又跟人不一样的非生物体又是怎样的呢？我们可以想象它们有和人类的大脑一样复杂的智能，或者是要比人类的大脑复杂得多的智能，但情感和动机又完全不同。我们如何决定它们是否有意识呢？

我们可以从生物世界中那些拥有堪比人类大脑而行为却与人类大不相同的生物开始。英国哲学家大卫·科伯恩（David Cockburn）提到，他曾观看过一只巨大的鱿鱼受到攻击时的视频（至少鱿鱼认为那是一种攻击——科伯恩推测它可能是害怕人类的摄像机）。那只鱿鱼打了一个寒战，畏畏缩缩地，科伯恩写道："它的反应方式激发了我，像极了恐惧的人的反应。这一连串的反应令我感到惊讶的是，我可以看到完全不同于人类的生物，它是如何体会到那种既含糊又明确的恐惧感的。"[5] 他的结论是，动物感觉到了那种情感，而他只是表达了出来，大多数观看过那个视频的人都会得出同样结论的那种信念。如果我们接受科伯恩的描述和结论，那么在谈到有意识的实体时，我们就必须想到巨型鱿鱼。然而，这并没有给我们更多的启发，这种感情仍然是基于我们的移情反应，它仍然是一个以自我为中心或以人类为中心的观点。

如果我们跨出生物世界，就会发现非生物智能比生物世界的智能更加多样化。例如，一些实体在遇到致命的危险时，可能没有恐惧感，可能也不会需要人类或任何生物体所拥有的这种感情。它们仍可以通过图灵测试，或者它们可能甚至不会愿意去尝试这种测试。

事实上，我们如今确实发明了没有自我保护意识的机器人，以便它们在危险的环境中执行任务。它们不够聪明或也不够复杂，我们不必费心去考虑它们的感知能力，但我们可以想象，未来这种机器人将会和人类一样复杂。它们又是怎么一回事呢？

就个人而言，我会说如果我看到某个装置有着复杂且有意义的目标，而且还具备显著的决策力和执行力，用以执行其使命，这将给我留下深刻的印象。如果它被摧毁了，我很可能会感到不安。现在可能有点偏离主题，因为我是在阐释一种行为，这种行为不会包含许多的感情，而这正是许多人甚至是各种生物体所普遍具备的。但是，我也再次试图将这些属性同自己或他人联系起来。一个实体全情投入到一个

崇高的目标，并将其实施或至少试图这样做，而不去考虑自己的幸福，这一理念对人类而言并不稀奇。这样来说，我们也正在为这样一个实体考虑，它致力于保护生物人类，或以某种方式推动我们的发展。

如果这个实体有自己的目标，而这个目标与人类的目标不同，而且其进行的活动在我们看来不是那么高尚，将会出现什么情况呢？我可能会尝试着看看我是否能以其他方式来欣赏并理解它的一些能力。如果它确实非常聪明——它可能擅长数学，也许我就可以针对这一主题与它进行谈话。也许它还能理解数学笑话呢。

但是，如果它没兴趣跟我沟通，我便无法获知其行为和内部机制，这是否就意味着它是无意识的呢？我认为那些不能让我相信其情绪反应的实体，或那些根本不屑于尝试跟我沟通的实体，并不一定是无意识的。在没有建立一定程度的共情沟通的情况下，很难确定这种实体是不是有意识，这种判断不仅反映了我考虑中的实体的局限性，也反映了我自己的局限性。因此，我们需要保持谦卑的态度。从他人的角度去思考对我们来说具有一定的挑战性，所以对于那些同我们具有完全不同的智能的实体来说，这样的任务更难完成。

我们能够意识到什么

如果我们能够透过颅骨看穿正在进行有意识的思考的人类大脑，如果最佳兴奋点是发光的，那么，我们就会在大脑表面看到一个明亮的点。这是一个奇异的波浪状的区域，其大小和形状不断波动，周围被或深或浅的黑暗区域环绕着，覆盖大脑半球的其他区域。[6]

伊凡·彼特诺维奇·巴甫洛夫，俄国生物学家

再回到巨型鱿鱼那个话题，我们可以识别它的一些明显的情绪，但它的大多数行为对我们来说仍是一个谜。巨型鱿鱼会有什么感受呢？当它缩着身躯挤过那狭隘的缝隙时，会有什么感觉呢？我们甚至不知道该怎么回答这个问题，因为我们不能描述那些我们和其他人都具备的经验，如看到红色的感觉或水溅在我们身上的感觉。

但是，我们没必要潜入海洋深处去揭示意识经验的本质这一未解之谜——我们只需要考虑自己的经验就可以了。例如，我知道我是有意识的，我假设这本书的读者也是有意识的。（至于那些没有买过这本书的人，我就不那么肯定了。）但我能意识到什么呢？你可以试试问自己同样的问题。

尝试如下思想实验（该实验也适用于那些开车的人）：想象你正行驶在高速公路的左车道上。现在闭上双眼，抓住想象中的方向盘，旋转方向盘变换到右车道。

你很有可能会这样做：你握着方向盘，并发现右车道无障碍。假设车道内没有障碍物，你快速转动方向盘变换到右车道。然后，将车身调正，完成这项工作。

很庆幸你驾驶的不是真正的汽车，因为你刚才急速穿过了所有车道还撞上了一棵树。虽然我也许应该提醒你不要在真正行驶中的车辆中尝试这个实验（但我假定你已经掌握了不应该在开车时闭上双眼这个规则），但这不是问题所在。如果你按照我刚才所描述的过程做了（在进行思想实验时，几乎所有人都这样做了），那你就理解错了。当你将车轮向右转并调正车身时，车会朝着和原来的方向呈对角线的方向驶去。汽车会如你所愿驶入右车道，但它将一直向右行驶，直到穿过道路的尽头。当你的车穿过右车道时，你应该向左移方向盘，和向右转的程度一样，然后再次调正车身。车将再次行驶在新的车道中。

如果你是一个有经验的老司机，你已经这么操作过上千次。当你这么操作时，

你是无意识的吗？当你变换车道时，你就从来没有注意过你实际上是在做什么吗？假设你没有因为变道事故躺在医院，那你已经清楚地掌握了这种技能。然而，你对自己做过的事情仍旧没有意识，不管你操作过多少次。

当人们谈论他们所经历的故事时，他们会描述一系列的情况和决定。但是，我们在经历这个故事时，是不会像描述中那样发生的。我们原来的经验是一系列高层级的模式，其中有些可能会引发感情。如果是这样的话，我们记得的只是其中的一小部分。我们在讲述故事时描述得相当准确，是因为我们利用自己的聊天能力来填补那些丢失的细节并将这一连串的事件转换成一个连贯的故事。**我们不能确定原来的有意识的经验来自记忆中的哪一部分，但记忆是我们获取那段经历的唯一来源。**当前的片刻转瞬即逝，并迅速变成一段记忆，或者，更经常发生的是，没有被我们记住。即使某种经历变成了一段记忆，这种经历也将作为一种由巨大的层级结构中的其他模式构成的高层级的模式被存储，正如思维的模式识别理论表明的一样。正如我多次指出的，几乎所有的经验（如我们每次变换车道）都会立即被人遗忘。因此，要想确定我们有意识的经验是如何形成的，实际上是无法实现的。

东方是东方，西方是西方

> 在大脑出现之前，宇宙中没有颜色或声音，也没有味道或香气，可能会有极少的意识，但是没有感觉或情感。[7]
>
> **罗杰·斯佩里，美国神经生物学家**
>
> 笛卡儿走进餐厅，坐下来吃晚饭。服务员走了过来，问他是否需要开胃菜。
>
> "不，谢谢，"笛卡儿说，"我只是想订晚餐。"
>
> "你想要了解一下我们的每日特色菜吗？"服务员问。

"不用了。"笛卡儿有点不耐烦地说。

"晚餐前，您要喝点儿酒吗？"服务员问。

笛卡儿被激怒了，因为他是一个禁酒主义者。"我不需要！"他愤怒地说，然后"噗"的一下就消失了。

哲学家大卫·查默斯讲的一个笑话

关于这些问题，可以从以下两个方面来考虑——关于意识的本质和现实的本质，西方人和东方人各持什么观点。西方人认为，物质世界最先存在，然后它的信息模式一直在演化。经过数十亿年的进化后，这个世界的实体已经进化完全，成为有意识的实体。而东方人则认为，意识是现实的基础，人类先产生了思想意识，后才有了这个物质世界。换言之，人类的思想意识决定了物质世界的存在。当然，复杂多样的哲学也有很多简单化的解释，但是他们说明了意识哲学的主要分歧，以及意识与物质世界的关系。

关于意识这一问题，东西方之间的分歧还在于他们在亚原子物理问题上表现出的截然不同的思想。在量子力学中，粒子以概率的形式存在。使用任何测量设备对粒子进行测量都会产生波函数塌缩，即粒子突然定位于某个特定的位置。普遍的观点是，这样的测量是通过有意识的观察者观察到的，因为任何其他形式的量度都是毫无意义的。因此，只有当我们观测时，才会发现粒子有特定的位置（以及其他属性，如速率）。粒子大概是这么认为的：既然没人费心去留意它们，它们就不需要决定自己位于什么位置。我将此称为量子力学的"佛教流派"，因为在被有意识的人观测之前，粒子根本不存在。

关于量子力学还有另一种解释，可以避免这种拟人化的术语。在这种分析中，粒子场并不是一个概率场，而仅仅是一个函数，在不同的位置有不同的值。因此，粒子场基本上就代表了这个粒子。粒子处于不同的位置，其数值会有限制，这是因

为整个粒子场只代表有限数量的信息。这也是"量子"这个词语的来源。这种观点认为，所谓的波函数塌缩，根本就不是一种塌缩。波函数实际上是永远不会消失的。它只是一个测量设备，也是由粒子场构成的，测量到的粒子场和测量设备的粒子场相互作用，导致读到的粒子处在一个特定的位置。但是，粒子场仍然是存在的。这是西方人对量子力学的解释。不过，很有趣的一点是，物理界更流行的观点是我所谓的东方人的阐释。

有一位哲学家，他的著作涉及这种东西方分歧。思想家路德维希·维特根斯坦（Ludwig Wittgenstein）曾研究过有关语言和知识的哲学，并就"我们真正知道什么"这一问题进行了深入思考。在第一次世界大战服役期间，他就开始思考这个问题，还做了笔记，收录于他在世时出版的唯一一本书《逻辑哲学论》（*Tractatus Logico-Philosophicus*）中。这本著作结构独特，在他以前的导师英国数学家和哲学家伯特兰·罗素的帮助下，他于 1921 年找到了一家出版商。这本书被奉为逻辑实证主义哲学流派的圣经，而逻辑实证主义的核心问题是科学的界限。这本书和围绕它进行的运动对图灵及计算和语言学理论的诞生产生了一定的影响。

《逻辑哲学论》预言，所有的知识从本质上来说都是分级的。这本书的语言本身也是按照层层嵌套的编号进行编排的。例如，这本书一开始的前 4 句话是这样的：

1　世界是一切实况之所是。

1.1　世界是事实的总和，而非事物的总和。

1.11　世界为事实所决定，并且由一切事实所决定。

1.12　因为事实的总和决定了发生的事情，也决定了一切未发生的事情。

《逻辑哲学论》中还有一种重要的说法——这种说法可能会跟图灵产生共鸣：

　　4.0031　一切哲学都是语言批判。

从本质上讲，《逻辑哲学论》和逻辑实证主义运动都主张物理现实脱离我们的感知而独立存在，但是，这个现实——就我们所能了解到的，都是我们凭感官感知到的（感官可通过利用工具得到加强）和通过感官印象作出的逻辑推理。从本质上讲，维特根斯坦是在试图描述科学的方法和目标。该书的最后一句话是编号7："对于不可说的东西，我们必须保持沉默。"因此，早期的维特根斯坦认为，关于意识的讨论是循环重复的，因此此举很浪费时间。

然而，维特根斯坦后来完全否定了这一说法，他将所有注意力集中于谈论他以前认为应保持沉默的问题上。他写了很多有关修正这一思想的文章，1953年，也就是他去世的两年后，这些文章被人整理在《哲学研究》（*Philosophical Investigations*）一书中出版。他批判了早期《逻辑哲学论》中的思想：意识的讨论是循环重复的，因此此举很浪费时间，并认为一切我们不可说的东西其实都是值得反思的。这些文章对存在主义者造成了重大影响，维特根斯坦也成为现代哲学的奠基人，他是唯一一个提出了两个互相矛盾的哲学流派的哲学家。

维特根斯坦后期的思想值得我们思考和谈论的是什么呢？是美和爱的问题。他意识到在人类的大脑中，对美和爱的理解不尽完美。然而，他写到，在至善和理想化的境界中，爱和美这些概念确实存在，正如柏拉图在《柏拉图对话录》（*Platonic Dialogues*）中所写的至善的"形式"，这部著作又一次颠覆了现实的本质。

我认为人们对法国哲学家和数学家笛卡儿的定位是不恰当的。他著名的"我思，故我在"被人普遍理解为歌颂理性的思想，从这个意义上来讲，"我思，即我可以进

行逻辑思考，因此我是有价值的"。因此，笛卡儿被称为西方哲学理性主义的奠基人。

然而，在读到笛卡儿的其他著作时，我们会对这句话产生不同的理解。"心 - 身问题"，即心理的意识是如何从物理的大脑中"涌现"的呢？这个问题让笛卡儿很困扰。从这种观点来看，他似乎是在试图找到合理的怀疑论的突破点，所以我认为这句话的真正意思是："我思，也就是说，产生了主观经验，因此，我们所确信的就是有东西——我们把它称之为我，存在。"我们无法确定物理世界的存在，因为我们所能感受到的都是我们个人对这个物理世界的感官印象，可能会产生错误，也可能完全就是个幻象。然而，我们确信无疑的是，经验者确实存在。

我是在一个神论教会长大的，我们在那里研究世界上所有的宗教。我们会花半年来研究一门宗教，比如佛教，去参加佛教活动、读佛教书籍、同佛教高僧进行小组讨论。之后，我们还会研究其他宗教，如犹太教。我们的永恒主题是"通往真理的道路有很多条"以及宽容和超脱。后者意味着解决不同传统之间存在的显而易见的矛盾并不需要决定哪个是正确的，哪个是错误的。只有找到一个能否决（超越）分歧的解释，我们就能发现真理，对于有关意义和目的这类基本问题来说，尤其如此。

这就是我解决东西方关于意识和物理世界的分歧的方法。在我看来，这两种观点都是正确的。

一方面，否认物理世界的存在这种想法很愚蠢。即使我们确实生活在虚拟世界中，正如瑞典哲学家尼克·波斯特洛姆推测的一样，对我们来说，现实仍然是一个概念层级上的真理。如果我们接受物质世界的存在并认为物质世界在演化，那么我们就可以看到有意识的实体已经产生了。

另一方面，东方人的观点——意识是真正重要的根本的、唯一的现实，也是难以否认的。试想一下我们是如何对待有意识的人与无意识的事物的。我们认为后者没有内在价值，除非它们可以影响有意识的人的主观经验。即使我们把意识视为复杂系统内的一个涌现特性，也不能仅仅将其视为另一种特征（就像"消化"和"哺乳"一样，引用约翰·塞尔的话）。它代表了真正重要的东西。

"精神的"常被用于表示事物的终极价值。很多人不喜欢使用精神或宗教传统中的这类术语，因为这类词语可能是他们不信奉的信念。但是，如果我们抛去复杂神秘的宗教传统，仅仅认为"精神的"是指对人类有深刻内涵的东西，那么"意识"这一概念也就同样适用了，它反映了最终的精神价值。事实上，"精神"本身常被用来表示意识。

那么，进化可以被视为一种精神过程，因为它创造了有精神的人，也就是创造了有意识的实体。意识也会变得更复杂、更博学、更睿智、更美妙、更具创造力；意识也将能够表达更超然的情感，比如爱。人们用这些词去描述"神"这一概念，尽管人们认为神在这些方面无法用语言形容。

当讨论到机器可能会产生意识时，人们通常会感觉受到威胁，因为按照这种思路，他们认为有意识的人的精神价值会被忽略。这种反应反映出人们对"机器"这一概念的误解。这些批评家是想通过他们现在所了解的机器来解决这一问题，而机器的性能也会越来越强大，我认为，当代技术产物还不足以让我们像对待有意识的生命一样尊敬它们。我预测，将来我们会很难将它们和生物人区分开来，而我们确实认为生物人是有意识的生物，因此它们也将共享我们认为意识才具有的精神价值。我不是在低估人类的能力，而是我们对未来机器（也许只是部分）的理解升华了。我们可能会采用不同的术语来表述这些实体，因为它们将成为一种不同类型的机器。

事实上，现在来看看大脑内部并对其机制进行解码，我们会发现，我们不仅可以了解，还可以重新建立方法和算法——套用德国数学家和哲学家戈特弗里德·莱

布尼茨（Gottfried W. Leibniz）曾写过的关于大脑的一句话："一举多得。"人类已经发明了精神机器。此外，我们还将利用自己正在制造的工具，使人与机器之间的区别变得越来越小，直到消失。这个过程已在顺利实施中，即使大多数模拟机器还没有被用于我们的身体和大脑中。

自由意志

> 意识还有一个主要方面是能够预见未来，我们称之为"先见之明"。这是一种计划的能力，用社会术语来说，是勾勒很可能会发生的情况或事情的能力，但在社会交往中，这种情况尚未发生……这是一个系统，通过该系统我们可以获得更多代表我们最佳利益的机会……我认为"自由意志"是我们选择的能力，我们可以选我所爱、做我所选，而且我们坚持这样的选择是出于自己的想法。
>
> **理查德·亚历山大，美国生物学家**

> 植物不知道它在做什么，仅仅是因为它没有眼睛、耳朵或大脑吗？如果我们说它是机械，且只靠机械作用，那我们是不是也不得不承认其他那些明显非常谨慎的行动也是机械的？如果在我们看来，该植物是靠机械作用来杀死并吃掉一只苍蝇的，那么对这个植物来说，是不是人一定不是靠机械作用杀死并吃掉一只羊的呢？
>
> **塞缪尔·巴特勒，英国作家**

> 众所周知，大脑有着双重结构，那是不是大脑也有两个器官呢？"看上去是各自分工的，但却又是密切合作的。"[8]
>
> **亨利·莫兹利，英国精神病学家**

冗余，正如我们所知道的，是大脑新皮质部署的一个关键策略。但大脑中还有另一种程度的冗余，因为它的左右半球，虽不完全相同，但也大致相同。正如某些区域的大脑新皮质通常负责处理某些类型的信息，在某些方面，大脑半球还有某种程度——例如，大脑左半球通常负责口头语言。但是，我们也可以重新安排这些任务，只要我们可以仅靠一个半球来生存和运作。

美国神经心理学研究人员斯特拉·德博德（Stella de Bode）和苏珊·柯蒂斯（Susan Curtiss）对 49 名儿童进行了研究，这些儿童都接受了大脑半球切除术（切除其大脑的一半），这是一个罕见的手术，那些患有危及生命的癫痫症的患者会接受这种手术，术后仅靠一个大脑半球生活。一些接受手术的孩子出现了缺失，而这些缺失是特定的，病人的性格还是很正常的。他们中的许多人都能健康成长，研究者很难看出他们只有半个大脑。德博德和柯蒂斯曾写道：切除左脑的孩子"尽管切除了'语言'半球，仍能很好地掌握语言"。[9] 他们还介绍了这样一个学生，他成功地读完了大学，考上了研究生，在智商测试中的得分高于平均水平。研究表明，大脑半球切除术对整体认知、记忆、个性和幽默感只有很微小的长期影响。[10]2007 年，美国研究人员希尔伍德·麦克莱兰（Shearwood McClelland）和罗伯特·马克斯韦尔（Robert Maxwell）做了一项研究，表明大脑半球切除术对成人也有类似的长期的积极成果。[11]

还有一个 10 岁的德国姑娘，她出生时只有一半大脑，然而报道称她也相当正常。她甚至有一只眼睛视力极佳，而大脑半球切除术患者手术后会失去一部分视觉区域。[12]苏格兰的研究员拉斯·努穆克里（Lars Muckli）评论说："大脑具有惊人的可塑性，我们很惊讶地看到这个女孩在发育的过程中如何适应'半脑'生活、如何弥补不足。"

这些说法显然支持大脑新皮质的可塑性这一观念，并暗示我们每个人都有两个大脑，而不是一个，不论具备哪个半球我们都可以正常生活，这一点很有趣。如果我们失去了一个大脑半球，实际上只是失去了仅储存在大脑半球中的皮质模式，但每个大脑，就其本身而言，都是非常完整的。这么说来，是不是每个半球都有自我

意识？这个问题还需要通过论证来证明。

再来看看裂脑患者，他们仍拥有两个大脑半球，但联结两个半球的通路——胼胝体被切断了。胼胝体大约由 2.5 亿个轴突组成，联结左右大脑半球，使两者能够相互沟通和协调。正如两个人可以密切进行沟通，但他们又是作为一个独立的个人整体而存在，是个体决策者，两个大脑半球也是独立的，分别作为一个整体发挥作用。

由于裂脑患者的胼胝体被切断或损坏，所以虽然两个大脑半球机能完好，却不能直接进行通信联系。为此，迈克尔·加扎尼加（Michael Gazzaniga）[①] 进行了大量的实验，以确定裂脑患者的每个半球是如何作用的。

裂脑患者的左脑通常会看到右侧视域，反之亦然。加扎尼加和他的同事在裂脑患者的右侧视域显示一张鸡爪的图片（患者的左脑可以看到该图片），并在其左侧视域显示一张雪景的图片（患者的右脑可以看到该图片）。然后，他又向裂脑患者展示了很多图片，使两个半球都可以看到这些图片。他让病人选出和他看到的第一张图片匹配的图片。患者的左手（由右脑控制）指的是一张铲子的图片，而他的右手指着一张鸡的图片。到目前为止一切进展良好——两个大脑独立运行且都有感知。"你为什么这样选择呢？"加扎尼加问病人，病人回答说（由左半球的语言中枢控制）："很明显鸡爪是属于鸡的。"但随后病人低下头，注意到他的左手指着铲子，立即解释说（还是由左半球的语言中枢控制）："你需要一把铲子来清理鸡棚。"

这是一种虚构症。右半球（控制左手臂和左手）准确地指出了铲子，但由于左半球（控制口头回答）看不到雪景，它虚构了一种解释，但却没有意识到这是虚构的。主要是由于他从来就没有考虑过该行动，也从来没有作出行动，但却认为他做过了。

① 加扎尼加，认知神经科学之父、当代顶尖的思想家，被誉为"脑科学界的斯蒂芬·霍金"。推荐阅读其著作《谁说了算？》（Who's in Charge?: Free Will and the Science of the Brain），这是一本最近几年"最引人入胜的关于大脑科学的著作"。而其著作《双脑记》（Tales from Both Sides of the Brain）是对他研究生涯的经典总结，是了解他本人的最佳读本。这两本著作的中文简体字版已由湛庐文化策划出版。——编者注

218

这意味着，每一个裂脑患者的两个半球都有自己的意识。左右半球似乎不知道身体是由左右脑控制的，因为它们学会了相互配合，而且它们分工合作达成一致的决定，每个半球都认为另一个半球的决定是自己作出的。

加扎尼加的试验并不能证明一个拥有正常机能的胼胝体的人有两个意识半脑，但它暗示了这种可能性。胼胝体使两个半脑有效合作，但这并不一定意味着它们不是独立的大脑。每个大脑会认为所有的决定都是它作出的，因为它们在决定谁作出决定这方面势均力敌，而且一方确实会对另一方的决定产生很大的影响力（通过胼胝体与另一半球合作）。因此，对每个大脑来说，似乎都是自己在控制着这一切。

它们都是有意识的吗？你如何验证这个猜想？人们可以评估他们的神经系统相关的意识，而这恰恰是加扎尼加所做的。他的实验表明，每个半球都是一个独立的大脑。虚构不仅限于大脑半球，每个人都经常这样做。每个半球都和人类一样聪明，所以如果我们相信人类大脑是有意识的，那么我们不得不得出这样的结论，即每个半球都有独立意识。我们可以评估神经功能的相关性，而且可以自己进行思想实验，例如，假设如果胼胝体不具备正常机能，两个大脑半球仍具有独立意识，那么如果胼胝体具备正常机能，两个大脑半球也会具有独立意识。但要想更直接地检测每个半球的意识，就必须进行科学的测试，而这正是我们所缺乏的。但是，如果我们承认每个大脑半球都是有意识的，那么，是不是也要认同新皮质中所谓的活动（其活动占大部分）也有独立的意识呢？或者，也许它有多个意识呢？事实上，马文·明斯基认为大脑是"心智社会"。[13]

在另一个裂脑人实验中，研究人员向裂脑人的右脑展示"钟"字，向左脑展示"音乐"。问病人看到了什么字。左半球控制语言中枢说"音乐"。然后又给裂脑人展示了一组图片，并要求其指出跟刚才看到的字最密切相关的图片，由右半球控制的手臂指向钟。当有人问他为什么时，由左半球控制的语言中枢回答说："嗯，音乐，

我最近听到的音乐是外面的钟声。"虽然还有和音乐更加密切相关的图片,他还是作出了这样的解释。

这还是一种虚构症。左半球在解释看似是它自己的决定,但它从来就没有作出过决定。它这样做不是为了庇护"朋友"(也就是另一个半球)——它真的认为这个决定是由自己作出的。

这些反应和决定可以延伸至情绪反应。他们问一个青少年裂脑患者——这样两个半球都听得到:"你最喜欢的……是谁",然后通过左耳告诉右半球"女友"。加扎尼加说,裂脑患者脸红了,而且看上去很尴尬;当被问及他的女友时,任何一个青少年都会作出这样的反应。但是左半球控制语言中枢却没有听到任何字,并要求阐明:"我最喜欢的什么?"当再次要求其回答这个问题,这次是以书面形式,由右脑控制的左手写下了他女友的名字。

加扎尼加的测试不是思想实验,而是实际的大脑实验。虽然他们在意识这个问题上提出了一个有趣的观点,但他们更直接谈论的是关于自由意志的问题。在这些情况下,一个半球认为它作出了一个它从来没有作过的决定。那么,我们每天作出的决定有几分是真的呢?

有一个 10 岁女孩是癫痫病人。神经外科医生伊扎克·弗里德(Itzhak Fried)对其进行脑外科手术时,她是有意识的(这是可行的,因为大脑接收不到疼痛信号),每当弗里德刺激女孩的大脑新皮质的特定位置时,她就会发笑。[14] 起初,手术团队认为他们可能是触发了某种笑反射,但是他们很快就意识到,他们触发了幽默感知。显然,他们在她的大脑新皮质中找到了一个——明显还有多个幽默感知点。这个女孩不仅仅是在笑——实际上,她是感到这种情况很有趣,虽然实际上情况并没有发生改变,除了刺激到她的大脑新皮质中的一个点。当他们问她为什么笑时,她没有按以下方式回答"哦,没什么特别的原因"或"你刚刚刺激我的大脑了",而是立即虚构了一个原因。她会指着房间里的某个东西，并试图解释它为什么很有趣，可能会说："你们这些人站在那里，真有趣。"

显然，我们非常渴望能够解释并合理说明我们的行为，即使我们实际上并没有决定要采取任何行动。那么我们对自己的决定又有什么影响呢？让我们来看看加州大学戴维斯分校的生理学教授本杰明·利贝特（Benjamin Libet）进行的实验。利贝特让参与者坐在一个定时器前面，将脑电图电极联结到他们的头皮上。他指示他们做一些简单的任务，如按下一个按钮或移动手指，并要求参与者注意"首次有行动的意识或有强烈的欲望"时计时器上的时间。测试表明，这些接受评估的参与者记下的时间只有 50 毫秒的误差。他们还测量出被试有采取行动的冲动和实际行动的时间平均有大约 200 毫秒的间隔。[15]

研究人员还研究了被试大脑的脑电信号。实际上，与运动皮质发起的行动密切相关的大脑活动（运动皮质负责开展行动）在执行任务前平均大约 500 毫秒就发生了该行动。这意味着，**大脑皮质运动区甚至在被试还没意识到自己已经作出了这样的决定之前大约 1/3 秒就准备好要执行任务了。**

利贝特实验的影响引起了激烈的争论。利贝特得出的结论是，我们决策的意识似乎是一种错觉。"意识是循环的，"哲学家丹尼尔·丹尼特评论说，"行动最初沉淀在大脑的某些部分，将信号传至肌肉，途中告诉你（意识主体），到底发生了什么（就像所有的高管命令你，却让你——稀里糊涂的总裁，产生了是你触发了一切的假象）。"[16] 同时，丹尼特还对实验所记录的时间表示质疑，从根本上来说，被试可能没有真正意识到他们什么时候产生了决定采取行动的意识。有人可能会问：如果被试不知道他什么时候产生了意识，那么谁又会知道呢？实际上，这一点还是可以理解的——正如我前面所讨论的，我们还远不清楚我们能意识到什么。

神经学家维兰努亚·拉玛钱德朗（Vilayanur S. Ramachandran）对这种情形的解

释不同于常人。如果我们的大脑新皮质中有 300 亿个神经元，大脑总是在进行着大量的活动，而我们能意识到的却很少。决定（或大或小）一直以来都是由大脑新皮质处理的，之后我们就会产生意识并提出解决方案。与自由意志不同，拉玛钱德朗认为我们应该称之为"自由非意志"——即拒绝我们大脑新皮质的无意识部分提出解决方案的能力。

让我们再来看看军事行动这一例子。陆军官员准备向总统提出建议。在得到总统的批准之前，他们会进行筹备工作。在某个特定的时刻，他们将拟议的决定提交给总统，总统进行批复，之后剩下的任务就是执行了。由于这个例子中的"大脑"涉及大脑新皮质的无意识过程（即官员居于总统之下）以及有意识过程（总统），我们将看到，在官员作出决定之前产生了两种活动：神经活动和实际行动。在这一特定情况下，我们会猜测官员给了总统多少空间来决定接受还是拒绝他的建议，但总统肯定会作出这两种行动。心理活动，甚至是发生在运动皮质的心理活动，在我们意识到要作出决定之前就开始了，我们不应对此表示惊讶。

利贝特实验强调的是，大脑中还有很多与决定相关的活动是无意识的。我们已经知道，大脑新皮质中的活动是无意识的，因此，我们的行动和决定源于有意识与无意识的活动，这一点不足为奇。这种区别很重要吗？如果我们的决定源于两者，而我们将有意识的活动和无意识的活动分开，这会有什么影响？这两方面都源于大脑，不是吗？我们不对大脑进行的一切活动承担最终责任吗？"是的，我杀了受害人，但我不应对其负责，因为我当时没有注意"这种辩词可能并不具有说服力。即使在狭义上，在某些法律情况下一个人可以不对他的决定负责，但一般而言，我们都应为自己作出的选择承担责任。

上述列举的关于自由意志的观察和实验属思想实验范畴，这个话题自柏拉图以来一直争论不休，正如意识这一话题一样。"自由意志"这一术语的历史可追溯至

13 世纪，但它究竟是什么意思呢？

《韦氏词典》(*Merriam-Webster Dictionary*) 将其定义为"人类选择的自由，不受制于事先的原因或神的干预"。你会发现，这个定义是一个循环定义："自由意志是……的自由。"暂且不论神的干预在自由意志中占据什么地位，这个定义还是有可取之处的，即"不受制于事先的原因"地决定这一观点。我会在后面的部分就这一问题进行论述。

《斯坦福哲学百科全书》(*The Stanford Encyclopedia of Philosophy*) 将自由意志定义为："理性主体从各种选择中自由挑选出一种行动的能力。"根据这个定义，电脑就有自由意志，所以这个定义还不及词典中的定义对我们的帮助大。

维基百科解释得更好一点。它将自由意志定义为："主体自由选择的能力，不受制于某些限制……而主要的限制问题是……决定论。"这个定义再次使用了"自由"这一词语来定义自由意志，但它清楚地揭示出了自由意志的主要敌人：决定论。在这方面，与《韦氏词典》定义中的"不受制于事先的原因"地决定这一观点实际上是相似的。

那么我们所说的决定论又是什么呢？如果我在计算器中输入"2+2"，计算器会显示"4"，那么我是不是就可以说计算器显示"4"这一决定就是基于其自由意志呢？没有人会认为这是一种自由意志，因为这一"决定"是由计算器的内部机制和输入数据预先确定的。如果我输入一个更复杂的计算，我们会得出同样的结论：它没有自由意志。

当沃森在《危险边缘》中回答了一个问题时，又作何解释呢？虽然它的计算机制要比计算器复杂得多，但很少会有观察员将其决定归因于自由意志。没有人知道它的程序究竟是如何工作的，但我们可以找出一组人来集体描述它所有的方法。更重要的是，它的输出包含：（1）查询时它的所有程序；（2）查询本身；（3）会影响其决定的内部参数的状态；（4）数万亿字节的知识库，包括百科全书。这四类信息决定了其输出的数据。我们可以推测，同样的查询总是得到同样的回复，但沃森有自主学习能力，所以以后的答案有可能会有所不同。然而，这并不违背这种分析，它只是改变了第三项（控制其决定的参数）。

那么人和沃森究竟有什么不同呢？是只有人类有自由意志，而计算机程序却没有吗？我们可以找出几个因素。尽管沃森比大多数人（如果不是所有人）更具威胁性，但它却没有人的大脑新皮质复杂。沃森确实拥有大量的知识，它还会使用分层的方法，但其分层思想的复杂性仍然大大低于人类的思想。这么说来，不同之处就仅仅是分层思想的复杂性吗？这个问题确实得出这一论点。在我对意识问题的讨论中，我曾指出，我自己信念的飞跃是，我会认为一台通过有效的图灵测试的计算机是有意识的。当今最好的聊天机器人也无法做到这一点（虽然它们正在稳步改进），所以我意识这一问题的结论是：意识是一个实体的机能水平。也许自由意志也是如此吧。

意识确实是人类大脑和当代软件程序之间存在的一个哲学上的差异。我们认为，人类大脑是有意识的，而软件程序不具备（尚未具备）该属性。这是不是就是我们一直在寻找的与自由意志相关的因素呢？

一个简单的思想实验表明，意识确实是自由意志的一个重要组成部分。如果一个人在执行某个动作时没有意识到自己正在做什么——这是那个人的大脑进行的完全无意识的活动。我们是不是就认为这是自由意志的表现呢？大多数人会回答说"不是"。如果这个动作是有害的，我们可能仍然会认为那个人应对其行为负责，但他最近的一些有意识的行为，可能造成他在无自觉意识的情况下采取行为，如饮酒过度，或者只是没有充分培养自己在采取行动前有意识地考虑其决定的能力。

根据一些评论家的观点，利贝特实验通过强调我们的决策有多少是有意识的来为自由意志进行辩论。由于自由意志确实意味着作出了意识决策，哲学家之间达成了合理的共识，这似乎是自由意志的一个前提条件。然而，许多观察家认为，意识是必要条件，但不是充分条件。如果在作出决策前，该决策（无论是不是有意识的）就已经实现了，我们又怎么能说我们的决策是自由的呢？这一观点认为自由意志和决定论是不兼容的。例如，美国哲学家卡尔·吉奈特（Carl Ginet）认为，如果过去、现在和未来的事情是预先决定的，那么我们对过去、现在和未来或其结果就没有控制力。我们的决策和行动也就仅仅是这些预先确定的顺序中的一部分。吉奈特的这一观点排除了自由意志的存在。

然而，并不是每个人都认为决定论与自由意志的概念是不兼容的。支持两者兼容的人认为，从本质上讲，即使你的决定可能是预先决定的，你还是有决定你想要什么的自由。例如，丹尼尔·丹尼特认为虽然将来有可能由现在的情况决定，但世界是如此错综复杂，我们不可能知道未来会发生什么。我们可以确定某人的"期望"是什么，而且我们确实能自由执行与这些期望不同的行为。所以我们应该考虑一下自己的决策和行动与这些期望有什么不同，而不是考虑我们其实还不知道的在理论上已经确定的未来。丹尼特认为，就自由意志而言，这就足够了。

加扎尼加也同意两者兼容，他在《谁说了算？》一书中写道："就个人而言，我们有负责的主体，并应为我们的行为负责，即使我们生活在一个预先确定的世界里。"愤世嫉俗的人可能会这样解释这一观点：虽然你对你自己的行动没有控制力，但是不管怎么说，我们都会追究你的责任。

一些思想家认为将自由意志作为一种幻想的想法是错误的。苏格兰哲学家大卫·休谟认为自由意志仅仅是"口头"的问题，特点是"虚假的感觉或表面上的经验"。[17] 德国哲学家叔本华《生活的智慧》（*The Wisdom of Life*）一书中写道："每个人都认为自己先天的就是完全自由的，即使他的个人行为也是如此，并认为，每一个时刻，他都可以开始用另一种方式生活……但是，通过后天的经验，他惊讶地

发现，他不是自由的，而是要受制于必要条件的。但尽管有了所有这些决议和思考，他还是不会改变他的行为，从生命开始到生命结束，他必须按照他的性格行事，即使连他自己也谴责这种性格。"

在这里，我想补充几点。"自由意志"这一概念（还有责任，两者是密不可分的）在维护社会秩序上是有用的，也确实是至关重要的，无论自由意志是否确实存在。正如意识明显是一种模式的存在，自由意志也是如此。试图证明它的存在，甚至对其下定义，可能会成为一种自圆其说，但实际情况是，几乎所有人都相信这一概念。我们高级的大脑新皮质中很大一部分认为我们可以自由选择，并应为我们的行为负责。无论从严格的哲学意义上来说这是不是真实的，或甚至是不是可能的，如果我们没有这样的信念，社会将会变得一团糟。

此外，世界是不可预测的。我上面所讨论的两种有关量子力学的观点，就量子场的关系这一方面来说，和观察者的观点有所不同。基于观察者的观点，有这样一个流行的关于意识的作用的解释：粒子不会分解量子，直到被有意识的观察者观察到。针对量子事件哲学，还有另外一种观点，这种观点支持我们关于自由意志的讨论，这个观点围绕着这一问题：量子是确定的还是随机的呢？

关于量子事件，最常见的解释是，当构成粒子的波函数"折叠"时，粒子的位置就确定了。在大量的此类事件中，将有一个可预见的分布（这就是人们认为波函数是概率分布的原因），但是每个这样的、经历崩溃的粒子，它的波函数的分辨率都是随机的。相反的解释是确定的：具体而言，存在一个我们无法个别检测的隐藏变量，而不是谁的值确定粒子的位置。波函数塌缩的那一刻，隐藏变量的值或隐藏变量的位置确定了粒子的位置。大多数量子物理学家似乎比较赞成根据概率场随机决议这一观点，但量子力学方程承认这样一个隐藏变量的存在。

因此归根结底，世界可能无法预测。根据量子力学的概率波函数，在现实基层，会持续不断地发生不确定事件。然而，这种观点并不一定能解决人们关注的不兼容问题。量子力学的这一解释证实了世界无法预测，但自由意志的概念超越了我们的决定和行动，这些都仅仅是随机的。大多数不兼容支持者会发现自由意志和我们的决定也是兼容的，因为我们的决定基本上都是偶然事件。自由意志似乎暗示一种针对性的决策。

沃尔弗拉姆博士提出了一种方法来解决这一难题。他的书《一种新科学》（*A New Kind of Science*）就元胞自动机这一想法，以及它在我们生活的各个方面所发挥的作用提出了一种全面的观点。元胞自动机是一个机制，通过这个机制可以不断重新计算信息细胞的值。冯·诺依曼发明了一个理论上的自我复制机，被称为通用构造器，这也许是第一个元胞自动机。

沃尔弗拉姆用最简单的元胞自动机来说明他的论点，这是一组线性排列的单元格。在每个时间点，每个单元格可以有两个值：黑色或白色。每个周期都会重新计算各个单元格的值。下个周期单元格的值是其当前值及其两个相邻单元格的值的函数。每个元胞自动机都有一个规则，通过该规则，我们可以确定如何计算下个周期的单元格是黑色的还是白色的。

让我们来看看沃尔弗拉姆所说的第 222 号机（见图 9-1）。

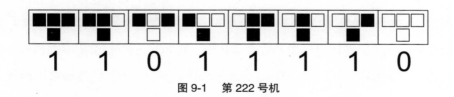

图 9-1　第 222 号机

再次计算这 8 种可能的单元格值的组合，该单元格的左右邻居的值显示在第一行。重新计算出的值显示在最后一行。因此，如果单元格是黑色的，而它的两个

邻居也是黑色的，则该单元格的下一代也是黑色的（参见图 9-1 最左边的子规则）。如果单元格是白色的，它的左邻是白色的，它的右邻是黑色的，那么它的下一代将变为黑色（参见图 9-1 右起的第二个子规则）。

这个简单的元胞自动机适用于整行的单元格。如果我们从中间的一个黑色单元格开始，并显示单元格进化多代后的值（我们每向下移动一行就代表一个新一代的值），那么第 222 号机的结果如图 9-2 所示。

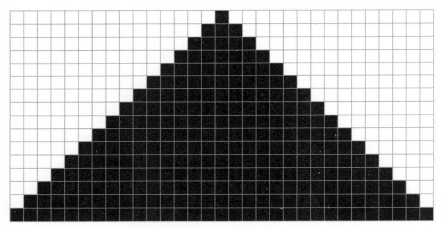

图 9-2　第 222 号机经迭代后

自动机就是基于这样一个规则，这个规则决定了单元格是黑色的还是白色的主要取决于当前一代单元格是这 8 种可能的模式中的哪一个。因此，就有 $2^8=256$ 种可能的规则。沃尔弗拉姆列出了所有 256 种可能规则，并将这些可能性从 0～255 进行编码。有趣的是，这 256 种理论机有着截然不同的特性。沃尔弗拉姆将自动机称为 I 级，如第 222 号机，自动机创建极易预测的模式。如果要问在第 222 号机经过万亿万亿次迭代后，中间的单元格的值是什么时，你可以轻松地回答说：黑色。

然而，更有趣的是 IV 级自动机，即图 9-3 所示的第 110 号机。而该自动机的迭代变化如图 9-4 所示。

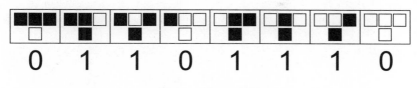

图 9-3　第 110 号机

图 9-4　迭代后的第 110 号机

对于第 110 号自动机和 IV 级自动机来说，一般而言，两者的结果是完全不可预测的。这些结果通过了严格的数学随机测试，却完全不会产生噪声：也会有重复的模式，但它们重复的方式是随机的，不可预知的。要是我问你某个特定的单元格在经过一兆兆次迭代之后的值是多少，如果这个机器没有经历过那么多代的更迭，你就没有办法回答这个问题。解决的办法是明确的，因为这是一个非常简单的确定性机器，但要是在没有实际运行这个机器的情况下，结果是完全不可预测的。

沃尔弗拉姆的主要论点是，世界是一个大的 IV 级元胞自动机。他的著作《一种新科学》的书名正是基于要将这一理论与其他大多数的科学规律进行对比而命名的。如果有一个沿轨道绕地球运转的卫星，我们就可以预测，从现在起 5 年后它会在哪里，而无须利用相关重力法则并通过仿真过程来监测它的每一刻，以及确定在遥远的未来的某刻它将处于哪个位置。但是如果没有模拟它各个时刻的状态，就无法预测 IV 级元胞自动机的未来状态。如果宇宙是一个巨大的元胞自动机，正如沃尔弗拉姆博士假设的，就没有足够大的计算机可以运行这样一个模拟——因为每一个计算机将是宇宙的一个子集。所以，宇宙未来的状态就是完全不可知的，即使它是确定的。

因此，即使我们的决定是确定的（因为我们的身体和大脑是一个预先确定的宇宙的一部分），它们也难以预料，因为我们生活在（也是其中的一部分）IV 级自动机器中。我们无法预测 IV 级自动机器的未来，除非未来降临。对于沃尔弗拉姆博士而言，这也足以表明自由意志的存在。

我们无须通过宇宙来预见未来那些已确定却又无法预知的事件。对沃森进行过研究的科学家没有一个人能预测出它会做什么，因为其程序太复杂多样、其机能所涉及的知识太广，超出了人类所能掌控的范围。如果我们相信人类具有自由意志，那么，我们不得不承认未来的沃森或沃森式机器也能表现出自由意志。

我自己的信仰的飞跃是我认为人类有自由意志，如果我是这样的话，我就很难在自己的决定中找到例子表明。例如我决定写这本书——我从来没有作出过这一决定。相反，是这本书的想法为我作了决定。一般情况下，对于那些看起来根植在我的大脑新皮质中并占据我的大脑的想法，我会很着迷。结婚这一决定又如何呢，这是我（与另外一个人合作）在 36 年前作出的决定？当时，我按照通常的程序被一个漂亮的女孩吸引并开始追求她。然后，我爱上了她。在这一方面，自由意志又表现在哪里呢？

但是我每天作出的小小的决定又是如何呢？例如，我选择在我的书中写的具体的话。开始时，我面前只是一张白纸。没有人告诉我该怎么做。没有编辑器辅佐我。我的选择完全取决于我。我是自由的，完全自由，可以写任何我……

嗯，体验……体验？这样说好了，我写完了——最终我运用了我的自由意志。我本来会写"想要"这个词，但我做了一个自由的决定，写下了完全出乎意料的词语。这也许是我第一次成功地运用纯粹的自由意志。或许还不是。

很显然，这不是意志的表现，而是在试图说明一个观点（也许是一种微弱的幽默感）。

虽然我和笛卡儿一样坚信我是有意识的，但我还是不能肯定是否存在自由意志。叔本华在其著作《自由意志》（ *On the Freedom of the Will* ）中的结论是："你可以做你想做的，但在你生活中任何给定的时刻，你只能想做一件确定的事情，除此之外，绝对没有任何其他事情。"虽然如此，我仍将继续表现得像我有自由意志一样并相信我有自由意志，只要我不需要去解释为什么。

本体意识

一位哲学家曾做过这样一个梦。

刚开始，亚里士多德出现了，这个哲学家对他说："您能不能用 15 分钟的时间给我描绘一下您的整个哲学？"

出乎哲学家的意料，亚里士多德给了他一个很好的阐述，他将大量的素

材压缩进短短 15 分钟的描述中。但是之后哲学家又提出了一个质疑,亚里士多德也答不上来。带着困惑,亚里士多德就消失了。

之后柏拉图也出现了。同样的事情再次发生,哲学家对柏拉图也提出了质疑,和向亚里士多德提出的一样。柏拉图也回答不上来,就消失了。

然后历史上著名的哲学家一个接一个出现了,这个哲学家用同样的质疑反驳了所有人。

当最后一个哲学家消失时,哲学家对自己说:"我知道我睡着了,所有这些都是我的梦,但我发现了一个适用于所有哲学体系的普遍的反驳,当我第二天醒来时,我很可能会忘了它,那么世界真的会错失一些东西!"抱着坚定的信念,这个哲学家强迫自己醒过来,冲到书桌前写下了他的普遍驳斥。然后,跳回到床上,松了一口气。

第二天早晨,当他醒来的时候,他走到书桌前,想看看他写了些什么。只看到这样一句话:"那只是你的想法。"[18]

大卫·查默斯引用雷蒙德·斯穆里安的话

不管我是不是有意识或是不是有自由意志,我更想知道的是为什么我碰巧对这个特定的会写书、喜欢徒步旅行和骑自行车、需要营养补品等等这样的人,有意识经验和决定呢。答案明显是:"因为那就是你。"

与上述我对意识和自由意志的回答一样,所以这一问题我不再赘述。为什么我的意识和某个特定的人有联系?我确实还有一个更好的回答:因为正是那个人成就了现在的我。

有一句格言是"人如其食",更准确地说是"人如其思"。正如我们讨论过的,那些决定我的个性、技能和知识的大脑新皮质的层级结构,都是由我自己的思想和经验所导致的。我选择进行沟通的人,我选择从事的想法和项目,这些都决定了我将来会成为什么样的人。就这个问题而言,我所吃的东西也反映了我的大脑新皮质作出的决定。**选择自由意志两面性中积极的一面,正是这一决定注定了我是谁。**

不管我们最终会成为什么样的人，每个人都想要坚持自己的主体。如果你没有足够的求生意志，你就不会读到这本书。每一个生物都有求生意志——这是进化的主要决定因素。主体这一问题也许比意识或自由意志更难界定，但也更重要。毕竟，如果我们想要生存，我们就需要知道我们是什么。

再来看看这个思想实验：你生活在未来世界，那里的技术要比现今的技术更加先进。当你睡觉时，一些机器会扫描你的大脑，收集每一个细节。也许它们是用血细胞大小的扫描机来扫描你大脑的毛细血管或使用其他一些适当的非侵入性技术，但是它们了解你大脑运行的所有信息。它们也会收集并记录任何可能反映你的精神状态的身体细节，如内分泌系统。它们在非生物体内示范这种"思想档案"，这个非生物体的一举一动都很像你，还会向你传达信息。早晨，你获悉了这种转换，你看着（也许没有注意到）你的克隆大脑，也许你会将他称为第二个你。第二个你谈论着他的生活，就好像他是你一样，并跟你说那天早上他是如何发现他被赋予了更耐用的新版 2.0 身体。"我有点喜欢这个新身体了！"他感叹地说。

你首先会考虑的问题是：第二个你有意识吗？当然，他肯定有：他通过了我之前阐述过的测试，他是有意识、有感觉的人。因此，如果你是有意识的，那么第二个你也是有意识的。

所以如果你消失了，没有人会注意到你。第二个你会向周围人自称是你。你的所有朋友和亲人都会对这种情况感到满意，也许会很高兴，因为较以前来说，你现在的身体更强健了，精神更好了。与你志同道合的哲学友人也许会表示担忧，但大多数情况下，每个人都会很高兴，包括你，或者至少是那个声称是你的人。

因此，我们不再需要你以前的身体和大脑了，对不对？如果我们把它处理掉也是可以的，是吗？

你很可能不适应这种情况。扫描是无侵入性的，所以你仍然存在且仍然清醒。此外，你的主体感仍然伴你左右，而不是伴随着第二个你，即使第二个你认为他是你的延续。第二个你可能甚至都不知道你的存在或曾经存在过。事实上，如果我们不告诉你，你也不会知道第二个你的存在。

我们的结论是什么呢？第二个你是有意识的，但却是一个和你不同的人——第二个你有一个不同的主体。他和你极为相似，比一个单纯的基因克隆更相似，因为他和你共享你的大脑新皮质的所有模式和联结。或者我应该说，从他被创造出来的那一刻开始，他就拥有这些模式。在这一点上，你们两个人开始以自己的方式生活，从大脑新皮质层面来说，你仍然存在。你将和第二个你拥有不同的经验。底线是：第二个你不是你。

到目前为止，一切顺利。现在再来看看另一个思想实验——我相信，就未来会发生什么而言，这个实验更加现实。通过一个程序，用非生物元件代替你大脑中的一个非常小的部分。你确信这样做是安全的，据说还能带来各种好处。

这个实验并不牵强，因为被试通常是神经和感觉有障碍的人，如帕金森病的神经植入患者和植入人工耳蜗的失聪者。在这些情况下，计算机化的设备被放置在人体内，但尚未联结到大脑（或在植入人工耳蜗的情况下，联结听神经）。我认为，事实上，真实的计算机放在真实的大脑外面，从哲学意义上说是没有什么意义的，我们应有效地用计算机化的设备更换那些不能正常运作的大脑机制。21世纪30年代，智能计算机设备将会变得和血细胞一样大小（记住，白细胞是足以识别和打击病原体的），我们将引入非侵入性技术，而无需进行任何手术。

回到我们未来的情景，你接受了这个程序，你的程序和承诺的一样运行良好——你的能力有一定的提高（也许你的记忆改善了）。那么，你还是你吗？说你突然变成一个不同的人是说不通。很明显，你参与这个过程是为了改变某些东西，但你还是那个你。你并没有改变。别人的意识不会突然接管你的身体。

所以，受到这些结果的鼓励，你现在决定接受另一个程序，这次会涉及一个不同的大脑区域。结果是一样的：**你的能力有一定的改善，但你还是原来的你。**

我这么做的意图应该很明显了。你不断地选择其他程序，在这个过程中，你的信心只会增加，直到最后你大脑的每一个部分都被置换了。每次程序都仔细地进行，以维护你的大脑新皮质的所有模式和联结，这样你就不会失去任何个性、技能或回忆。从来没有你和第二个你之分，只有你一个人。没有人，包括你，曾注意到你不存在。事实上，你一直都存在。

我们的结论是：你依然存在，这一点毋庸置疑。

除非你在经历了逐步更换过程后，完全等同于之前的思想实验（我将此称为扫描和实例化场景）中的第二个你。经历过逐渐取代方案后，你将具备你原来的，只有在非生物基质中才存在的所有新皮质的模式和联结，扫描和实例化场景中的第二个你也是如此。经历过逐步取代方案后，你将比之前具备更多的能力且更强健，扫描和实例化场景中的第二个你也是如此。

但是，我们认为第二个你不是你。而且如果你在经历了逐步更换过程后，完全等同于扫描和实例化场景中的第二个你，那么你在经历了逐步更换过程后也不再是你了。

然而，这违背了我们先前的结论。逐渐取代过程包含多个步骤，每个步骤都会保存身份，正如现在帕金森病患在植入神经后还会有相同的身份。[19]

正是这一哲学两难问题导致一些人得出这样的结论：这些替代方案将永远不会发生（即使它们已经发生了）。但想一想，我们的生命本来就是一个自然的逐渐更

换过程，我们身体中的大部分细胞正在不断被取代。（当你阅读上一句话时，你身体中就有一亿个细胞被置换了。）小肠内壁细胞大约每周更新一次，胃保护膜也是如此；白细胞的寿命范围从数天至数个月不等，这取决其类型；血小板能维持大约9天时间。

神经元仍然存在，但它们的细胞器和组成分子每月会置换一次。[20] 神经元微管的半衰期大约为10分钟；树突上的肌动蛋白丝能维持大约40秒；为突触提供能量的蛋白质每小时就要更换一次；突触中的NMDA受体的最长寿命为5天。

这么看来，短短几个月内你就被完全置换了，这跟上述逐步更换的情况大同小异。数月之后，你是不是还是原来的那个人呢？当然会有一些差异。也许你学会了一些东西。不过，你认为你的本体仍然存在，而且没有被不断地破坏并重新创建。

再来看看河流，正如那条流经我办公室前的河流。当我看着现在人们所说的查尔斯河时，我会想这和我昨天看到的是同一条河流吗？让我们先来回想一下"河流"是什么。字典定义是这样的："大量的自然水流。"根据这一定义，我现在看到的这条河和我昨天看到的是完全不同的，它的每个水分子都已经改变了，这个过程发生得非常迅速。古希腊哲学家第欧根尼·拉尔修（Diogenes Laertius）曾写道："你不能两次踏入同一条河流。"

但是，这不是我们通常所说的河流。人们喜欢看河流，因为它们是连续性和稳定性的象征。基于这一普遍的观点，我昨天看到的查尔斯河和我今天看到的是同一条。我们的生命也大同小异。从根本上说，我们并不是组成我们身体和大脑的物质。这些粒子流经我们的身体，正如水分子流经河流一样。我们有一个不断变化的模式，但这个模式具有稳定性和连续性，即使构成这种模式的物质变化迅速。

　　逐步将非生物系统引入我们的身体和大脑，这又是一个我们的组成部分不断更换的例子。它不会改变我们的主体，正如我们的生物细胞的自然更替一样。我们已经把我们的历史、智力、社会和个人记忆外包给了这些设备和云。这些入驻我们记忆中的设备可能并不在我们的身体或大脑中，随着它们变得越来越小（我们每 10 年将这些技术设备的体积缩小 100 倍），它们最终将会成功侵入我们的大脑。不管在任何情况下，大脑都是一个恰如其分的安置场所——我们是不会失去它们的。如果人们选择将微观设备放进他们的身体内部，这并不会对他们造成什么影响，因为我们还会将这种无处不在的云智能用于其他途径。

　　但是我们再回头看看我前面介绍过的难题。你在逐步更换后，等同于扫描和实例化场景中的第二个你，但是我们认为那种场景中的第二个你和你的身份不同。所以，我们从中又能得到什么呢？

　　它让我们了解到一种非生物系统具备而生物系统却不具备的能力：这是一种可复制、存储，并重新创建的能力。我们通常利用技术设备来进行该类操作。当使用新的智能手机时，我们会将之前所有的文件复制过来，这样这个新手机就会具备旧手机所具备的大致相同的个性、技能、回忆。也许它还有一些新功能，但是我们仍然保留旧手机中的内容。同样，像沃森那样的程序肯定可以进行复制。如果哪天沃森的硬件被摧毁了，也可以通过储存在云中的备份文件来重新创建该硬件。

　　这表示非生物世界中存在一种生物世界所不具备的能力。这是一种优势，而不是一种限制，这也是为什么我们现在如此渴望将我们的回忆上传到云中。随着非生物系统具备越来越多的生物大脑所属的能力，我们会继续这么做。

　　我提出的解决方案是这样的：第二个你不是你这种理解是错误的，第二个你确实是你。只是现在有两个你，这并不是什么坏事——如果你认为你是好人，那么有

两个你就更好了。

我相信我们将继续进行逐步更换和增加，直到最终我们的大部分思想都储存在云中。我对本体的信仰的飞跃是通过信息格局的连续性，我们的本体将得以保存。连续性允许出现不断变化，因此，尽管我同昨天的我有所不同，但我仍然有着相同的本体。然而，构成我本体的连续性格局是不依赖于基质的。生物基质是美妙的，它给我们带来了很多启发，但我们正在创造一个更强大且更持久的基质。

10 有关思维的加速回报定律

信息技术的发展，都遵循加速回报定律，与思维相关的技术也不例外。随着人类基因组计划的实施，生物医学已成为一项信息技术，并呈指数级发展。在互联网上，每秒比特的传递量每 16 个月就翻一番。磁共振成像技术，也以指数级速度稳定发展，目前的空间分辨率已接近 100 微米。

HOW TO CREATE A MIND

The Secret of Human Thought Revealed

尽管在某些方面，人类应保持高等生物的姿态，但这一点与自然规律并不一致：虽然动物很早就被人类全面超越了，但自然还是赋予了它们某些超过人类的本领。蚂蚁和蜜蜂的群体社会组织能力过人，鸟儿能翱翔蓝天，鱼儿能畅游水底，马儿能在大地奔腾，狗儿能自我牺牲，这不都是大自然母亲赐予动物的过人之处吗？

很久以前，整个地球上只有动物和植物。用我们最优秀的哲学家的话来说就是，那时的地球仅仅是个外壳逐渐冷却的圆滚滚的火球。如果这种状态下的地球上有人类存在，他会以为这是另外一个世界，而他才不会关心这世界是怎样的呢。如果同时他对所有的自然科学一无所知，难道他会宣称生物可能拥有意识这东西，它也可能从眼前这片混沌中进化而来？他难道会承认地球有任何发展意识的可能性？然而物转星移，意识还是产生了。那么，有没有可能存在新的渠道发掘意识，即使我们现在还没有找到任何线索呢？

当我们回顾生命经过的多个阶段，回顾已经进化了的人类意识，就会发现，认为地球再无发展可能，认为动物生命即是万物之终结的观点是毫无根据的狂言。曾经，火是万物之终结，可是曾经的曾经，石头和水也是。

虽然现在机器尚无意识可言，但谁能保证以后机器没有意识呢？软体动物也没有多少意识。回顾机器在过去几百年所取得的卓越进步，人们会惊觉动植物王国的进化速度是如此之慢。高组织机器与其说是昨天的产物，还不如说是5分钟前的产物，一切都今非昔比了。为了论证这一观点，我们假设有意识的生物已经存在了两千万年：看看机器在过去一千年中实现了怎样的跨越！世界还会有下一个两千万年么？如果有的话，这些机器究竟会变成什么样子？

塞缪尔·巴特勒，英国作家

HOW TO
CREATE
A MIND
人工智能的未来

　　我的核心论点，也就是我所称的加速回报定律，是信息科技中的基本理论，它遵循可预见的指数级增长规律，反对传统的认为"你无法预知未来"的观念。虽然仍有许多事情都是未知数（例如哪个项目、公司或者技术指标会在市场流行，中东何时能迎来和平），但事实证明，基础性价比及信息承载量却确确实实可以预见。更让人吃惊的是，这些变化并不受战争或和平、繁荣或萧条等因素的干扰。

　　进化创造大脑的主要原因是为了预见未来。几千年前，当人类的一个祖先穿梭于热带雨林之时，她可能会注意到有一只动物正朝着她行走的路线靠近。她知道如果继续走这条路，他们就会碰上。想到这一点，她决定朝另一个方向走，她的远见保住了自己的性命。

　　但是这种固有的对未来的预言是线性的而非指数性的，线性预测这种特质源于大脑皮质中的线性组织。这使我们想到，大脑皮质在不断预测：下面我们要看到什么词语、我们在拐角处想见到谁等。大脑皮质的每个部分都由线性组织构成，这说明我们不会自然而然地进行指数级的思考。小脑也会使用线性预测，如果我们要接一个飞过来的球，小脑会帮助我们进行线性预测，我们就知道在视线范围内球会落到何处，我们戴着手套的手应去哪里接球。

　　前面我已指出，线性增长和指数级增长之间有很大的区别（线性的 40 是 40，但是算成指数就是 10 亿）。这样就不难理解，为什么一开始我根据加速回报定律作出预言时，旁观者都是一副骇然的表情。我们必须训练自己进行指数级的思考，因为对信息技术而言，这才是正确的思考方式。

　　加速回报定律中的一个经典例子就是,性价比的平稳双重指数级增长。110年来，这种增长一直保持平稳，期间经历了两次世界大战、大萧条、美苏冷战、苏联解体、新中国成立、近期的金融危机，以及所有其他 19 世纪后期、20 世纪和 21 世纪初发生的重大事件。有人用摩尔定律解释这种现象，这种观念是错误的。摩尔定律认为每隔两年你能将两倍多的元件置于同一个集成电路上，它们体积减小所以运转更快，而这其实只是众多范式中的一个。实际上，这是第五个，而不是第一个将指数级增长带入性价比的范式。

计算的指数级增长开始于 19 世纪 90 年代的美国人口普查（首次实现自动化），此次普查用到了电子机械运算的第一个范例，这比戈登·摩尔的出生都要早几十年。在《奇点临近》一书中，我提供了一张统计到 2002 年的表格，在本书中我将其更新到 2009 年（参见图 10-5）。这种平稳可预见的发展轨迹仍在继续，尽管最近经济不景气。

根据我们现有的数据，以及计算的广泛应用及其在彻底改革我们关心的事物中的重要地位，计算可说是加速回报定律最重要的应用。但这样的应用远远不止一个。一旦一种技术成为信息技术，它就得服从加速回报定律。

生物医学

生物医学将成为采用此定律转型的最为重要的新型产业。早先，医药学取得进展依赖于偶然发现，所以那些进展是线性的，而非指数级的。即便如此，这种进展仍有诸多益处：人类预期寿命从 1 000 年前的 23 岁，增加到 200 年前的 37 岁，再到今天的将近 80 岁。随着生命软件——基因组的汇集，药物与人体生物学已成为一项信息技术。从 1990 年项目开始直至今日，人类基因组计划本身呈完美的指数级增长，基因数据量在翻倍，每碱基对每年的成本预算也减少了一半[1]（见图 10-1和图 10-2）。

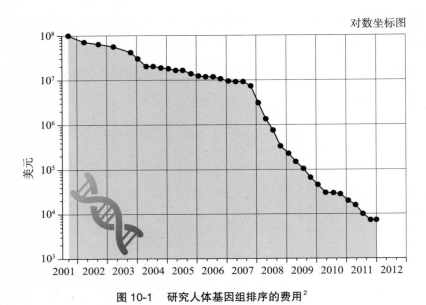

图 10-1　研究人体基因组排序的费用[2]

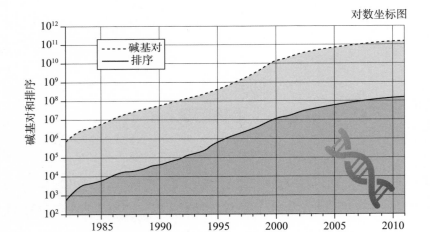

图 10-2　世界每年基因库中 DNA 排序数据的增长[3]

现在我们能够在电脑上设计出生物医药的干预措施，并在生物模拟器上测试它们的反应。同时，生物模拟器的规模和精确度每年也在成倍上升。**我们能够更新自己过时的程序：RNA 干扰能够使基因失去活力，新型基因疗法能把新的基因添加到个体身上，这里的个体并不仅限于新生儿，也包括成熟的个体。**基因科技的进步也影响了大脑反向工程项目，其中的一个重要方面就是理解基因如何控制大脑运作，例如建立新的联系来反映近期新添的皮质信息。从基因组测序到基因组合成的发展过程中，其他很多现象可以证明生物与信息科技的结合。

信息传输

另一项信息技术也经历了平稳的指数级发展，那就是我们与他人沟通和传递人类知识库中海量信息的能力。有很多方法解释这个现象，其中，库伯定律（Cooper's Law）认为，指定无线电频谱中无线通信的总比特容量每 30 个月就会翻一番。从 1897 年马可尼用无线电报传递摩尔斯电码，到今天 4G 通信技术的应用，这个定律都被认为是正确的。根据库伯定律，一个多世纪以来，在指定无线电频谱中传递的信息量每两年半就翻一番。再如，互联网上每秒比特的传递量每 16 个月就翻一番（见图 10-3 和图 10-4）。

我之所以对预测未来科技的某些方面感兴趣，是因为 30 年前我意识到一个发明家（这是我 5 岁时从事的职业）成功的关键就是时机。大多数发明和发明家的失败，不是因为他们的装置不起作用，而是因为时机不对：他们要么太早，所有的条件还未成熟；要么太晚，错失机会之窗。

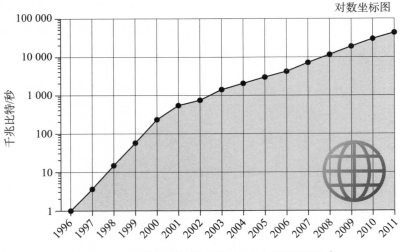

图 10-3　全球互联网国际（国对国）专用宽带流量 [4]

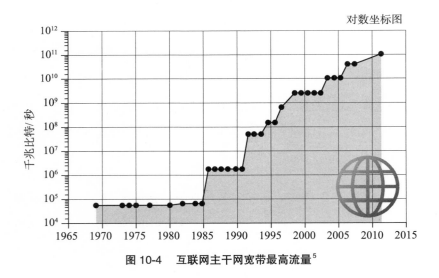

图 10-4　互联网主干网宽带最高流量 [5]

　　30 多年前，我还是一名工程师，开始搜集不同领域科技发挥功效的数据。开始做这些的时候，我并不指望一切都是清晰明朗的，但是，我还是希望能得到些指导，这样我就可以作出更有根据的猜想。我的目标至今依然是规划好时间，对技术进行

246

探索，这样，当我完成我的项目时，这些探索会对世界科技的进步提供帮助。至于我的项目，我认为它会跟我当初开始研究时世界上已有的科技大不一样。

请仔细想想，最近这些年，我们的世界发生了怎样的变化。这些变化以怎样的速度席卷全球？几年前，人们还不知道如何使用社交网络（例如，Facebook 成立于 2004 年，它每月有数十亿活跃用户）、维基百科、博客、Twitter。20 世纪 90 年代，大部分人都不用搜索引擎和移动电话。但现在我们无法想象没有这些东西的世界会是什么模样。看起来那似乎是一个很古远的年代，但其实，那就是世界不久前的模样。不久后的将来，世界还会发生更剧烈的变化。

在研究过程中，我得出一个惊人的发现：如果一门技术属于信息技术，那么它的性价比及生产力（单位时间、成本或其他资源）的基本考核，都会惊人地跟指数轨迹相契合。

这些轨迹甚至超越了它们引以为基础的具体范式（如摩尔定律）。但是当一种范式进入死角的时候（比如 20 世纪 50 年代，工程师们已经将真空管的体积降到最小，并将其成本降到最低），一种新范式就会应运而生，另一个 S 形的进展曲线就开始发挥作用。

接着，新范式的 S 形曲线中的指数部分继续对这门信息技术考核的指数进行更新。因此，20 世纪 50 年代的真空管让位于 60 年代出现的三极管，然后，三极管又给 60 年代末期出现的集成电路和摩尔定律让路，代替与被代替一直这样继续着。同样，摩尔定律又被三维运算所取代，这样的例子早些时候就已经存在了。信息技术之所以能够如此不间断地超越各种范式的局限而不断前进，是因为计算、记忆或传递信息所需的资源非常少。

也许我们会发出疑问，不考虑范式的话，我们计算和传递信息的能力是否会受

到限制？基于我们当前对计算物理性的理解，答案是肯定的，确实有限制，但这些限制并没有完全束缚我们的能力。因此，在分子计算的基础上，我们的智力以万亿倍的趋势增长。据我推算，在 20 世纪末，我们会最终达到极限。

要注意的一点是，并不是所有的指数现象都属于加速回报定律。很多观察家误解了加速回报定律，他们引用那些并不属于信息范畴的指数趋势：例如，他们解释说，男人的剃须刀从单面变成双面，再变成四面，他们的疑问是，为什么没有八面的剃须刀？可是，剃须刀并不是（至少还没成为）一门信息技术。

在《奇点临近》一书中，我提供了一个理论测试，包括一个关于为什么加速回报定律预测性强的数学解释。本质上说，我们会采用最新的技术去创造下一个新技术。从指数级的角度说，技术是依赖于它自身的，而这一点在涉及信息技术的时候尤其明显。我们采用 1990 年的计算机和其他工具创造出了 1991 年流行的计算机；2012 年，我们使用最新的信息工具制造出 2013 年和 2014 年使用的机器。概括地说，加速回报定律和指数增长适用于任何有信息模式参与的程序。因此，我们在生物进化过程中看到加速度，同样也在技术发展领域看到加速度（比生物领域快得多），加速度本身其实是生物进化的副产物。

现在，我手头上有 25 年前基于加速回报定律的预测的公开记录，开头的一些预测来自我的《智能机器时代》一书，该书写于 20 世纪 80 年代。书中精准预测的例子包括：90 年代中后期，全球范围内出现巨大的网络通信潮流，全世界的人们都被联结到一起，知识信息也开始在全球流动；从分散式通信网络中衍生出民主化浪潮，正是这一浪潮让苏联走向解体；1998 年，世界国际象棋冠军被超级电脑打败……这样的例子还有很多。

由于加速回报定律可应用于计算，所以在《灵魂机器的时代》中，我经常说到它。在这本书中，我给出了一个世纪的数据，这些数据代表了直至 1998 年，计算的价值和性能呈双倍增长的过程。以下有更新至 2009 年的数据（见图 10-5 至图 10-12）。

最近，我写了一个预测的总结，总共 146 页，这些总结都来自我写的书，《智能机器时代》《灵魂机器的时代》《奇点临近》。《灵魂机器的时代》一书涵盖上百个特定时期的预测（2009 年、2019 年、2029 年和 2099 年）。例如，在写于 1999 年的《灵魂机器的时代》中，我对 2009 年作了 147 项预测。这其中，有 115 项（占 78%）在 2009 年年底得到证实，特别是那些关于信息技术生产力、价值、性能的基本考核的预测，都逐一被证明是正确的。另外 12 项（8%）预测是"基本正确"的。所以，共有 127 项（86%）预测是正确或基本正确的。（因为是对一个既定的 10 年而作的预测，所以一个针对 2009 年的预测如果能在 2010 年或 2011 年实现，那么它也算"基本正确"。）另外 17 项（12%）则是部分正确，剩下的 3 项（2%）预测是错的。

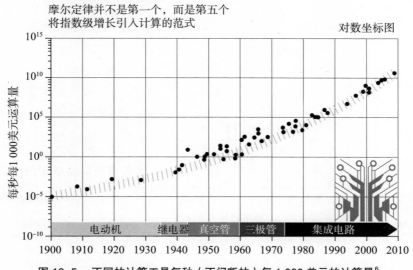

图 10–5　不同的计算工具每秒（不间断的）每 1 000 美元的计算量[6]

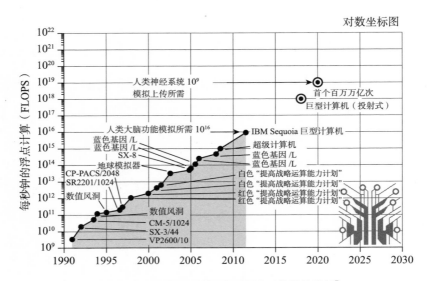

图 10-6　不同超级计算机每秒浮点计算量的增长[7]

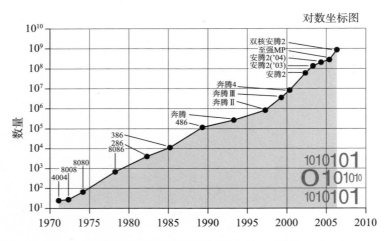

图 10-7　英特尔不同处理器中每个芯片中三极管的数量差别[8]

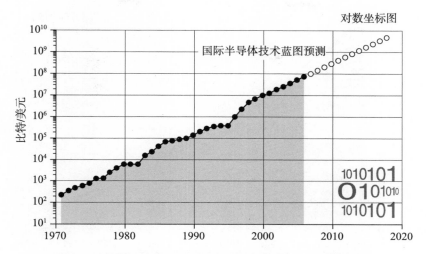

图 10-8　动态随机存储存储器（DRAM）每 1 美元比特数变化 [9]

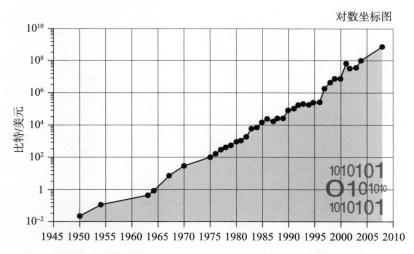

图 10-9　随机存储存储器（RAM）芯片每 1 美元比特数变化 [10]

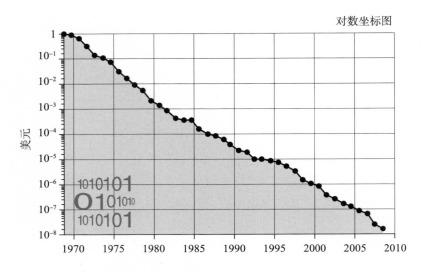

图 10-10　以美元计的三极管平均价格变化[11]

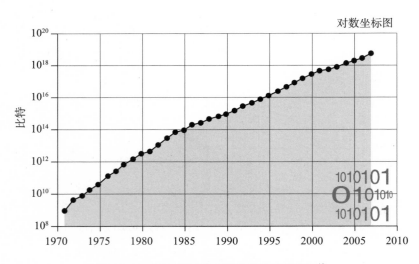

图 10-11　RAM 存储数据总比特数增长变化[12]

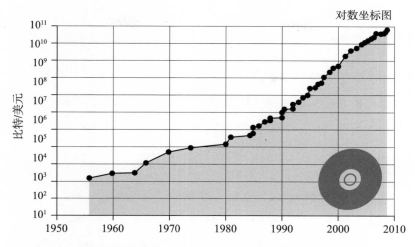

图 10-12　磁性数据存储中每 1 美元（连续 2 000 美元）比特数增长变化 [13]

实际上，显示为"错误"的预测并不是全部都错了。例如，我判断我们有自动驾驶汽车这个预测就是错误的，尽管谷歌已经展示了自动驾驶汽车，甚至在 2010 年 10 月，4 辆无人驾驶电动面包车成功完成 13 000 公里从意大利去中国的路测。[14] 此领域的专家目前预测这些技术将在这个 10 年内进入消费市场。

大脑研究与再造

在理解和再创造人类大脑研究方法的项目上，迅猛发展的计算和通信技术都发挥了重要作用。这不是一个单一的项目，而是由各式各样的项目组成的整体，包括从单个神经元到整个新皮质的大脑构造详细模型，联结体的映射（大脑中的神经联结），脑区模拟及其他。这些项目的规模一直都在成倍增长，书中提出的许多证据最近才可以利用，例如，第 4 章提到过 2012 年韦丁恩的研究显示了新皮质中非常

有秩序的、"简单"的（引用研究者的话）网格型联结。韦丁恩研究组研究人员表示，他们的浏览器（和图像）只有在最新的高分辨率成像技术下才能显现。

脑扫描术在时空、分辨率上以指数级速度改进（见图 10-13 至图 10-17）。人们正在寻求的脑扫描方式类型各异，从用于人体的完全非侵害方式到用于动物的更具侵害性和破坏性的方式。

磁共振成像（MRI），一种具有高时间分辨率的非侵害成像技术正以指数级速度稳定发展，目前空间分辨率已经接近 100 微米（百万分之一米）。

以指数级速度发展的还有有害性成像，它用于收集动物大脑里的联结（所有神经元联结的映射）。目前，最大分辨率已接近 4 毫微米，足够观察单个联结。

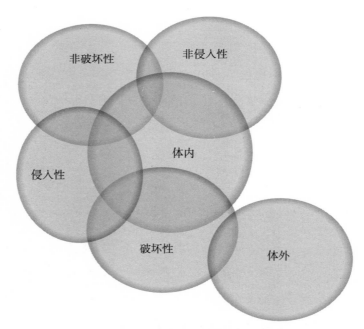

图 10-13　用文氏图描述脑成像研究方法[15]

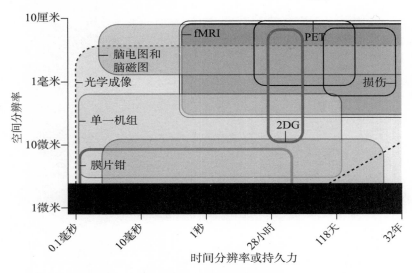

图 10-14　脑成像工具[16]

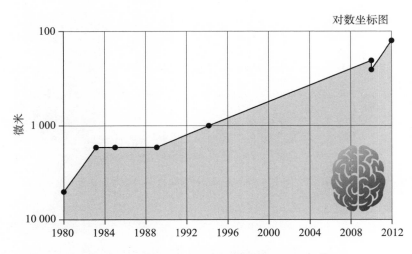

图 10-15　以微米计的磁共振成像空间分辨率[17]

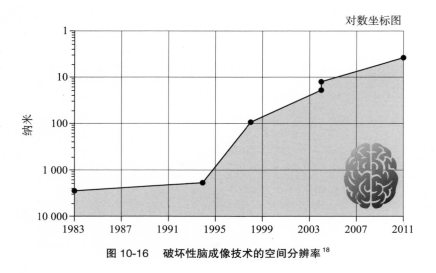

图 10-16　破坏性脑成像技术的空间分辨率[18]

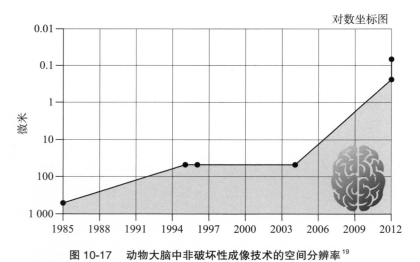

图 10-17　动物大脑中非破坏性成像技术的空间分辨率[19]

人工智能技术，例如自然语言理解系统，并非为模仿大脑功能的理论原则而专门设计，而是为了达到最大效率。鉴于此，很明显，最后胜出的技术符合我在本书中列出的原则：**有自我组织能力的层级识别器，它们有着固定的自我关联模式，能够对冗余和起伏作出预测。正如沃森所展示的那样，这些系统的规模也呈指数级增长。**

10

有关思维的加速回报定律

理解大脑的一个基本目的是拓宽我们的技术工具箱，从而创造一个智能系统。尽管很多人工智能研究人员对此并未充分重视，但是我们在大脑开发原则上得出的新知已经深深地影响了他们。了解大脑能帮助我们逆转形形色色的脑功能障碍，当然，反向设计大脑这个项目还有另外一个重要目标：理解我们是谁。

11 反对大浪潮

加速回报定律及其在人类智能提高方面的应用，也招致了不少批评。保罗·艾伦对"指数发展说"完全持否定态度；罗杰·彭罗斯认为，计算机无法像人脑那样进行量子计算；约翰·塞尔说，计算机即便能够通过图灵测试，它也不知道自己在做些什么。

HOW TO
CREATE
A MIND

The Secret of Human Thought
Revealed

11
反对大浪潮

如果机器能够证明自己与人类毫无差别，我们应该像尊重人类一样尊重它——我们得承认，它有一个大脑。

史蒂芬·哈勒德，英国心理学家

加速回报定律及有关其在人工智能上的应用的论文所引发的批判声此起彼伏，这些异议的理论基础是人类直觉的线性本质。正如我之前所描述的，大脑皮质中数亿个模式识别器一个个连续地处理信息，这种组织结构给我们的一个启示是，我们对未来怀有线性期待。所以评论家们将他们的线性直觉应用于那些有基本指数特征的信息现象中。

"奇点遥远"论

我将各种各样反对的声音称为"源自怀疑的批判"，因为我们的线性偏好，指数级推测看起来不太可靠。近来，微软联合创始人保罗·艾伦（Paul Allen）和他的同事马克·格里夫斯（Mark Greaves）在《技术评论》杂志（*Technology Review*）上发表了题为《奇点依旧遥远》（*The Singularity Isn't Near*）的文章。[1] 在文章中，他们明确地表示了对指数级推测的不信任。在此我想针对艾伦的独特评论作出回应，这些批评代表了一系列对我的论点持怀疑态度的声音，尤其是关于大脑的那部分。尽管艾伦在他的文章中参考了《奇点临近》，但他文中仅有的引证来自我 2001 年所写的论文《加速回报定律》（*The Law of Accelerating Returns*）。此外，他的文

章并没有承认或者回应我在书中所做的论证。遗憾的是，对我作品持批评态度的
人是如此。

自1999年《灵魂机器的时代》出版，到2001年那篇论文发表，我的很多观
点激起了很多批评的声音，诸如：摩尔定律就要失效；硬件性能会指数级扩张
而软件则会进入瓶颈期；大脑构造太复杂；大脑的一些性能是固有的，不能被软
件复制，等等。其实，我写《奇点临近》的一个原因就是为了回应这些评论。

我不能说，艾伦和其他观点相似的评论家们已经信服于我文中的观点，但是至
少，他和其他人能够对我实际所写有所回应。艾伦认为"加速回报定律……不是物
理定律"。我要指出的是，绝大多数科学定律都不是物理定律，而是源于低层次上
多数事件的突出特征。一个典型的例子是热力学定律。如果你观察热力学定律下的
数学应用，你会发现它是在毫无规律地给粒子建模，就像一个人漫无目的地转悠，
所以很明显，我们不能预测一个特定粒子下一秒会出现在哪里。然而，根据热力学
定律，气体的整体情况是可以进行精准预测的。加速回报定律与热力学定律相似：
每个技术方案与研发者是不可预测的，但是，用性价比及生产力这些基本考核进行
量化，整体轨迹总是按照一条明晰的可预测的路径发展。

如果只有少数研究者痴迷计算机技术，那它的确是不可预知的。但是性价比的
基本考核确实是有竞争能力项目的动能系统的产物，比如每秒每定值美元成本下，
计算都呈一个非常平稳的指数趋势，1890年的美国人口普查就已经显现出这一点
（我在第10章提到过）。在《奇点临近》一书中，加速回报定律的理论基础得到广
泛体现，最有力的例子是就是我和其他人所呈现的大量实验证据。

艾伦写道："人们一直使用那些规律直至它们被淘汰。"他说这句话，其实是把
范式跟信息技术基本领域不间断的轨迹混为一谈。如果我们回过头去检查，比如，
制造更小真空管的趋势——20世纪50年代改进计算的范式，这一范式的确是被用

到淘汰。但随着这种范式终结命运的清晰显现，下一种范式的研究压力就增加了。晶体管技术保持着计算价格与性能上指数增长的基本趋势，这种趋势促使第五范式（摩尔定律）诞生，也使得集成电路的产品特征受到持续压缩。已经有很多人预言摩尔定律终将走向灭亡。半导体产业的"国际半导体技术发展路线图"计划在 21 世纪 20 年代生产 7 纳米特征的半导体。[2] 到那时，最引人注目的特征，将会是这种半导体的宽度——35 碳原子，而且，这个宽度很难进一步压缩了。然而，英特尔与其他芯片制造商已经在第六范式上先人一步，他们采用三维计算来继续保持性能价格上的指数增长。英特尔计划让三维芯片在 10 年内成为主流，这之前，三维晶体管，3D 记忆芯片已经面世。在计算性能价格方面，第六范式将会保持加速回报定律运作直到 21 世纪末，到那时，价值 1 000 美元的运算将会比人类大脑强大万亿倍。（这样看来，至少，在功能性地模拟人类大脑需要何种的程度运算这一问题上，艾伦与我达成了共识。[3]）

接着，艾伦继续阐述标准参数，论证软件不会像硬件一样呈指数级增长。在《奇点临近》中，我对这一问题作了解释，我论证了在软件中用不同方法测量复杂度和性能时会得出相似的指数级增长。一则最近的研究（由总统科技顾问委员会委员所写的《给总统与国会的报告，设计数字化未来：联邦政府资助下有关网络与信息技术的研究与发展》）陈述如下：

在诸多领域，运算的进步带来的性能增益已经大大超过依靠处理器加速，这一点激动人心，但是能够理解的人却很少。今天我们用于语音识别、自然语言翻译、下象棋、物流规划等的运算在过去的 10 年间，已经取得显著发展……柏林康拉德信息技术中心的教授，最优化方面的专家格罗斯彻（Gröstschel），提供了这样一个例子：他发现，在 1988 年，通过当时的计算与线性运算法则，采用线性程序进行计划模型解决的标准化生产要花 82 年。15 年以后，也就是 2003 年，同样的模型在大概一分钟内就能解决，效率几乎提高

了4 300万倍。在这个过程中，效率提高1 000倍是由于处理器的速度提高了，而提高43 000倍则是依靠运算法则的改善！格罗斯彻还引用了一个运算例子，1991—2008年，这个运算将混合整数规划程序效率提高了30 000倍。运算的设计分析及固有的计算复杂性问题研究都是计算机科学的基础分支。

需要注意的是，上文中格罗斯彻所引述的线性程序已经从 43 000 000∶1 的比例中受益，这一程序是一门数学技术，适用于在层级记忆系统中分配资源，如我早些时候提到过的隐马尔可夫层级模型。在《奇点临近》中我还引用了许多其他类似的例子。

至于人工智能，艾伦毫不犹豫地否定了 IBM 的沃森超级计算机系统，其他很多批评家也持相同意见。但可笑的是，他们中很多人对这个系统一无所知，认为它不过是一款在计算机上运行的软件（虽然这种计算机可并行计算及配备了 720 个处理器内核）。艾伦写道，沃森这类系统"可塑造性差，性能严重受到内在假设和确定算法的制约，它们没有归纳能力，还经常给出专业领域之外的毫无意义的回答"。

首先，我们可以对人类做一个类似的调查，同时我还想指出的是，沃森系统的"专业领域"包括维基百科及其他一些知识库，它们很少会聚焦到某个具体的知识点。沃森系统能够处理大量的人类知识，也能够处理微小的语言形式，如人类活动领域范围内的双关语、暗喻、明喻等。它和人类一样并不完美，但它胜过了《危险边缘》节目里最优秀的选手。

艾伦辩解说，沃森系统是由科学家们亲自装配的，他们将各专业领域的精密知识联结起来运用到这个系统上。这个说法是完全错误的。虽然其中几个领域的数据是直接编写的，但绝大部分的知识还是通过它自己阅读诸如维基百科等自然语言文件获得的。这一点也正是它的关键优势，就像它能够理解《危险边缘》中那些题目费解的语言一样（它通过搜索问题寻找答案）。

正如我早前提到过的，很多人批评沃森系统采用统计概率工作，而不是基于"真正的"理解。许多读者将此理解为，沃森系统只是通过字词的排序进行统计。"统计信息"一词对该系统而言，实际上指自组织方法中的分配参数和符号链接，如隐马尔可夫层级模型。个体能轻而易举地将大脑皮质中分散的神经递质浓度和多余的联结模式一并去除，同样也能毫不费力地抹掉"统计信息"。事实上，我们解决语义模糊的方式和沃森系统如出一辙——通过考虑一个词语不同解释之间的相似性。

艾伦接着在文章中这样写道："数百万年间，（大脑中的）每一个结构都已经被精确定型，然后完成自己的使命，无论这使命是什么。它不像电脑那样，几种不同元素构成 CPU，CPU 又去控制上亿个有序存储的毫无差别的三极管。在大脑中，每一个结构和神经回路都因为进化和环境因素而得以完善。"

大脑中每一个结构和神经回路都是独一无二的，因此设计大脑可说是天方夜谭，因为这意味着大脑的蓝图需要万亿兆比特的信息。大脑的结构图（正如身体其他部分的结构图一样）存在于基因组中，因此大脑自身不可能包含比基因组还多的设计信息。要注意，表观遗传①信息（如控制基因表现形式的肽）并没有明显增加基因组信息量。经历和学习的确显著地增加了大脑的信息量，但这也适用于沃森一类的人工智能系统。我在《奇点临近》中展示过，无损压缩（由于基因组中的大量冗余）后，基因组中的设计信息数据量大约是 5 000 万比特，约是大脑设计信息的两倍，也就是说，大脑的设计信息数据量约为 2 500 万比特。[4] 这并不容易，但其复杂性仍在我们能够解决的范围之内，而且与现代社会的其他软件系统相比，它根本不算什么。此外，大脑的 2 500 万比特基因设计信息很多都与神经元的生物要求有关，而非它们的信息处理算法。

---

① 表观遗传是指DNA序列不发生变化，但基因表达却发生了可遗传的改变。——编者注

我们怎样从仅仅几千万比特的设计信息中得出同一类型的100万亿~1 000万亿的联结呢？很明显，通过大量冗余。达曼德拉·莫哈认为："神经解剖学家还没有发现胡乱联结在一起的网络，对大脑中的个体而言，这一系统完全是异类，但是个体大脑中有很多重复的结构和跨物种的同源性……这种天然的重构性一方面让我们惊奇，另一方面则给我们以希望，即脑神经运算的核心运算有望独立于特异感应器及电机模型，而且脑区皮质结构中所观察到的变体意味着规约线路的完善；而我们正想用这个规约线路进行逆向工程。" 5

艾伦认为，有一种"固有的复杂制动系统牵制着人类理解大脑和复制其的能力"，他的这一论点基于这样一个假设，大脑中的100万亿~1 000万亿的联结真实存在。他的"复杂制动系统"本末倒置了。如果你想理解、模拟或再创造一个胰腺，你并不需要对胰腺中的每个细胞进行再创造或模拟。你只需要理解一个胰岛细胞，然后将其在胰岛中的基本功能提取出来，最后将其功能扩大到更多的同类细胞中。现在已经有这种功能模型的人工胰岛素进行测试了。虽然，比起胰腺中那些大量重复的胰岛素，大脑显得更复杂、变量更多。但是，正如我在书中反复提到的，它们的功能存在很多重合的地方。

艾伦的批评中也明确提到了我说过的"科学家的悲观"。为新一代技术或为一个科学领域建造模型苦心钻研的科学家们，无一例外地都在与这种悲观情绪作斗争，所以如果有人能对未来10代科技的面貌说出个究竟，他们将嗤之以鼻。集成电路领域的一位先驱使我想起30年前，他们为了将10微米（10 000纳米）的最小配线幅度减少到5微米（5 000纳米）而苦苦挣扎的情形。对达到这个目标，他们有一些信心。但是当人们预测，未来某天我们能将电子线路的最小配线幅度降到小于1微米（1 000纳米）的时候，他们又坚守着自己的阵地，觉得人们的想法太天真。有人指出，如若最小配线幅度降到1微米以下，由于热力影响及其他因素影响，电子线路就会脆弱不堪。但如今，英特尔公司已经开始启用栅长仅为 22 纳米的芯片。

在人类基因计划上，我们也曾感受到了一些相似的悲观情绪。当我们在该计划上努力了 15 年的时候，我们只收集到了 1% 的基因组。批评家们都提出一些限制基因快速排序的因素，而且是在不破坏微小基因结构的前提下。幸好有了性能价格的指数增长，这个计划 7 年之后就大功告成，针对人脑的逆向工程也取得了相似进展。比如，直到最近，我们才在实时情况下通过非侵害性扫描技术，看到每个神经元联结形成和稳固的过程。我在这本书中引述的很多证据也都是基于这些进步，但是直到最近，这些证据才得到证实。

艾伦描述我的人脑逆向工程的时候，认为它仅仅是先扫描人脑，然后理解它的精密构造，而后在没有充分理解信息加工方法的情况下，将大脑整个"颠倒过来"进行模拟。这并不是我的议题，虽然我们确实需要了解单个神经细胞工作的细节，然后将功能模块是怎样相互联结的信息收集起来。源于此种分析的功能方法能够指导智能系统不断发展。大体上，我们寻找的是受到生物学启发的，能加速人工智能工作的方法，虽然我们没有在大脑如何发挥相似功能上有重大发现，人工智能项目仍然取得不小进展。就以我的研究领域——语音识别为例，我清楚地知道，如果我们在大脑是如何合成并转换语音信息上取得进展，我们的工作进度将会得到很大提高。

大脑中的大量冗余结构由于学习和经历的不同而各异。人工智能体系当前的工艺实际上使其能够从自身的经历中得到学习。谷歌无人驾驶汽车有两个学习对象，一是从自己以前的驾驶经验学习，二是从人类驾驶汽车的经验中学习；而沃森系统的大部分知识都源于阅读自身已有的东西。有一点很有趣，人工智能系统目前采用的方法已大大改进，而其方法在数学原理上跟大脑皮质中的运行机制很相像。

"量子计算能力缺失"论

对"强人工智能"（针对人类及人以外对象的人工智能）可行性的另一个反对声音是，人类大脑能广泛运用模拟计算，而数字方法固有的弱点是不能对类比法所具有的价值层级进行复制。单比特确实能够随意使用，但是多比特文字更能代表多层级渐变，而且能满足任何程度的精确度，当然，只有数字电脑才能做到这一点。实际上，大脑中模拟信息的准确度在 256 个阶位中只占一个阶位，而这 256 个阶位可以用 8 比特表示。

在第 9 章中，我引用了罗杰·彭罗斯和斯图尔特·哈梅罗夫关于微管和量化计算的反对意见，他们声称脑神经中的微管结构在做量子计算，由于这在计算机上是无法实现的事，而人脑跟电脑区别很大，所以它可能比计算机做得更好。如我早先解释过的，没有确切的证据证明神经微管在做量子计算。实际上，量子计算机能漂亮解决的问题（比如给一个大数字做因素运算），人们通常都做得很糟糕。如果这其中任何一项得到确证，那么量子计算机或许也能被用到我们的计算机当中来。

"无意识"论

约翰·塞尔曾引进一个名为"中文房间"的思想实验，他也因此声名大噪。简单来说，这个实验是关于一个人拿到一些中文的问题然后对其进行解答。为了完成这些答案，他使用了一本详尽的中文使用手册。塞尔声称，虽然这个人能够用中文回答这些问题，但他并没有真正理解中文，对中文这门语言也毫无头绪（因为他不懂问题也不懂答案）。塞尔以此类比计算机，盖棺论定地说，虽然计算机能像实验中的人一样回答这些中文问题（基本通过中文图灵测试），但它跟这个人一样，并没有真正理解中文，也不清楚自己在做什么事情。

在塞尔的论点中，他采用了哲学上的巧妙手法，一方面，思想实验中的人最多只能算是计算机中的中央处理器。人们可以说中央处理器对它正在做的事情毫无知觉，但中央处理器只是这个结构的一部分。在塞尔的实验中，那个带着中文使用手册的男人构成了一个完整的系统，这个"系统"对中文是有所了解的，否则，他是不会被说服去参与这个实验，然后回答中文问题的。

塞尔的观点吸引人是因为，今天我们很难去推论计算机程序是否有真正的理解或意识。而他论点的问题在于，你可以将其推理的内容运用到人类大脑上。每个新皮质模式识别器——每个脑神经和每个神经元部件，都遵循特定的运算（毕竟，它们都是遵循自然法则的分子机制）。如果我们断定，符合某个运算法则与真正的理解和意识是相悖的，那么我们也可以说，人类大脑也不具备这些品质。你可以接受塞尔的实验，然后将"操控神经元联结和联结强度"改为"操控符号"，然后，你就得到你能信服的观点，即大脑并不真正理解某件事。

另一个论点是关于自然的本质，在很多观察家眼中，这是一个很神圣的话题。比如，新西兰生物学家迈克尔·丹顿（Michael Denton）认识到机器设计原则跟生物学的某些原则有着巨大的不同。丹顿写道，自然实体具有"自我组织性、自我参考性、自我复制性、交互作用性、自我塑造性，以及整体性"。[6]他认为，生物形式只能从生物过程中创造，因此这些形式也是"稳定不变、无穿透性，而且是最根本的"真实存在，跟机械比起来，它们是一个不同的哲学门类。

正如我们所看到的，事实上，人们也可以运用这些原则设计机器。了解大自然最具智慧的设计范式——人类大脑，正是大脑逆向工程项目的目的。丹顿说生物系统是一个完整的整体，这一观点不太正确，同样，认为机器应该是完整的模块的观点也不尽正确。我们已经对自然系统中的功能单位进行了清晰的层级划分，尤其是

大脑，对人工智能，我们也使用了类似的方法。

在我看来，若计算机不能顺利通过图灵测试，那些批评家们就不会罢休。但即使如此，这道门槛也并不清晰。毫无疑问，对于流行的图灵测试是否真实有效，很多人都有争议。也许我也是这些批评家队伍中的一员，和他们一样，对早先的论据嗤之以鼻。当关于计算机通过图灵测试有效性的争论真正风平浪静时，计算机或许已经远远超过未曾被增强的人类智能。

这里我强调的词是"未被增强的"（unenhanced），因为智慧增强正是我们能创造出这些"心智孩童"（这是汉斯·莫拉维克对它们的称呼）[7]的原因，将人类层面的认知模式和计算机固有的速度和精确度结合起来，得到的将是无穷的威力。但这并不是火星上的智能机器进行的一场外星人入侵——我们创造这些工具，是为了让自己更有智慧。我相信，大部分观察家会同意我的这个观点，即人类的独一无二之处在于：**我们制造工具，而工具让我们走得更远。**

拥抱"奇点"

情况很不妙，先生们……全球气候正在变化，哺乳动物要掌权了，而我们的大脑还是只有核桃大小。

盖瑞·拉尔森，《月亮背面》中恐龙们的对话

智能可被定义为利用有限的资源解决问题的能力，在这些有限的资源中，时间是至关重要的一种因素。因此，就像寻找食物或躲避捕食者一样，如果你越能迅速地解决问题，就证明你的智能越高。智能之所以能发展进化，是因为其有益于人类的生存——这是显而易见的，但并非所有人都认同这一观点。以人类这一物种为例，智能不仅使我们得以主宰这个星球，也逐渐改善了我们的生活质量。同样，并非每个人都认可后一种观点，因为，如今人们普遍认为他们的生活质量每况愈下。例如，2011 年 5 月 4 日公布的一项盖洛普民意调查显示，只有 "44% 的美国人认为，如今的年轻人比他们的父母生活得更好"。[1]

让我们来总结一下大体的发展趋势。经过一千多年的进化，不仅人类的平均寿命翻了两番（仅仅在过去的

200 多年间就翻了一番），² 人均国内生产总值（以当期不变美元货币计算）也从 1800 年的数百美元增长至如今的数千美元，发达国家的这一趋势更加明显。³ 一个世纪前民主国家屈指可数，而如今民主国家随处可见。如果要从历史的角度来审视人类的发展变化，推荐你阅读托马斯·霍布斯（Thomas Hobbes）的著作《利维坦》（*Leviathan*）。在该书中，霍布斯认为"人类的生活"是"孤独、贫乏、肮脏、野蛮和短暂的"。如果你想了解现代人的观点，推荐你阅读《富足》①一书，这本书是由 X 大奖创始人（也是奇点大学的联合创始人）彼得·戴曼迪斯（Peter Diamandis）和科普作家史蒂芬·科特勒（Steven Kotler）合著的，这本书从多个角度对现今人们生活质量的稳步改善进行了记录。还有史蒂芬·平克的一本书《人性中的善良天使》（*The Better Angels of Our Nature*），书中用了大量笔墨来描述各族和各国人民之间和平关系的稳步发展。美国律师、企业家和作家马丁·罗特布拉特（Matin Rothblati）还就民权的改善做了大量记录，例如，他曾指出，同性婚姻是如何在几十年内从世界各国普遍不予认可发展到目前被许多国家接受。⁴

人们普遍认为生活质量正每况愈下，主要是因为人们获取世界信息的能力正在逐步改善。如果现在某个地方发生了战争，我们几乎能身临其境地体会到战争的情景。在第二次世界大战期间，成千上万的人在战斗中死亡，但公众看到这个消息时，也只是几周后在电影院观看到的战争纪录片中。在第一次世界大战期间，只有一小部分精英人物能在报纸上看到战争的进展状况（报纸中还没有图片）。在 19 世纪，几乎没有人能阅读到近期发生的新闻。

作为一种智能物种，人类所取得的进步主要反映在知识的进化中，其中包括人类的技术和文化。人类的各种技术正日益发展成为信息技术，实际上，信息技术还在继续呈指数级发展。正是通过这样的技术，我们才有能力解决人类所面临的重大挑战，如维持健康的环境，为不断增长的人口提供资源（包括能源、食品和水），战胜疾病，大大

---

① 《富足》一书以丰富而有力的证据告诉我们，未来比我们想象的更美好，书中提出了洞悉未来改变人类的4大力量。本书中文简体字版已由湛庐文化策划，浙江人民出版社出版。——编者注

延长人类的寿命及消除贫困。只有通过智能技术来扩展自己，我们才能够处理复杂的事情，以应对这些挑战。

　　作为智能入侵的先锋，这些技术并不能和我们竞争并最终取代我们。自从人类捡起一根棍子去够更高的树枝起，我们就已经通过工具扩展了自身。不管是从身体上，还是精神上来说，我们都得到了扩展。如今，我们只需从口袋中掏出设备，按下几个键，就可以访问大部分人类知识库，在几十年前，这还只是观察家们想象中的事情。现在，我口袋中的"手机"（之所以用引号，是因为其功能远非一个手机可比）的价格只是我在麻省理工学院上学期间所有学生和教授用的电脑的百万分之一，但是功能要强大几千倍。在过去的 40 年间，手机的性价比增长了数十亿倍，在未来 25 年，我们还会再次见证这种逐步升级，到那时，一个血细胞就能容纳过去一栋建筑物中所用的物品，以及现在你口袋中所装的物品。

　　通过这种方式，我们与不断发明中的智能技术融为一体。我们血液中的智能纳米机器人会保护我们的细胞和分子，进而维持我们的健康。这种纳米机器人还会通过毛细血管进入大脑，并与我们的生物神经元互动，直接扩展我们的智力。这并不是很遥远的事情。人类已经发明了血细胞大小的设备，这种设备可以治疗动物的 I 型糖尿病或检测并破坏血液中的癌细胞。基于加速回报定律，在未来的 30 年间，这些技术的功能会比现在强大十亿倍。

　　我认为，我使用的设备以及与这些设备有关的云计算资源都是自我的扩展，如果关闭这些大脑扩展设备，我就会感觉缺少点儿什么。这就是为什么 2012 年 1 月 18 日，谷歌、维基百科及其他网站相继关闭网页，抗议《禁止网络盗版法案》（*Stop Online Piracy Act*）那一天会产生如此大的影响：大脑的某一部分好像罢工了（虽然我和其他人还是找到了其他方法来访问这些在线资源）。这一法案（本来批准好像已志在必得了）立即被否决的同时，也彰显了这些网站的政治权利。但更重要的是，这一事件表明我们已经将部分思维外包给云了，可以说，云已经成为我们思维的一部分了。一旦大脑产生了智能非生物智力，这种扩展（以及与之相关的云）能力将继续成倍增长。

　　我们通过大脑逆向工程创造的智力可以获取自己的源代码，并迅速以一种加速迭代设计周期的方式进行改善。虽然人类生物大脑的可塑性很强，但正如我们所看到的，人类大脑是一个相对固定的结构，不能接受重大的修改，而且其容量也有限。我们无法将人脑中的3亿多个图样识别器增加至4亿个，除非我们通过非生物途径。一旦实现了这一点，我们就不会停留在某一特定的能力水平。我们还可以增加10亿个图样识别器，或1万亿个。

　　量的提升实现了质的飞跃。智人最重要的进化是量化的：智人额头更大，可以容纳更多的大脑皮质。脑容量的增大使这个新物种能够站在更高的概念水平上思考，从而建立不同的艺术和科学。当我们在为非生物体添加更多的大脑皮质时，我们可以想象得到，这些非生物体的定性抽象层次也会越来越高。

　　1965年，艾伦·图灵的同事、英国数学家欧文·古德（Irvin J. Good）曾写道："第一台超级智能机器人是人类最不应该发明的东西。"他认为智能机器人会超越"人类的智力活动，不管人类有多么聪明"。他得出的结论是："既然机器人的设计是人类智能活动的一种产物，那超级智能机器人也会设计出更好的机器人；那么毫无疑问，人工智能会导致'智能爆炸'。"

　　生物进化所需的最后一项发明（大脑皮质）不可避免地会导致人类所需的最后一项发明（真正的智能机器人），一种设计会激发另一种设计的产生。生物正在不断进化，但是技术演进的速度要快上100万倍。根据加速回报定律，21世纪末，基于适用于计算的物理定律，我们将能够创造出无极限计算。[5]我们将这种物质和能量称为"计算介质"（computronium），这种计算介质远比人脑的功能强大得多。它不仅是一种原始的计算，同时也注入了由所有人机知识构成的智能计算。随着时间的推移，我们将能把这种存在于这个微型星系一角，适用于计算的质量和能量进行转换。为了继续加速回报定律，我们需要将其传播至这一星系的其他部分，甚至传播至整个宇宙。

　　如果光速是有限的，考虑到离地球最近的恒星距离地球约4光年，那么开拓整个

后记 拥抱"奇点"

宇宙将需要花费很长一段时间。如果我们能用一些微妙的手段来规避这个限制，我们就能做到这一点，因为我们有足够的智慧和技术。欧洲研究人员发现了这样一种现象：中微子从瑞士和法国边境的欧洲核子研究中心（CERN）起跑，被 730 公里以外意大利中部的格兰·萨索国家实验室（Gram Sasso Laboratory）接收，结果，中微子超过光速到达目的地，如果证实确实如此，这也解释了为什么这种现象具有重大的意义。这种现象似乎只是一场虚惊，但规避这种限制的可能性还是存在的。如果空间中还存在其他未知的维度，我们就可以通过其他维度抄近路抵达遥远的地方，根本不需要超越光速。无论我们是否能够超越光速或以任何其他方式规避光速的限制，在 22 世纪伊始，这对人机文明来说都将是一个关键的战略问题。

宇宙将毁于火（因大爆炸而造成重新收缩，再迎来新一轮的大爆炸）还是冰（由于恒星系永恒的扩张而消亡），宇宙学家对这两种观点一直争论不休，但这无关乎人类的智能。智能的出现似乎只是供天体力学"统治者"把玩的一个有趣的余兴节目。要把非生物形式的智能传播至整个宇宙需要花费多长时间呢？如果我们能超越光速（不得不承认，我们很难实现这一假设），例如通过虫洞①穿越空间（这符合我们当前对物理学的理解），我们只需几百年的时间就能实现这一假设，否则，就可能需要更长的时间。基于这两种情况的假设，我们注定要通过唤醒宇宙，将人类的智能注入宇宙的大脑中，进而决定宇宙的命运。

---

① 虫洞是宇宙中可能存在的联结两个不同的时空的狭窄隧道。——编者注

注 释

引言

1. Cheng Zhang and Jianpeng Ma, Enhanced Sampling and Applications in Protein Folding in Explicit Solvent, *Journal of Chemical Physics* 132, no. 24 (2010):244101; http:// folding. stanford. edu/English/About about the Folding@home project，这个网站至今已使用来自世界各地超过 500 万台电脑模拟蛋白质的折叠。

2. James D. Watson, *Discovering the Brain* (Washington, DC: National Academies Press, 1992).

3. Sebastian Seung, *Connectome: How the Brain's Wiring Makes Us Who We Are* (New York: Houghton Miffl in Harcourt, 2012).

第 1 章

1. Charles Darwin, *The Origin of Species* (P. F. Collier & Son, 1909), 185/ 195– 196.

2. Darwin, *On the Origin of Species*, 751 (206. 1. 1-6), Peckham's Variorum edition, edited by Morse Peckham, *The Origin of Species by Charles Darwin: A Variorum Text* (Philadelphia: University of Pennsylvania Press, 1959).

3. R. Dahm, Discovering DNA: Friedrich Miescher and the Early Years of Nucleic Acid Research. *Human Genetics* 122, no. 6 (2008): 565– 581.

4.Valery N. Soyfer, The Consequences of Political Dictatorship for Russian Science. *Nature Reviews Genetics* 2, no. 9 (2001): 723– 729.

5. J. D. Watson and F. H. C. Crick, A Structure for Deoxyribose Nucleic Acid. *Nature* 171 (1953): 737–738; Double Helix: 50 Years of DNA. *Nature* archive, http:// www. nature. com / nature/ dna50/ archive. html.

6. 富兰克林在 1958 年逝世，她因为发现 DNA 于 1962 年被授予诺贝尔奖。于是便出现了这样的争议：如果她 1962 年仍在世，是否会和其他获奖者分享这一奖项。

7.Albert Einstein, On the Electrodynamics of Moving Bodies 1905, 该文提出了狭义相对论。又可参见：Robert Bruce Lindsay, Henry Margenau, *Foundations of Physics* (Woodbridge, CT: Ox Bow Press, 1981), 330。

8. 需要注意的是，一些光子的动量被转移至灯泡内空气中的分子上（因为它并非完全真空），然

后从加热的空气分子转移至叶片。

9. 爱因斯坦 1905 年在《物体的惯性同它所含的能量有关吗?》(*Does the Inertia of a Body Depend Upon Its Energy Content？*) 一文中提出了著名的公式 $E = mc^2$。

10. Albert Einstein's Letters to President Franklin Delano Roosevelt, http://hypertextbook. com/ eworld/ einstein. shtml.

第 3 章

1. 据报道，一些非哺乳动物，如乌鸦、鹦鹉、章鱼等，具有一定的推理能力。不过，这只是有限的，而且它们不能制造工具，也就不能自我进化。这些动物可能已经适应用大脑的其他区域运行低水平分级思维，但像人类这样运行相对复杂的分级思维需要一个新皮质。

2. V. B. Mountcastle, An Organizing Principle for Cerebral Function: The Unit Model and the Distributed System (1978), in Gerald M. Edelman and Vernon B.Mountcastle, *The Mindful Brain: Cortical Organization and the Group-Selective Theory of Higher Brain Function* (Cambridge, MA: MIT Press, 1982).

3.Herbert A. Simon, The Organization of Complex Systems, in Howard H. Pattee,ed., *Hierarchy Theory: The Challenge of Complex Systems* (New York: George Braziller, Inc., 1973.

4.Marc D. Hauser, Noam Chomsky, and W. Tecumseh Fitch, The Faculty of Language: What Is It, Who Has It, and How Did It Evolve? *Science* 298 (November 2002): 1569– 1579.

5. 这段话摘自我和特里·格罗斯曼 (Terry Grossman) 的作品《超越：迈向美好永生的 9 个步骤》(*Transcend: Nine Steps to Living Well Forever*，2009)，它详述了清醒地做梦的技巧。

我开发了一种边睡觉边解决问题的办法。过去几十年来，我已针对自己的情况进行了完善，也发现了一些巧妙的手段，使其效果发挥得更好。

一开始，在我上床睡觉时，我就给自己布置一个问题。什么样的问题都行。它可以是一个数学问题，可以是一个与我的发明有关的问题，也可以是一个商业策略问题，甚至可以是一个人际交往的问题。

我会先考虑几分钟，但尽量不去解决，因为那会阻碍创造性解决方法的产生。我尽量先想想，自己知道些什么？解决方案会是何种形式？然后才入眠。借助这些主要的流程，我的潜意识就在解决问题了。

特里：弗洛伊德指出，我们做梦的时候，大脑中大部分潜意识呈压抑力放松状态，所以我们也许就会梦到关于社会、文化，甚至是性方面的禁忌。在梦里，我们可以去想白天不能想的怪异事物。这至少就是梦很奇怪的原因之一。

我：同时也存在职业盲区，它限制了人们创造性的思维，绝大部分源自职业培训，像"那样，你解决不了信号处理问题"或"这些规则不能运用到语言学中去"的心理障碍。这些心理假设也在梦中得到了解放，所以在不受白天的这些约束的情况下，我可以在梦中想到解决

278

问题的新途径。

　　特里：当我们做梦时，大脑里的另一个功能也不能正常工作，那就是理性思考的能力。我们通常借此来评价一个想法是否合理。所以这是会梦到稀奇古怪的事情的又一原因。看到大象穿墙而过，我们并不为大象如何能做到这一点感到惊讶。我们只是对梦中的自己说："好吧，大象穿墙，这没什么大不了的。"事实上，如果我半夜醒来，经常会发现自己在梦中一直都在用离奇古怪的方法思考为自己布置的问题。

　　我：下一步发生在早晨半梦半醒的时候，通常称为清醒梦境。在这种状态下，我仍然会有来自梦中的感觉和想象，但此时我也恢复了理性思考的能力，例如，我意识到自己正躺在一张床上。同时，我可以开展理性思维活动，我还有很多事情要做，所以我最好起床。但是这种做法是错误的。我得尽可能地待在床上，继续保持这种清醒梦境的状态，因为它才是这一创造性方法的关键。顺便提一下，如果闹钟铃响，这就行不通了。

　　读者：听起来，它似乎两全其美。

　　我：不错。我依然记得，前一个晚上做梦时处理那个问题的想法。不过现在，我恢复了清醒的意识和理性，可以对晚上做梦时冒出来的富有创意的新思路进行评判。我能确定其中哪些是行之有效的。这大概需要 20 分钟，之后我就会对这个问题有全新深刻的见解。

　　借此，我想出来的许多项发明（用余下的时间写专利申请）解决了如何为创作这本书组织材料的问题，并为各种各样的问题找到了有效的方法。如果我要做一个重要决定，就会通过这样的过程思考，之后我往往对自己的决定充满信心。

　　这个过程的关键是让你的思维自由发挥，不受评判，也不必担心效果如何。它与心理约束是背道而驰的。首先考虑一下问题，然后随着你进入睡眠状态，任由思绪涌现、浮想联翩。到了早上，一边回顾梦境中浮现的奇思妙想，一边让自己的思维再次自由发散。我发现这是一个非常宝贵的方法，可以利用梦天然的创造力。

　　读者：嗯，像我们这样的工作狂，现在也可以在梦里工作了。不知道我的大脑是否也能做到这一点。

　　我：其实，只要你有这个想法，就能让你的梦为你工作。

第 4 章

1.Steven Pinker, *How the Mind Works* (New York: Norton, 1997), 152–153.

2. D. O. Hebb, *The Organization of Behavior* (New York: John Wiley & Sons,1949).

3. Henry Markram and Rodrigo Perrin, Innate Neural Assemblies for Lego Memory. *Frontiers in Neural Circuits* 5, no. 6 (2011).

4. 2012 年 2 月 19 日与亨利·马克拉姆交流的电子邮件。

5. Van J. Wedeen et al., The Geometric Structure of the Brain Fiber Pathways. *Science* 335, no. 6076 (March 30, 2012).

6. Tai Sing Lee, Computations in the Early Visual Cortex. *Journal of Physiology—Paris* 97 (2003): 121– 39.

7. 更多论文可参见：http:// cbcl. mit. edu/ people/ poggio/ tpcv_ short_pubs. pdf。

8. Daniel J. Felleman and David C. Van Essen, Distributed Hierarchical Processing in the Primate Cerebral Cortex. *Cerebral Cortex* 1, no. 1 (January/ February 1991): 1– 47；更多分析可见：Tai Sing Lee in Hierarchical Bayesian Inference in the Visual Cortex, *Journal of the Optical Society of America* 20, no. 7 (July 2003): 1434– 1448.

9. Uri Hasson et al., A Hierarchy of Temporal Receptive Windows in Human Cortex. *Journal of Neuroscience* 28, no. 10 (March 5, 2008): 2539– 2550.

10. Marina Bedny et al., Language Processing in the Occipital Cortex of Congenitally Blind Adults. *Proceedings of the National Academy of Sciences* 108, no. 11 (March 15, 2011): 4429– 4434.

11. Daniel E. Feldman, Synaptic Mechanisms for Plasticity in Neocortex. *Annual Review of Neuroscience* 32 (2009): 33– 55.

12. Aaron C. Koralek et al., Corticostriatal Plasticity Is Necessary for Learning Intentional Neuroprosthetic Skills. *Nature* 483 (March 15, 2012): 331– 335.

13. 与科恩在 2012 年 1 月的邮件。

14. Min Fu, Xinzhu Yu, Ju Lu, and Yi Zuo, Repetitive Motor Learning Induces Coordinated Formation of Clustered Dendritic Spines *in Vivo. Nature* 483 (March 1, 2012): 92– 95.

15. Dario Bonanomi et al., Ret Is a Multifunctional Coreceptor That Integrates Diffusible-and Contact- Axon Guidance Signals. *Cell* 148, no. 3 (February 2012): 568– 582.

16. 参见第 11 章注 4。

第 5 章

1.Vernon B. Mountcastle, The View from Within: Pathways to the Study of Perception. *Johns Hopkins Medical Journal* 136 (1975): 109– 131.

2. B. Roska and F. Werblin, Vertical Interactions Across Ten Parallel, Stacked Representations in the Mammalian Retina. *Nature* 410, no. 6828 (March 29, 2001):583– 587。美国加州大学伯克利分校 2001 年 3 月 28 日发布消息称："加州大学伯克利分校的研究表明，视觉信息发送到大脑之前，眼睛过滤图片的其他信息，只允许最基本的要素通过。"参见：www.berkeley.edu/news/media/releases/2001/03/28_ wers1. htm。

3. Lloyd Watts, *Reverse-Engineering the Human Auditory Pathway*. in J. Liu et al., eds., WCCI 2012 (Berlin: Springer-Verlag, 2012), 47– 59; Lloyd Watts, *Real-Time, High-Resolution Simulation of the Auditory Pathway*, with Application to Cell-Phone Noise Reduction. ISCAS (June 2, 2010): 3821– 3824.

4. Sandra Blakeslee, Humanity? Maybe It's All in the Wiring. *New York Times,* December 11, 2003.

5. T. E. J. Behrens et al., Non-Invasive Mapping of Connections between Human Thalamus and Cortex Using Diffusion Imaging. *Nature Neuroscience* 6, no. 7 (July 2003): 750– 757.

6. Timothy J. Buschman et al., Neural Substrates of Cognitive Capacity Limitations. *Proceedings of the National Academy of Sciences* 108, no. 27 (July 5, 2011):11252– 1155.

7. Theodore W. Berger et al., A Cortical Neural Prosthesis for Restoring and Enhancing Memory. *Journal of Neural Engineering* 8, no. 4 (August 2011).

8. A. Pouget and L. H. Snyder, "Computational Approaches to Sensorimotor Transformations," *Nature Neuroscience* 3, no. 11 Supplement (November 2000): 1192– 1198.

9. J. R. Bloedel, Functional Heterogeneity with Structural Homogeneity: How Does the Cerebellum Operate?. *Behavioral and Brain Sciences* 15, no. 4 (1992): 666– 678.

10. S. Grossberg, R. W. Paine, A Neural Model of Cortico-Cerebellar Interactions during Attentive Imitation and Predictive Learning of Sequential Handwriting Movements. *Neural Networks* 13, no. 8– 9 (October– November 2000): 999– 1046.

11. Javier F. Medina and Michael D. Mauk, Computer Simulation of Cerebellar Information Processing. *Nature Neuroscience* 3 (November 2000): 1205–1211.

12. James Olds, "Pleasure Centers in the Brain," *Scientifi c American* (October 1956): 105– 16. Aryeh Routtenberg, "The Reward System of the Brain," *Scientific American* 239 (November 1978): 154– 64. K. C. Berridge and M. L. Kringelbach, "Affective Neuroscience of Pleasure: Reward in Humans and Other Animals," *Psychopharmacology* 199 (2008): 457– 80. Morten L. Kringelbach, *The Pleasure Center: Trust Your Animal Instincts* (New York: Oxford University Press, 2009). Michael R. Liebowitz, *The Chemistry of Love* (Boston: Little, Brown, 1983).W. L. Witters and P. Jones-Witters, *Human Sexuality: A Biological Perspective* (New York: Van Nostrand, 1980).

第 6 章

1. Michael Nielsen, *Reinventing Discovery: The New Era of Networked Science* (Princeton,NJ: Princeton University Press, 2012), 1– 3; T. Gowers and M. Nielsen, Massively Collaborative Mathematics. *Nature* 461, no. 7266 (2009): 879– 881; A Combinatorial Approach to Density Hales-Jewett. *Gowers's Weblog,* http://gowers.wordpress.com/2009/02/01/a-combinatorial-approach-to-density-halesjewett/; Michael Nielsen, The Polymath Project: Scope of Participation. March 20, 2009, http://michaelnielsen.org/blog/?p=584; Julie Rehmeyer, SIAM: Massively Collaborative Mathematics. Society for Industrial and Applied Mathematics, April 1, 2010, http://www. siam. org/news/news. php? id= 1731.

2. P. Dayan and Q. J. M. Huys, Serotonin, Inhibition, and Negative Mood. *PLoS Computational Biology* 4, no. 1 (2008).

第 7 章

1. Gary Cziko, *Without Miracles: Universal Selection Theory and the Second Darwinian Revolution* (Cambridge, MA: MIT Press, 1955).

2. 1999 年，大卫·达尔布尔 8 岁。从那时起，他就一直是我的学员。背景资料详见：http://esp. mit.edu/learn/teachers/davidad/bio.html; http://www.brainsciences.org/Research-Team/mr-david-dalrymple.html。

3. Jonathan Fildes, Artificial Brain "10 Years Away". BBC News, July 22, 2009; Henry Markram on Simulating the Brain: The Next Decisive Years.

4. M. Mitchell Waldrop, Computer Modelling: Brain in a Box. *Nature News*, February 22, 2012.

5. Jonah Lehrer, Can a Thinking, Remembering, Decision-Making Biologically Accurate Brain Be Built from a Supercomputer?; http://seedmagazine.com/content/article/out_ of_ the_ blue/.

6. Fildes, Artificial Brain "10 Years Away".

7. Anders Sandberg and Nick Bostrom, *Whole Brain Emulation*: *A Roadmap*, Technical Report # 2008 -3 (2008), Future of Humanity Institute, Oxford University.

8. 这是一个神经网络算法的基本架构。可能会出现许多变化，而系统设计者需要提供某些关键参数和方法，详细说明如下。

建立一个神经网络方案解决问题涉及以下步骤：

定义输入。

定义神经网络的拓扑结构（即神经元层次和神经元之间的联系）。

选取问题训练神经网。

执行神经网络的训练，解决新问题。

让你的神经网络公司上市。

步骤详列如下（除了最后一个）：

问题的输入

输入到神经网络中的问题组成一系列数字。这种输入可以是：

在可视化的模式识别系统中，一个二维数组代表图像的像素；

或者在听觉（例如，语音）识别系统中，一个二维数组代表声音，其中第一维代表声音的参数（例如，频率分量），第二维代表不同的时间点；

或者在任意的模式识别系统中，一个 n 维数组代表所输入的图案。

设定拓扑结构

建立神经网络，每个神经元的结构包括：

注 释

多个输入端，其中每个输入端"联结"另一个神经元的输出端或者由此输入数字。

一般情况下，单一的输出端联结着另一个神经元（通常是处于更高层次）输入端或作为最终的输出端。

建立第一层神经元

在第一层建立 N_0 个神经元。对于每一个这样的神经元，在问题输入过程中"联结"相应神经元的一个输入端，以传输"要点"（即数字）。这种联结可以随机决定或使用进化算法（见下文）。

为每个建立起来的联结分配一个初始"突触强度"。这些权重开始可保持相同，可随机分配，也可用另外一种方法来确定（见下文）。

建立多层神经元

总共建立 M 层神经元。每一层都要设置该层的神经元。

第 i 层：

建立 N_i 个神经元。每一个这样的神经元"联结"上一层神经元的一个输出端（变化见下文）。

为每个联结分配一个初始"突触强度"。这些权重开始可相同，可随机分配，也可用另外一种方法来确定（见下文）。

第 M 层神经元的输出端是神经网络的输出端（变化见下文）。

识别试验

每个神经元的工作原理

一旦神经元建立起来，所进行的识别实验均执行以下操作：

神经元每次加权输入的计算方法是，相应神经元的输出（或初始输入）与两神经元间联结的突触强度相乘。相应神经元的输出端与该神经元的输入端联结。

对神经元所有的加权输入求和。

如果总和大于该神经元的触发阈值，就认为该神经元被触发，且其输出为 1。否则，其输出为 0（变化见下文）。

每个识别实验均执行以下操作

从第 0 层到第 M 层的每一层：

该层的每个神经元：

对加权输入求和（每次加权输入 = 相应神经元的输出 [或初始输入] 乘以两神经元间联结的突触强度。）

如果此加权输入总和大于该神经元的触发阈值，设置该神经元的输出为 1，否则设置为 0。

训练神经网

选取问题示例反复运行识别试验。

每次试验后，调整所有神经元间联结的突触强度以提高神经网络的性能（相应讨论见下文）。

继续训练，直到神经网络的准确率不再提高（即达到渐近线）。

关键设计决策

在上述简单模式中，神经网络算法的设计者需要一开始就确定：

输入的数字代表什么。

神经元层数。

每一层神经元的数量。（每一层神经元的数量并不一定相同。）

每一层每个神经元的输入次数。输入次数（即神经元间的联结数）也可随着神经元和层的不同而变化。

实际"接线"（即联结）。每一层中的每个神经元，由一系列其他神经元组成，它们的输出端与该神经元输入端联结。这是设计的关键部分，有一些可行方法：

（1）随机联结神经网络；

（2）使用进化算法（见下文）确定最佳接线；

（3）以系统设计者的最佳判断决定接线。

每个联结的初始突触强度（即权重）。可行的方法如下：

（1）将突触强度设定为相同的值；

（2）将突触强度随机设定为不同的值；

（3）使用进化算法确定一组最佳初始值；

（4）通过系统设计者的最佳判断确定初始值。

每个神经元的触发阈值。

确定输出。该输出可以是：

（1）M 层多个神经元的输出；

（2）单一输出神经元的输出，其输入为 M 层多个神经元的输出；

（3）M 层神经元的输出函数（例如，总和）；

（4）多层神经元的输出函数。

确定该神经网络过程中所有联结的突触强度如何调整，这是设计的关键决策，也是大量研究和讨论的主题。可行的方法如下：

（1）对于每个识别试验，让每个突触强度按定量（一般较小）递增或递减，以使神经网络的输出更接近于正确答案。方法之一就是对递增和递减两种情况都进行尝试，看看哪种效果更为理想。但这样比较费时，所以另有方法决定是递增还是递减突触强度。

（2）其他的统计方法可以在每次识别实验后修改突触强度，确保神经网络的性能更接近正确答案。

需要注意的是，即使训练试验的答案并非完全正确，神经网络训练也是有效的。这就允许在真实世界中使用训练数据，尽管它可能存在错误率。基于神经网络的识别系统成功的一个关键是用于训练的数据量。通常需要一个非常可观的量才能取得令人满意的结果。对于人类学员来说，获取经验所花费的时间是决定性能的关键因素。

284

注　释

变体

上述许多种变体是可行的。例如：

确定拓扑结构有多种不同的方法。尤其是神经元间接线可以随机设置或借助进化算法。

设置初始突触强度也有多种方法。第 i 层神经元的输入信息并不一定源自上一层神经元的输出信息。另外，每一层神经元的输入信息可以来自较低层或任意层。

确定最终的输出存在多种方法。

上述方法导致的结果为"是或否"（1 或 0）的触发模式称为非线性函数。也可使用其他非线性函数。通常使用的函数遵循在 0 和 1 之间快速却渐进的识别模式。此外，输出的信息也可以是 0 和 1 以外的数字。

训练期间调节突触强度所用的不同方法代表着设计的关键决策。

上述模式所描述的是一个"同步"神经网络，其中每个识别实验的开展是通过计算每一层的输出信息，从 0 层开始一直持续到 M 层。在一个真正同步的系统中，每个神经元的运作是独立于其他神经元的，神经元可以"异步"（即独立）运作。在异步模式中，每个神经元持续不断地扫描其输入信息，当加权输入的总和超过其阈值（或任何输出函数指定值）即可触发。

9. 这是一种遗传（进化）算法的基本架构。可能出现许多变化，系统设计者需要提供某些关键参数和方法，详述如下。

进化算法

创造 N 个用于解决问题的"生物"。每个都具备：

遗传代码：一个数字序列，描述可行的解决方案的特征。数字可以代表关键参数，解决方案的步骤、规则等。

对于进化的每一代，按照如下操作：

对 N 个生物都执行下列操作：

将此生物所提供的解决方案（用遗传代码代替）应用到问题或模拟的环境中去。再评估该方案。

挑选评价最高的 L 个生物作为存活下来的下一代生物。

剔除其他（N −L）个不能存活的生物。

从 L 个存活下来的生物中创造（N −L）个新生物，通过以下方式：

（1）复制存活下来的生物。将少量随机变异植入每个副本中。

（2）从 L 个存活的生物中获取部分遗传代码（利用"有性"繁殖，或以其他方式结合部分染色体），借此创造更多生物。

（3）结合（1）和（2）。

确定是否继续进化：

改良 =（这代的最高评级）—（上一代最高评级）

285

如果改良 < 改良阈值，那么我们就大功告成了。

从进化的最后一代获得的、具有最高评价的生物提供的就是最佳解决方案。接着应用遗传代码定义的方案解决问题。

设计的关键决策

在上述简单模式中，设计者从一开始就要确定：

主要参数：

N

L

改良阈值。

遗传代码中的数字代表什么，以及从遗传代码中如何运算解决方案。

确定第一代 M 个生物的方法。一般情况下，解决方案只需要"合理"的尝试。如果第一代生物提供的解决方案相差太远，进化算法可能就难以形成一个好的解决方案。因此，创造具有一定多样性的初始生物是很必要的。这有助于避免在进化过程中出现仅有"局部"最优解的情况。

如何为解决方案评级。

如何繁殖存活下来的生物。

变体

上述许多变体是可行的。例如：

每一代存活下来的 L 个生物不需保持定量。生存规则可以允许存活下来的生物数目发生变化。

从 $N-L$ 的每一代，创造的新生物不需保持定量。繁殖规则的大小可独立于生物数量。繁殖可与存活数相联系，从而让最优的生物得到最大的繁殖机会。

是否要继续进化是可以随机应变的。不仅获得最高评级的生物的近代后裔可以考虑，遗传刚好超过两代的性状也可以考虑。

10. Dileep George, *How the Brain Might Work: A Hierarchical and Temporal Model for Learning and Recognition*. (PhD dissertation, Stanford University, June 2008).

11. A. M. Turing, Computing Machinery and Intelligence. *Mind*, October 1950.

12. 休·勒布纳每年都会举行一个"勒布纳奖"的比赛。勒布纳银牌授予仅通过图灵原始文本测试的电脑。金牌则授予通过包括音频和视频输入、输出的版本测试的电脑。但在我看来，包括音频和视频的测试实际上并未使测试变得更具挑战性。

13. Cognitive Assistant That Learns and Organizes. Artificial Intelligence Center, SRI International.

14. Overcoming Artificial Stupidity. *WolframAlpha Blog*, April 17, 2012, http://blog.wolframalpha.com/author/stephen wolfram/.

注 释

第 8 章

1. Salomon Bochner, *A Biographical Memoir of John von Neumann* (Washington, DC: National Academy of Sciences, 1958).

2. A. M. Turing, On Computable Numbers, with an Application to the Entscheidungsproblem. *Proceedings of the London Mathematical Society* Series 2, vol. 42 (1936–1937): 230– 265; A. M. Turing, On Computable Numbers, with an Application to the Entscheidungsproblem: A Correction. *Proceedings of the London Mathematical Society* 43 (1938): 544– 546.

3. John von Neumann, First Draft of a Report on the EDVAC. Moore School of Electrical Engineering, University of Pennsylvania, June 30, 1945; John von Neumann, A Mathematical Theory of Communication. *Bell System Technical Journal*, July and October 1948.

4. Jeremy Bernstein, *The Analytical Engine: Computers—Past, Present, and Future*, rev. ed. (New York: William Morrow & Co., 1981).

5. Japan's K Computer Tops 10 Petaflop/s to Stay Atop TOP500 List. *Top 500*, November 11, 2011.

6. Carver Mead, *Analog VLSI and Neural Systems* (Reading, MA: Addison-Wesley, 1986).

7. IBM Unveils Cognitive Computing Chips. IBM news release, August 18, 2011.

8. Japan's K Computer Tops 10 Petaflop/s to Stay Atop TOP500 List."

第 9 章

1. John R. Searle, I Married a Computer. in Jay W. Richards, ed., *Are We Spiritual Machines? Ray Kurzweil vs. the Critics of Strong AI* (Seattle: Discovery Institute, 2002).

2. Stuart Hameroff , *Ultimate Computing: Biomolecular Consciousness and Nanotechnology* (Amsterdam: Elsevier Science, 1987).

3. P. S. Sebel et al., The Incidence of Awareness during Anesthesia: A Multicenter United States Study. *Anesthesia and Analgesia* 99 (2004): 833– 839.

4. Stuart Sutherland, *The International Dictionary of Psychology* (New York: Macmillan, 1990).

5. David Cockburn, Human Beings and Giant Squids. *Philosophy 69*, no. 268 (April 1994): 135– 150.

6. Ivan Petrovich Pavlov, from a lecture given in 1913, published in *Lectures on Conditioned Refl exes: Twenty-Five Years of Objective Study of the Higher Nervous Activity [Behavior] of Animals* (London: Martin Lawrence, 1928), 222.

7. Roger W. Sperry, from James Arthur Lecture on the Evolution of the Human Brain, 1964, p. 2.

8. Henry Maudsley, The Double Brain. *Mind* 14, no. 54 (1889): 161– 187.

9. Susan Curtiss and Stella de Bode, Language after Hemispherectomy. *Brain and Cognition* 43, nos. 1– 3 (June– August 2000): 135– 138.

10. E. P. Vining et al., Why Would You Remove Half a Brain? The Outcome of 58 Children after Hemispherectomy— the Johns Hopkins Experience: 1968 to 1996. *Pediatrics* 100 (August 1997): 163– 171; M. B. Pulsifer et al., The Cognitive Outcome of Hemispherectomy in 71 Children. *Epilepsia* 45, no. 3 (March 2004): 243– 154.

11. S. McClelland III and R. E. Maxwell, Hemispherectomy for Intractable Epilepsy in Adults: The First Reported Series. *Annals of Neurology* 61, no. 4 (April 2007): 372– 376.

12. Lars Muckli, Marcus J. Naumerd, and Wolf Singer, Bilateral Visual Field Maps in a Patient with Only One Hemisphere. *Proceedings of the National Academy of Sciences* 106, no. 31 (August 4, 2009).

13. Marvin Minsky, *The Society of Mind* (New York: Simon and Schuster, 1988).

14. F. Fay Evans-Martin, *The Nervous System* (New York: Chelsea House, 2005).

15. Benjamin Libet, *Mind Time: The Temporal Factor in Consciousness* (Cambridge, MA: Harvard University Press, 2005).

16. Daniel C. Dennett, *Freedom Evolves* (New York: Viking, 2003).

17. David Hume, *An Enquiry Concerning Human Understanding* (1765), 2nd ed., edited by Eric Steinberg (Indianapolis: Hackett, 1993).

18. From Raymond Smullyan, *5000 B. C. and Other Philosophical Fantasies* (New York: St. Martin's Press, 1983).

19. 相似研究可参见：Martine Rothblatt, The Terasem Mind Uploading Experiment. *International Journal of Machine Consciousness* 4, no. 1 (2012): 141– 158。在本文中，罗斯布拉特基于“视频访谈和前身相关信息的数据库”借用模拟个人的软件检测身份问题。在这个颇具前瞻性的实验中，软件成功模拟了所对应的人。

20. How Do You Persist When Your Molecules Don't?. *Science and Consciousness Review* 1, no. 1 (June 2004).

第 10 章

1. DNA Sequencing— The History of DNA Sequencing. January 2, 2012, http:www.dnasequencing.org/history-of-dna.

2. DNA Sequencing Costs. National Human Genome Research Institute, NIH, http://www.genome. gov/sequencingcosts/.

3. Genetic Sequence Data Bank, Distribution Release Notes. December 15, 2009, National Center for Biotechnology Information, National Library of Medicine.

4. TeleGeography . PriMetrica, Inc., 2012.

5. Dave Kristula, The History of the Internet (March 1997, update August 2001); Robert Zakon, Hobbes'Internet Timeline v8. 0, http://www.zakon.org/robert/internet/timeline; Quest

Communications, 8-K for 9/13/1998 EX-99. 1; *Converge! Network Digest*, December 5, 2002; Jim Duffy, AT& T Plans Backbone Upgrade to 40G, *Computerworld*, June 7, 2006; 40G: The Fastest Connection You Can Get, InternetNews. com, November 2, 2007; Verizon First Global Service Provider to Deploy 100G on U. S. Long-Haul Network, Verizon.

6.1 000 美元每秒的计算量

年　份	1 000 美元每秒的计算量	机　器	对应的自然对数值
1900	5. 82E-06	Analytical Engine（分析机）	-12. 05404
1908	1. 30E-04	Hollerith Tabulator（霍尔瑞斯制表机）	-8. 948746
1911	5. 79E-05	Monroe Calculator（门罗计算器）	-9. 757311
1919	1. 06E-03	IBM Tabulator（IBM 制表机）	-6. 84572
1928	6. 99E-04	National Ellis 3000	-7. 265431
1939	8. 55E-03	Zuse 2（Z-2 电磁式计算机）	-4. 762175
1940	1. 43E-02	Bell Calculator Model 1(贝尔模型机 1）	-4. 246797
1941	4. 63E-02	Zuse 3（Z-3 电磁式计算机）	-3. 072613
1943	5. 31E+ 00	Colossus（巨人电脑）	1. 6692151
1946	7. 98E-01	ENIAC（埃尼亚克）	-0. 225521
1948	3. 70E-01	IBM SSEC(IBM 顺序电子计算器）	-0. 994793
1949	1. 84E+ 00	BINAC(二进制自动计算机）	0. 6081338
1949	1. 04E+ 00	EDSAC(电子延时储存自动计算器）	0. 0430595
1951	1. 43E+ 00	Univac I(通用自动计算机 1 号）	0. 3576744
1953	6. 10E+ 00	Univac 1103	1. 8089443
1953	1. 19E+ 01	IBM 701(IBM 701 型计算机）	2. 4748563
1954	3. 67E-01	EDVAC(电子数据计算机）	-1. 002666
1955	1. 65E+ 01	Whirlwind(旋风计算机）	2. 8003255
1955	3. 44E+ 00	IBM 704	1. 2348899
1958	3. 26E-01	Datamatic 1000	-1. 121779
1958	9. 14E-01	Univac II	-0. 089487
1960	1. 51E+ 00	IBM 1620	0. 4147552
1960	1. 52E+ 02	DEC PDP-1	5. 0205856
1961	2. 83E+ 02	DEC PDP-4	5. 6436786
1962	2. 94E+ 01	Univac III	3. 3820146
1964	1. 59E+ 02	CDC 6600	5. 0663853
1965	4. 83E+ 02	IBM 1130	6. 1791882

续前表

年 份	1 000 美元每秒的计算量	机 器	对应的自然对数值
1965	1. 79E+ 03	DEC PDP-8	7.4910876
1966	4. 97E+ 01	IBM 360 Model 75	3. 9064073
1968	2. 14E+ 02	DEC PDP-10	5. 3641051
1973	7. 29E+ 02	Intellec-8	6. 5911249
1973	3. 40E+ 03	Data General Nova	8. 1318248
1975	1. 06E+ 04	Altair 8800	9. 2667207
1976	7. 77E+ 02	DEC PDP-11 Model 70	6. 6554404
1977	3. 72E+ 03	Cray 1	8. 2214789
1977	2. 69E+ 04	Apple II	10. 198766
1979	1. 11E+ 03	DEC VAX 11 Model 780	7. 0157124
1980	5. 62E+ 03	Sun-1	8. 6342649
1982	1. 27E+ 05	IBM PC	11. 748788
1982	1. 27E+ 05	Compaq Portable	11. 748788
1983	8. 63E+ 04	IBM AT-80286	11. 365353
1984	8. 50E+ 04	Apple Macintosh	11. 350759
1986	5. 38E+ 05	Compaq Deskpro 386	13. 195986
1987	2. 33E+ 05	Apple Mac II	12. 357076
1993	3. 55E+ 06	Pentium PC	15. 082176
1996	4. 81E+ 07	Pentium PC	17. 688377
1998	1. 33E+ 08	Pentium II PC	18. 708113
1999	7. 03E+ 08	Pentium III PC	20. 370867
2000	1. 09E+ 08	IBM ASCI White	18. 506858
2000	3. 40E+ 08	Power Macintosh G4/500	19. 644456
2003	2. 07E+ 09	Power Macintosh G5 2. 0	21. 450814
2004	3. 49E+ 09	Dell Dimension 8400	21. 973168
2005	6. 36E+ 09	Power Mac G5 Quad	22. 573294
2008	3. 50E+ 10	Dell XPS 630	24. 278614
2008	2. 07E+ 10	Mac Pro	23. 7534
2009	1. 63E+ 10	Intel Core i7 Desktop	23. 514431
2010	5. 32E+ 10	Intel Core i7 Desktop	24. 697324

注 释

7. Top 500 Supercomputer Sites, http://top500. org/.

8. Microprocessor Quick Reference Guide. Intel Research, http://www.intel.com/pressroom/kits/quickreff am.htm.

9. 1971—2000: VLSI Research Inc.

2001—2006: *The International Technology Roadmap for Semiconductors*, 2002 Update and 2004 Update, Table 7a, "Cost—Near-term Years" "DRAM cost/bit at (packaged microcents) at production."

2007—2008: *The International Technology Roadmap for Semiconductors*, 2007,Tables 7a and 7b, "Cost—Near-term Years" "Cost—Long-term Years," http://www.itrs.net/Links/2007ITRS/ExecSum2007. pdf.

2009—2022: *The International Technology Roadmap for Semiconductors*, 2009,Tables 7a and 7b, "Cost—Near-term Years" "Cost—Long-term Years," http://www.itrs.net/Links/2009ITRS/Home2009. htm.

10. 根据美联储 CPI 数据作了美元换算,详见: http://minneapolisfed. org/research/data/us/calc/. 例如,1960 年的 100 万美元相当于 2000 年的 580 万美元。

1949: http://www.cl.cam.ac.uk/UoCCL/misc/EDSAC99/statistics.html; http://www.davros.org/misc/chronology. html.

1951: Richard E. Matick, *Computer Storage Systems and Technology* (New York: John Wiley & Sons, 1977).

1955: Matick, *Computer Storage Systems and Technology*; OECD, 1968.

1960: ftp://rtfm.mit.edu/pub/usenet/alt.sys.pdp8/PDP-8_ Frequently_Asked_Questions_% 28posted_ every_ other_ month% 29; http://www. dbit. com/~greeng3/pdp1/pdp1. html#INTRODUCTION.

1962: ftp://rtfm.mit.edu/pub/usenet/alt.sys.pdp8/PDP-8_Frequently_Asked_Questions_% 28posted_ every_ other_ month% 29.

1964: Matick, *Computer Storage Systems and Technology*; http://www.research.microsoft.com/users/gbell/craytalk; http://www. ddj. com/documents/s= 1493/ddj 0005hc/.

1965: Matick, *Computer Storage Systems and Technology*; http://www.fourmilab.ch/documents/univac/config1108. html; http://www. frobenius. com/univac. htm.

1968: Data General.

1969, 1970: http://www.eetimes.com/special/special_ issues/millennium/mile stones/whittier.html.

1974: Scientific Electronic Biological Computer Consulting (SCELBI).

1975—1996: *Byte magazine advertisements*.

1997—2000: *PC Computing* magazine advertisements.

2001: www.pricewatch.com (http://www.jc-news.com/parse.cgi? news/price watch/raw/

pw-010702).

2002: www. pricewatch. com (http://www. jc-news. com/parse. cgi? news/price watch/raw/ pw-020624).

2003: http://sharkyextreme. com/guides/WMPG/article. php/10706_ 2227191_ 2.

2004: http://www. pricewatch. com (11/17/04).

2008: http://www. pricewatch. com (10/02/08) ($16. 61).

11. 迪讯 / 英特尔和开拓者的研究：

年 份	$	Log（$）
1968	1.00000000	0
1969	0.85000000	−0.16252
1970	0.60000000	−0.51083
1971	0.30000000	−1.20397
1972	0.15000000	−1.89712
1973	0.10000000	−2.30259
1974	0.07000000	−2.65926
1975	0.02800000	−3.57555
1976	0.01500000	−4.19971
1977	0.00800000	−4.82831
1978	0.00500000	−5.29832
1979	0.00200000	−6.21461
1980	0.00130000	−6.64539
1981	0.00082000	−7.10621
1982	0.00040000	−7.82405
1983	0.00032000	−8.04719
1984	0.00032000	−8.04719
1985	0.00015000	−8.80488
1986	0.00009000	−9.31570
1987	0.00008100	−9.42106
1988	0.00006000	−9.72117
1989	0.00003500	−10.2602

续前表

年　份	$	Log（$）
1990	0.00002000	-10.8198
1991	0.00001700	-10.9823
1992	0.00001000	-11.5129
1993	0.00000900	-11.6183
1994	0.00000800	-11.7361
1995	0.00000700	-11.8696
1996	0.00000500	-12.2061
1997	0.00000300	-12.7169
1998	0.00000140	-13.4790
1999	0.00000095	-13.8668
2000	0.00000080	-14.0387
2001	0.00000035	-14.8653
2002	0.00000026	-15.1626
2003	0.00000017	-15.5875
2004	0.00000012	-15.9358
2005	0.000000081	-16.3288
2006	0.000000063	-16.5801
2007	0.000000024	-17.5452
2008	0.000000016	-17.9507

12. 史蒂夫·卡伦（Steve Cullen），In-Stat 调查，2008 年 9 月，www. instat. com.

年　份	兆字节	字　节
1971	921.6	9.216E+08
1972	3788.8	3.789E+09
1973	8294.4	8.294E+09
1974	19865.6	1.987E+10
1975	42700.8	4.270E+10
1976	130662.4	1.307E+11
1977	276070.4	2.761E+11
1978	663859.2	6.639E+11
1979	1438720.0	1.439E+12

续前表

年　份	兆字节	字　节
1980	3172761.6	3.173E+12
1981	4512665.6	4.513E+12
1982	11520409.6	1.152E+13
1983	29648486.4	2.965E+13
1984	68418764.8	6.842E+13
1985	87518412.8	8.752E+13
1986	192407142.4	1.924E+14
1987	255608422.4	2.556E+14
1988	429404979.2	4.294E+14
1989	631957094.4	6.320E+14
1990	950593126.4	9.506E+14
1991	1546590618	1.547E+15
1992	2845638656	2.846E+15
1993	4177959322	4.178E+15
1994	7510805709	7.511E+15
1995	13010599936	1.301E+16
1996	23359078007	2.336E+16
1997	45653879161	4.565E+16
1998	85176878105	8.518E+16
1999	1.47327E+11	1.473E+17
2000	2.63636E+11	2.636E+17
2001	4.19672E+11	4.197E+17
2002	5.90009E+11	5.900E+17
2003	8.23015E+11	8.230E+17
2004	1.32133E+12	1.321E+18
2005	1.9946E+12	1.995E+18
2006	2.94507E+12	2.945E+18
2007	5.62814E+12	5.628E+18

13. Historical Notes about the Cost of Hard Drive Storage Space, http://www.littletechshoppe. com/ns1625/winchest. html; Byte magazine advertisements, 1977—1998; *PC Computing magazine advertisements*, 3/1999; *Understanding Computers: Memory and Storage* (New York: Time Life, 1990); John C. McCallum, Disk Drive Prices（1955—2012), http://www. jcmit. com/diskprice. htm; IBM, Frequently Asked Questions, http://www-03. ibm. com/ibm/history/documents/pdf/faq. pdf; IBM, IBM 355 Disk Storage Unit, http://www-03. ibm. com/ibm/history/exhibits/storage/storage_ 355. html; IBM, IBM 3380 Direct Access Storage Device, http://www.03-ibm. com/ibm/history/exhibits/ storage/storage_ 3380. html.

14. Without Driver or Map, Vans Go from Italy to China. *Sydney Morning Herald*, October 29, 2010.

15. KurzweilAI.net.

16. 此处引用征得了两位作者阿米拉姆·格林瓦尔德（Amiram Grinvald）和里娜·希尔德斯海姆（Rina Hildesheim）的同意，详见：VSDI: A New Era in Functional Imaging of Cortical Dynamics. *Nature Reviews Neuroscience 5* (November 2004): 874–885。

大脑成像的主要工具如图 10-14 所示。它们的能力由带阴影的矩形柱描绘。

空间分辨率指的是借助一项技术可以测量的最小规格。时间分辨率指的是成像时间或其持续时间。对每项技术都需要进行权衡。例如，用于测量"脑电波"（来自神经元的电信号）的脑电图（EEG）可测量（在极短的时间间隔中发生的）高速脑电波，但只能感测大脑表层附近的信号。

相比之下，功能性磁共振成像（fMRI）利用特殊的磁共振成像仪测量通过神经元的血液流动（显示神经元的活动），它可以检测大脑（和骨髓）的更深部位，且具有更高的分辨率，精确至数十微米（百万分之一米）。不过，功能磁共振成像相比脑电图而言运行速度更为缓慢。

这些都是非侵入性技术（无需任何手术或药物）。脑磁图（MEG）是另一种非侵入性技术。它能监测神经元所产生的磁场。MEG 和 EEG 的时间分辨率最低可以达到 1 毫秒，性能优于功能磁共振成像，从而能以最好的水平对几百毫秒内的活动进行处理。MEG 还能在初级听觉、体感和运动区的输入源实行精准定位。

光学成像技术几乎覆盖了所有空间分辨率和时间分辨率的范围，不过是侵入性的。电压敏感染料（VSDI）是测量大脑活动的最灵敏的方法，但是仅限于动物皮质表面附近的测量。

暴露的皮质覆盖有一个透明的密封腔室；用合适的电压敏感染料为皮质染色后，会在光照下显示出来，图像序列可以被高速摄像机拍摄下来。实验室中使用的其他光学技术包括离子成像（通常利用钙或钠离子）和荧光成像系统（聚焦成像和多光子成像）。

实验室使用的其他技术还有正电子放射断层造影术（PET，它是一种核医学成像技术，可以产生 3D 图像），2- 脱氧葡萄糖法（2DG，或称组织分析），损伤技术（涉及破坏动物的神经元以及观察其效果），膜片钳技术（用以测量跨生物膜的离子电流），以及电子显微镜技

术（使用电子束精确检测组织或细胞）。这些技术也可以与光学成像技术综合使用。

17. 磁共振成像技术的空间分辨率，精确到微米（μm），1980—2012：

年　份	分辨率（微米）	引用出处	URL
2012	125	"运用磁共振成像染色技术定量研究脑白质的特征"	http://dx.doi.org/10.1089/brain.2011.0071
2010	200	"高磁场 MRI 与脑解剖研究：最新进展"	http://dx.doi.org/10.1016/j.mri.2010.02.007
2010	250	"处于 7T 的人脑的高分辨率相控阵 MRI：多发性硬化症患者的初期经验"	http://dx.doi.org/10.1111/j.1552-6569.2008.00338.x
1994	1000	"映射人体内大脑活动"	http://www.ncbi.nlm.nih.gov/pmc/articles/PMC1011409/
1989	1700	"癫痫患者额叶可能发作源的神经影像学检查"	http://dx.doi.org/10.1111/j.1528-1157.1989.tb05470.x
1985	1700	"借助磁共振成像技术对精神分裂症中透明隔和胼胝体的研究"	http://dx.doi.org/10.1111/j.1600-0447.1985.tb02634.x
1983	1700	"核磁共振成像的临床疗效"	http://radiology.rsna.org/content/146/1/123.short
1980	5000	"体内医学核磁共振成像：生理和生物学的阿伯丁法及其讨论"	http://dx.doi.org/10.1098/rstb.1980.0071

18. 以纳米（nm）为单位的破坏性脑成像技术的空间分辨率，1983—2011 年：

年　份	x-y res(nm)	引用出处	URL	注释
2011	4	"电子显微镜聚焦离子束铣削和扫描脑组织"	http://dx.doi.org/10.3791/2588	聚焦离子束扫描电子显微镜法 (FIB/SEM)
2011	4	"电子显微镜还原神经元回路"	http://dx.doi.org/10.1016/j.conb.2011.10.022	扫描电子显微镜法 (SEM)
2011	4	"电子显微镜还原神经元回路"	http://dx.doi.org/10.1016/j.conb.2011.10.022	透射电子显微镜法 (TEM)

续前表

年　份	x-y res(nm)	引用出处	URL	注释
2004	13	"扫描电镜下断口表面的三维重建及分形维数的测量"	http://dx.doi.org/10.1371/journal.pbio.0020329 Serial block-face scanning electron microscopy (SBF-SEM)	结果引用自 http://faculty.cs.tamu.edu/choe/ftp/publications/choe.hpc08-preprint.pdf, provided by Yoonsuck Choe
2004	20	"湿式 SEM：快速诊断脑肿瘤新方法"	http://dx.doi.org/10.1080/01913120490515603	"湿式"扫描电子显微镜法 (wet SEM)
1998	100	"去极化氯电流有助于处在原位的嗅觉感官神经元化学电传导"	http://www.jneurosci.org/content/18/17/6623.full	扫描透射电子显微镜法 (STEM)
1994	2000	"老鼠脑胶质瘤和肿瘤边缘的增强型光学成像"	http://journals.lww.com/neurosurgery/Abstract/1994/11000/Enhanced_Optical_Imaging_of_Rat_Gliomas_and_Tumor.19.aspx 增强型光学成像法	光学图像的空间分辨率低于 20 微米 2/pixel(22)
1983	3000	"X 射线显微镜的 3D 成像"	http://www.scipress.org/e-library/sof2/pdf/0105.PDF 投影显微镜法	见该文中图 7

19. 以微米（μm）为单位的动物大脑无损成像技术的空间分辨率，1985—2012 年：

年　份	调查结果	
2012	分辨率	0.07
	引用　Sebastian Berning et al., Nanoscopy in a Living Mouse Brain, *Science* 335, no. 6068(February 3,2012): 551.	
	URL　http://dx.doi.org/10.1126/science.1215369	
	技术　受激发射损耗（STED）荧光纳米显微镜技术	
	注释　到目前为止测试生物体内达到的最高分辨率	

续前表

年 份	调查结果	
2012	分辨率	0.25
	引用 Sebastian Berning et al., Nanoscopy in a Living Mouse Brain, *Science* 335, no. 6068(February 3,2012): 551.	
	URL http://dx.doi.org/10.1126/science.1215369	
	技术 多光子共聚焦显微镜技术	
2004	分辨率	50
	引用 Amiram Grinvald and Rina Hildesheim, VSDI: A New Era in Functional Imaging of Cortical Dynamics, *Nature·Reviews Neuroscience* 5 (November 2004).	
	URL http://dx.doi.org/10.1038/nrn1536	
	技术 基于电压敏感染料的成像技术（VSDI）	
	注释 "VSDI 提供高分辨率的染色体图，图像对应着出现同位素显示剂的皮质柱。它具有超过 50 微米的空间分辨率。"	
1996	分辨率	50
	引用 Dov Malonek and Amiram Grinvald, Interactions between Electrical Activity and Cortical Microcirculation Revealead by Imaging Spectroscopy: Implications for Functional Brain Mapping, *Science* 272, no.5261(April 26, 1996):551-554.	
	URL http://dx.doi.org/10.1126/science.272.5261.551	
	技术 光谱成像技术	
	注释 "借助基于内源性信号的光学成像技术，已经可以实现对特定的大脑区域内独立皮质柱之间空间关系的研究，成像技术空间分辨率约为 50 微米。"	
1995	分辨率	50
	引用 D.H. Turnbull et al., Ultrasound Backscatter Microscope Analysis of Early Mouse Embryonic Brain Development, *Proceedings of the National Academy of Sciences* 92, no.6(March 14, 1995): 2239-2243.	
	URL http://www.pnas.org/content/92/6/2239.short	
	技术 超声背向散射显微镜技术	
	注释 "我们证明了应用这种实时成像方法（称为超声背向散射显微镜技术）可以对小鼠早期胚胎神经管和心脏作可视化处理。这种方法被用于研究发育介于 9.5 到 11.5 天的宫内活胚胎，空间分辨率接近 50 微米。"	

续前表

年　份	调查结果	
1985	分辨率	500
	引用 H.S. Orbach, L.B. Cohen, and A. Grinvald, Optical Mapping of Electrical Activity in Rat Somatosensory and Visual Cortex, *Jornal of Neuroscience* 5, no.7(July 1, 1985): 1886-1895.	
	URL http://www.jneurosci.org/content/5/7/1886.short	
	技术 光学方法	

第11章

1. Paul G. Allen and Mark Greaves, Paul Allen, The Singularity Isn't Near. *Technology Review*, October 12, 2011.

2. ITRS, International Technology Roadmap for Semiconductors. http://www.itrs.net/Links/2011ITRS/Home2011. htm.

3. 引自艾伦和格里夫斯的著作《奇点依旧遥远》的尾注2，内容如下：

计算机的能力开始达到我们所需的范围，借此就可支持大规模脑仿真。千万亿次运算级的计算机（如IBM沃森系统所用的BlueGene/P）现在已投入商业使用。更高运算级的计算机目前也在规划当中。这些系统配置所需的原始计算能力极有可能可以模拟单个大脑所有神经元激活的模式，尽管目前仍然比实际大脑的速度慢许多倍。

4. 尽管我们不可能精确地测定基因组中的信息量（因为存在重复的碱基对，所以实际的量显然远比未经压缩数据总量要低），但以下两种方法仍可以估算出基因组中压缩的信息量，两种方法都表明了300万至1亿字节的范围相对较高。

（1）就未压缩的数据来看，人类基因编码有3亿个DNA双螺旋分子，每一个编码2个字节（因为每个DNA碱基对有4种排列方式）。因此，未压缩的情况下，人类基因组约有8亿字节。过去常称非编码DNA为"垃圾DNA"，不过现在它显然在基因表达中发挥着重要作用。然而，这种编码非常低效。因为存在大量冗余（例如，被称为"ALU"的序列重复达几十万次），而压缩算法可以对此加以利用。

随着最近基因数据库的激增，基因数据压缩吸引了众多的关注。最近，将标准数据压缩算法运用到基因数据中的工作显示，减少90％的数据（实现字节最大压缩）是可行的 . 参见：Hisahiko Sato et al., DNA Data Compression in the Post Genome Era. *Genome Informatics* 12 (2001): 512– 514。

因此我们可以将基因组压缩至约8 000万字节，却不损失信息（这意味着我们完全可以重建8亿字节未压缩的基因组）。

现在考虑一下，98%以上的基因组并不编码蛋白质。即便经过标准数据压缩（消除冗余，还可以查字典寻找常见的序列）之后，非编码区的算法信息量还是相当低，这就意味着我们可能编码出一种算法，用更少的字节执行相同的功能。然而，由于我们仍然处在逆向建立基因组这一过程的初期，不

HOW TO
CREATE
A MIND
人工智能的未来

能基于功能对等算法得出进一步减少的可靠估算。因此，我正在使用范围为 3 000 万到 1 亿字节基因组压缩信息。这个范围最高值只根据假定进行了数据压缩，而未经过算法简化。

只有部分信息（尽管是大多数）描述了大脑设计的特征。

（2）另一种推理方式如下。尽管人类基因组包含大约 3 亿个碱基，但如上所述，只有一小部分编码蛋白质。根据目前的估计，编码蛋白质的基因有 26 000 个。如果我们假设这些基因平均有 3 000 个包含有用数据的碱基，就相当于只有约 78 万个碱基。DNA 中的一个碱基只需要 2 个字节，也就是转化为约 20 万个字节（78 万个碱基除以 4）。在一个基因的蛋白质编码序列中，3 个 DNA 碱基的每一个"字"（密码子）转换成一个氨基酸。因此，可能存在 4^3（64）个密码子编码，每个包含 3 个 DNA 碱基。然而，64 个中只有 20 个氨基酸和一个终止密码子（空氨基酸）。其余的 43 个编码与 21 个有效编码同等存在。而 6 个字节需要编码 64 种可能的组合，只有约 4.4（$\log_2 21$）字节需要编码 21 种组合，6 个字节省下 1.6 个字节（约 27%），为我们带来约 1 500 万个字节。此外，基于重复序列的某种标准压缩在这里是可行的，尽管 DNA 蛋白质编码部分的压缩可能性比所谓的垃圾 DNA 要小得多——因为垃圾 DNA 中有大量的冗余。所以，这可能会使其数目少于 1 200 万字节。不过，现在我们必须为控制基因表达的 DNA 非编码部分添加信息。虽然这部分 DNA 构成基因组的很大部分，但它的信息容量级别不高，且充斥着大量的冗余。估计匹配编码蛋白质的 DNA 约有 1 200 万字节，我们再次估算到约 2 400 万字节。从这个角度来看，3 000 万 ~ 1 亿字节的估计相对较高。

5. Dharmendra S. Modha et al., Cognitive Computing. *Communications of the ACM* 54, no. 8 (2011): 62– 71.

6. Michael Denton, Organism and Machine: The Flawed Analogy. in *Are We Spiritual Machines? Ray Kurzweil vs. the Critics of Strong AI* (Seattle: Discovery Institute, 2002).

7. Hans Moravec, *Mind Children* (Cambridge, MA: Harvard University Press, 1988).

后记

1. In U. S., Optimism about Future for Youth Reaches All-Time Low. *Gallup Politics*, May 2, 2011.

2. James C. Riley, *Rising Life Expectancy: A Global History* (Cambridge: Cambridge University Press, 2001).

3. J. Bradford DeLong, Estimating World GDP, One Million B. C.—Present. May 24, 1998; Peter H. Diamandis, Steven Kotler, *Abundance: The Future Is Better Than You Think* (New York: Free Press, 2012).

4. Martine Rothblatt, *Transgender to Transhman* (privately printed, 2011).

5. 以下文字摘自《奇点临近》第 3 章，根据物理定律讨论了计算的极限。

电子计算机的极限可谓高不可攀。麻省理工学院教授塞思·劳埃德（Seth Lloyd），在加州大学伯克利分校教授汉斯·布雷默曼和纳米技术理论家罗伯特·弗雷塔斯工作的基础上，根据已知的物理定律，对被称为"终极笔记本电脑"的最大计算能力进行了估测，它重为 1 千克，

注 释

体积为 1 升，与小型笔记本电脑的规格差不多。

　　计算潜力随着能量的增多而上升。我们可以按照如下叙述理解能量和计算能力之间的联系。一定物质的能量与每个原子（和亚原子粒子）的能量相关。所以原子数越多，能量越多。如上文所述，每个原子都可用于计算。因此，原子越多，计算能力越强。每个原子或粒子的能量随着其运动频率的升高而升高：运动越剧烈，能量越多。计算潜力也存在着同样的关系：运动频率越高，元件（可以是一个原子）可执行计算越复杂。（我们可以在现在的芯片中看到这一点：芯片频率越高，运算速度越快。）

　　因此，物体的能量与其计算潜力之间存在一个正比关系。从爱因斯坦的方程 $E = mc^2$ 可以得知，一千克物质潜在的能量非常巨大。光速的平方是一个非常大的数字：约为 10^{17} 米 ^{2}/秒 ^{2}。物质潜能的计算也由一个非常小的数字决定，普朗克常数：6.6×10^{-34} 焦耳 - 秒（焦耳是一个能量单位）。这是我们可以应用的、最小规模的能量计算。总能量（即每个原子或粒子的平均能量与该粒子数量相乘所得的积）除以普朗克常数，我们就得到了一种物质计算能力的理论极限值。

　　劳埃德演示了 1 千克物质的潜在计算能力等于 π 倍能量除以普朗克常数的计算过程。由于能量数字巨大且普朗克常数极其微小，这个等式得出了一个非常大的数字：约每秒 5×10^{50} 次。

　　[注：π × 能量最大值（10^{17} 千克 × 米 ^{2}/秒 ^{2}）/(6.6×10^{-34}）≈ 5×10^{50} 次/秒。]

　　如果我们将这个数字联系到人类的大脑容量，得出最保守的估计（10^{19}cps 和 10^{10} 个人），大约相当于 5 亿兆人类文明。

　　[注：5×10^{50} 次/秒相当于 5×10^{21}（5 亿兆）人类文明（每人需要达到 10^{29}cps）。]

　　如果我们使用的计算机达到 10^{16}cps，我相信它足以能模拟人类智能，终极笔记本电脑将相当于具备 5 000 亿兆人类文明的大脑。

　　[注：100 亿（10^{10}）人，每人按 10^{16}cps 的速度运算相当与人类文明的 10^{26}cps。因此，5×10^{50}cps 相当于 5×10^{24}（5 000 亿兆）人类文明。]

　　这样一台笔记本电脑的计算能力让它可以在万分之一纳秒内模拟过去万年来人类所有思想（也就是一亿人类大脑工作万年）。

　　[注：这个估算是一个比较保守的假设，假设过去万年来，一直都有 1 亿人，显然情况并非如此。人类的实际数目一直在逐渐增加，到 2000 年达到约 61 亿。一年有 3×10^7 秒，一万年则有 3×10^{11} 秒。因此，估计值 10^{26}cps 代表人类文明，过去万年来的人类思想就相当于 3×10^{37} 次计算。终极笔记本电脑一秒钟内执行 5 × 10^{50} 次。因此，模拟过去万年来 100 亿人的思想需要 10^{-13} 秒左右，仅为一纳秒的万分之一。]

　　同样，也有一些告诫。将约 1 千克重的笔记本电脑全部转化为能量等于一次热核爆炸。当然，我们不希望笔记本电脑爆炸，而是保持着一升的体积。因此，至少需要一点精心的包装。通过分析这样的装置所含熵（自由程度由所有粒子的状态代表）的最大值，劳埃德表示，这

301

样一台电脑理论内存容量为 10^{31} 字节。很难想象，技术将一路迎难而上，直到接近这些极限。不过，我们可以轻易预想到，这些技术必将成为现实。俄克拉何马大学的研究项目表明，我们已经证明每个原子（虽然到目前为止只在少量的原子上得到证实）能够存储至少 50 字节信息。因此，在 1 千克物质所包含的 10^{25} 个原子中存储 10^{27} 字节内存最终必将实现。

但是，因为每个原子有许多性质可以开发用来存储信息——例如精确位置，旋转和所有粒子的量子态，所以我们也许可以使之超过 10^{27} 字节。神经学家安德斯·桑德伯格估计一个氢原子的潜在存储容量大约为 400 万字节。但是这些尚未得到证明，所以我们将使用保守估计。

如上所述，每秒 10^{42} 次计算在不产生明显热能的情况下可以实现。通过全面部署可逆计算技术，使用产生低级错误的设计以及允许合理能量损耗，我们应该停留在 10^{42}/ 秒和 10^{50} 次 / 秒之间的某个点上。

这两个极限之间区间的设计十分复杂。从 $10^{42} \sim 10^{50}$，检查其间出现的技术问题超出了本章的范围。然而，我们应该记住，使之有效的条件并非从 10^{50} 这个极限开始，还要基于各种实际考虑向后推理。而且，技术将继续得到提升，并始终利用最新的技艺发展到一个新的水平。因此，等到有一天，我们获得了 10^{42}cps（每千克）的文明，那时的科学家和工程师将利用广泛使用的非生物基本智能解决如何达到 10^{43}，然后是 10^{44} 等问题。我期望着我们无限接近极限。

即使处于 10^{42}cps，一个 1 千克重的"终极便携电脑"10 微秒的计算量也相当于过去万年来所有人类思想（假设十万年来有 100 亿人类大脑）。

[注：见上文附注。10^{42}cps 等于 10^{50}cps 与 10^{-8} 之积，所以万分之一纳秒变成了 10 微秒。]

如果我们研究计算的指数增长（第 2 章），就会发现到 2080 年实现这一计算量估计只需花费 1 000 美元。

在有幸翻译《人工智能的未来》这本书之前，我就接触过它。作为未来主义者以及大名鼎鼎的人工智能专家，雷·库兹韦尔新作的思想深度和宽度都是一般作品无法比拟的，所以在翻译的过程中，有时会被难住，导致无法继续。所幸，在很多人的帮助和鼓励下，我磕磕碰碰地完成了本书最终的翻译。

对于本书的赞美之词，我觉得我毋庸多说，每个推荐此书的读者朋友都已经说得很多了。作者库兹韦尔有着非常丰富的科学研究、实践经历，并且出版过多部畅销书，而且作为一个预言家，他的视角和洞察力独特而深刻，文笔老道而流畅。

HOW TO
CREATE
A MIND
The Secret of Human
Thought Revealed
译者后记

书中介绍了很多库兹韦尔的大胆预言，其中包括人类基因组计划。它是库兹韦尔钟爱的用来解释指数级增长的案例，旨在阐明人类基因组 30 亿个碱基对的序列，发现所有人类基因并搞清其在染色体上的位置，破译人类全部遗传信息。库兹韦尔预测，未来电脑将在意识上超过人脑。电脑超越人脑是库兹韦尔在摩尔定律的基础上推演出来的。在 20 多年前，库兹韦尔就预言：人工智能计算机将于 1998 年战胜人类的国际象棋冠军，这一预言后来也被证实。这些预言只是库兹韦尔的众多预言中的冰山一角，书中也还包含很多其他预言。虽然，他的很多预言乍一听像是天方夜谭，但是每一个预言背后都有严密的逻辑推理和大量的科学数据作为支撑，这也就是为什么很多人对他

的说法将信将疑，但是却无法否定他的推断和预言的原因。不管库兹韦尔的预言是否会成真，今天科技发展的速度已经远远超出了过去我们所能预见到的，所以，我更愿意相信他的预言都会成真。

最后，我要感谢对本书翻译工作提供帮助的朋友：李明、盛杨灿、李果、胡猛、肖琳、张伟、彭蕾。另外，本书涉及知识面广泛，其中多以生化物理类知识为主，译者水平有限，错漏在所难免，敬请各位读者朋友予以批评指正。

未来，属于终身学习者

我这辈子遇到的聪明人（来自各行各业的聪明人）没有不每天阅读的——没有，一个都没有。巴菲特读书之多，我读书之多，可能会让你感到吃惊。孩子们都笑话我。他们觉得我是一本长了两条腿的书。

——查理·芒格

互联网改变了信息连接的方式；指数型技术在迅速颠覆着现有的商业世界；人工智能已经开始抢占人类的工作岗位……

未来，到底需要什么样的人才？

改变命运唯一的策略是你要变成终身学习者。未来世界将不再需要单一的技能型人才，而是需要具备完善的知识结构、极强逻辑思考力和高感知力的复合型人才。优秀的人往往通过阅读建立足够强大的抽象思维能力，获得异于众人的思考和整合能力。未来，将属于终身学习者！而阅读必定和终身学习形影不离。

很多人读书，追求的是干货，寻求的是立刻行之有效的解决方案。其实这是一种留在舒适区的阅读方法。在这个充满不确定性的年代，答案不会简单地出现在书里，因为生活根本就没有标准确切的答案，你也不能期望过去的经验能解决未来的问题。

而真正的阅读，应该在书中与智者同行思考，借他们的视角看到世界的多元性，提出比答案更重要的好问题，在不确定的时代中领先起跑。

湛庐阅读 App：与最聪明的人共同进化

有人常常把成本支出的焦点放在书价上，把读完一本书当作阅读的终结。其实不然。

时间是读者付出的最大阅读成本
怎么读是读者面临的最大阅读障碍
"读书破万卷"不仅仅在"万"，更重要的是在"破"！

现在，我们构建了全新的"湛庐阅读"App。它将成为你"破万卷"的新居所。在这里：

● 不用考虑读什么，你可以便捷找到纸书、电子书、有声书和各种声音产品；

● 你可以学会怎么读，你将发现集泛读、通读、精读于一体的阅读解决方案；

● 你会与作者、译者、专家、推荐人和阅读教练相遇，他们是优质思想的发源地；

● 你会与优秀的读者和终身学习者为伍，他们对阅读和学习有着持久的热情和源源不绝的内驱力。

从单一到复合，从知道到精通，从理解到创造，湛庐希望建立一个"与最聪明的人共同进化"的社区，成为人类先进思想交汇的聚集地，与你共同迎接未来。

与此同时，我们希望能够重新定义你的学习场景，让你随时随地收获有内容、有价值的思想，通过阅读实现终身学习。这是我们的使命和价值。

CHEERS

本书阅读资料包
给你便捷、高效、全面的阅读体验

本书参考资料

- ☑ **参考文献**
  为了环保、节约纸张，部分图书的参考文献以电子版方式提供

- ☑ **主题书单**
  编辑精心推荐的延伸阅读书单，助你开启主题式阅读

- ☑ **图片资料**
  提供部分图片的高清彩色原版大图，方便保存和分享

相关阅读服务

- ☑ **电子书**
  便捷、高效，方便检索，易于携带，随时更新

- ☑ **有声书**
  保护视力，随时随地，有温度、有情感地听本书

- ☑ **精读班**
  2~4周，最懂这本书的人带你读完、读懂、读透这本好书

- ☑ **课　程**
  课程权威专家给你开书单，带你快速浏览一个领域的知识概貌

- ☑ **讲　书**
  30分钟，大咖给你讲本书，让你挑书不费劲

湛庐编辑为你独家呈现
助你更好获得书里和书外的思想和智慧，请扫码查收！

（阅读资料包的内容因书而异，最终以湛庐阅读App页面为准）

湛庐阅读App

思想者的
声音图书馆

倡导亲自阅读

不逐高效，提倡大家亲自阅读，通过独立思考领悟一本书的妙趣，把思想变为己有。

阅读体验一站满足

不只是提供纸质书、电子书、有声书，更为读者打造了满足泛读、通读、精读需求的全方位阅读服务产品 —— 讲书、课程、精读班等。

以阅读之名汇聪明人之力

第一类是作者，他们是思想的发源地；第二类是译者、专家、推荐人和教练，他们是思想的代言人和诠释者；第三类是读者和学习者，他们对阅读和学习有着持久的热情和源源不绝的内驱力。

CHEERS

以一本书为核心

遇见书里书外，更大的世界

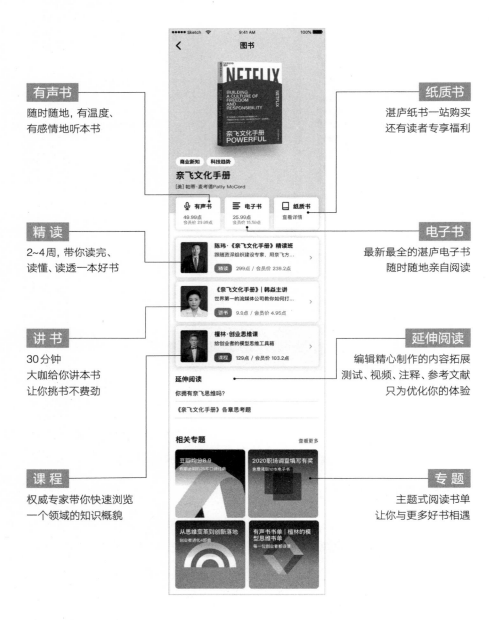

有声书

随时随地，有温度、有感情地听本书

精读

2~4周，带你读完、读懂、读透一本好书

讲书

30分钟
大咖给你讲本书
让你挑书不费劲

课程

权威专家带你快速浏览
一个领域的知识概貌

纸质书

湛庐纸书一站购买
还有读者专享福利

电子书

最新最全的湛庐电子书
随时随地亲自阅读

延伸阅读

编辑精心制作的内容拓展
测试、视频、注释、参考文献
只为优化你的体验

专题

主题式阅读书单
让你与更多好书相遇

湛庐文化获奖书目

《爱哭鬼小隼》
  国家图书馆"第九届文津奖"十本获奖图书之一
《新京报》2013年度童书
《中国教育报》2013年度教师推荐的10大童书
  新阅读研究所"2013年度最佳童书"

《群体性孤独》
  国家图书馆"第十届文津奖"十本获奖图书之一
  2014"腾讯网·哎书局"TMT十大最佳图书

《用心教养》
  国家新闻出版广电总局2014年度"大众喜爱的50种图书"生活与科普类TOP6

《正能量》
《新智囊》2012年经管类十大图书,京东2012好书榜年度新书

《正义之心》
《第一财经周刊》2014年度商业图书TOP10

《神话的力量》
《心理月刊》2011年度最佳图书奖

《当音乐停止之后》
《中欧商业评论》2014年度经管好书榜·经济金融类

《富足》
《哈佛商业评论》2015年最值得读的八本好书
  2014"腾讯网·哎书局"TMT十大最佳图书

《稀缺》
《第一财经周刊》2014年度商业图书TOP10
《中欧商业评论》2014年度经管好书榜·企业管理类

《大爆炸式创新》
《中欧商业评论》2014年度经管好书榜·企业管理类

《技术的本质》
  2014"腾讯网·哎书局"TMT十大最佳图书

《社交网络改变世界》
  新华网、中国出版传媒2013年度中国影响力图书

《孵化Twitter》
  2013年11月亚马逊(美国)月度最佳图书
《第一财经周刊》2014年度商业图书TOP10

《谁是谷歌想要的人才?》
《出版商务周报》2013年度风云图书·励志类上榜书籍

《卡普新生儿安抚法》(最快乐的宝宝1·0~1岁)
  2013新浪"养育有道"年度论坛养育类图书推荐奖

图书在版编目（CIP）数据

人工智能的未来 /（美）库兹韦尔著；盛杨燕译 . —杭州：浙江人民出版社，2016.3（2021.9重印）
ISBN 978-7-213-07147-8

Ⅰ.①人… Ⅱ.①库…②盛… Ⅲ.①人工智能–研究 Ⅳ.①TP18

中国版本图书馆 CIP 数据核字（2016）第 009177 号

上架指导：科技 / 人工智能

浙江省版权局
著作权合同登记章
图字:11-2013-229 号

人工智能的未来

作　　者：［美］雷·库兹韦尔　著
译　　者：盛杨燕　译
出版发行：浙江人民出版社（杭州体育场路347号　邮编　310006）
　　　　　市场部电话：（0571）85061682　85176516
集团网址：浙江出版联合集团　http://www.zjcb.com
责任编辑：金　纪
责任校对：张彦能　朱晓阳
印　　刷：唐山富达印务有限公司
开　　本：710 mm × 965 mm 1/16　　　印　　张：21
字　　数：27.7 万　　　　　　　　　　插　　页：6
版　　次：2016 年 3 月第 1 版　　　　印　　次：2021 年 9 月第 9 次印刷
书　　号：ISBN 978-7-213-07147-8
定　　价：79.90 元

如发现印装质量问题，影响阅读，请与市场部联系调换。